景天多肉植物图鉴

二木 张秋涵 著

中国水利水电出版社
www.waterpub.com.cn

·北京·

内 容 提 要

本书内容重点在介绍每个品种时配有开花图，由于多肉植物开花时间不稳定，有的甚至需要等四五年才会开花，极难集齐全部的开花照片。拉丁文学名部分校对了英国、法国、德国、美国、日本等多个国家的多肉植物图鉴、植物园标牌、专业多肉大棚标签等，目的是将国内这些常见多肉植物与国外的多肉植物连接对应起来，拿着这本书走到国外也能够找出多肉植物的品种。养护方面的内容是由二木在多年不同环境下的栽培观察记录总结而来。国内多肉植物爱好者可以进行参考，作为资料工具书。甚至还可以作为国外研究多肉植物的参考资料。当然，即使如此也难避免会有错误的地方，作为编撰本书的两位作者，非常欢迎爱好者们的指正交流，大家共同学习进步。

图书在版编目（CIP）数据

景天多肉植物图鉴 / 二木，张秋涵著. -- 北京：中国水利水电出版社，2019.7
ISBN 978-7-5170-7404-5

Ⅰ. ①景… Ⅱ. ①二… ②张… Ⅲ. ①景天属－多浆植物－观赏园艺－图集 Ⅳ. ①S682.33-64

中国版本图书馆CIP数据核字(2019)第025375号

策划编辑：马妍　　责任编辑：邓建梅　　加工编辑：白璐　　封面设计：梁燕

书　名	景天多肉植物图鉴 JINGTIAN DUOROU ZHIWU TUJIAN
作　者	二木 张秋涵 著
出版发行	中国水利水电出版社
	（北京市海淀区玉渊潭南路1号D座 100038）
	网址：www.waterpub.com.cn
	E-mail：mchannel@263.net（万水）
	sales@waterpub.com.cn
	电话：（010）68367658（营销中心）、82562819（万水）
经　售	全国各地新华书店和相关出版物销售网点
排　版	北京万水电子信息有限公司
印　刷	雅迪云印（天津）科技有限公司
规　格	140mm×210mm　32开本　16.5印张　572千字
版　次	2019年7月第1版　2019年7月第1次印刷
印　数	0001—8000册
定　价	89.00元

凡购买我社图书，如有缺页、倒页、脱页的，本社营销中心负责调换
版权所有·侵权必究

在筹划这本《景天多肉植物图鉴》时，多少还有些犹豫，毕竟我在植物拉丁文学名这方面不专业。正巧找到了好友秋涵，她在翻译植物类书籍和拉丁文学名，方面颇有研究，加上我对多肉植物的详细记录，我们两人不谋而合，决定一起来编写此书。

多肉图鉴书籍在国内已经非常常见了，但很多都不专业，并且大多数只是草草拍照后随意编写几句话就变成了图鉴。所以我们在编写此书时，也在特意收集景天科多肉植物的开花照片，目前国际惯例是按照植物的花朵形态来进行分类的，而多肉植物开花时间并不固定，有的 1~2 年就能够开花，而有的则是 3~5 年也不一定会开花，所以在记录方面并不十分完整，不过也足够大家当作工具书使用了。

这几年走访世界各地 100 多座花园，背回了不少与多肉植物相关的书籍，也记录了许多国外多肉植物的名牌，正好将其全部用于这本《景天多肉植物图鉴》上。对于未来不光能够将世界各地的景天科多肉植物与国内的多肉植物对应起来，同时书中的开花图片也能够用于学者研究参考使用，是一本专业性比较强的书籍。同时加上了我多年的养护心得，也算是圆了自己要出一本多肉植物图鉴书的梦。

此书并不是我对多肉植物热爱的终点，虽然目前我大部分精力都在建造花园上，但多肉植物始终是我最热爱的植物。在未来，我还会研究更多多肉植物的历史、与我们人类之间的关系等，希望能获取更多知识，并将这些有趣的自然知识与大家共同分享。

二木
2019 年 1 月

目录 CONTENTS

第一章

如何使用这本图鉴

一 认识景天科

在使用这本图鉴前，先让我们来认识一下景天科。景天科属于蔷薇目，在多肉植物大家族中，它是仅次于仙人掌科和龙舌兰科的第三大科，其拉丁名 Crassulaceae 的意思正是"胖胖的"。景天科并不出产任何经济作物，偶有药用价值，但却是非常重要的园艺花卉，在全球各地的花园、绿化带、温室、乡野的屋顶和爱好者的阳台上占据着一席之地。

正如多肉植物之名所暗示的，景天科的"孩子们"要么有着肉嘟嘟的叶子，要么有着颇具观赏性的肉质茎干，又或是不易发觉的地下肉质根茎。它们广泛分布于蛮荒的南非或丛林密布的南美，在欧洲及部分亚洲地区的山地也可见其靓影。许多景天科植物的叶子都呈莲座状排列，仿佛一朵全年绽放的莲花，加上多姿多彩的色泽，引得一代代育种者、爱好者乃至植物学学者投身于景天的杂交和选育工作，创造出无数经典的庭院和阳台之王。目前，仅拟石莲一属的园艺品种便已有千余种。

这部图鉴收录了国内常见的景天科原始种和园艺品种共 500 种，虽然对于整个枝叶繁茂的景天科来说不过九牛一毛，但如果能够引领读者在景天科那梦幻的海洋中尽情遨游一番，摸清这些"小精灵"的脾气，与自家阳台上、院子里的多肉们更默契地相处，也算不辜负作者、编辑和出版社的一番苦工以及众多朋友的鼎力相助。

二 植物名称的定义

1. 中文名

中文名是标明某一景天科多肉植物品种在国内流行的中文名称，有时同一植物有许多别称，在此一并标注。

2. 学名

植物的学名，此名称唯一有效，并且全球通用。学名中第一个单词永远首字母大写且斜体，代表属名；第二个单词如果全小写且斜体，则代表为原始种；如果名字中出现带单引号、首字母大写且不斜体的单词，则代表园艺品种。

三 图示说明

1. 成株体型

这里指单头成株的大小，作为盆栽参考，另有是否易群生的小提示。易群生的品种养起来相当有成就感，但其占地面积也相应较大。

单头成株 3cm 以下：微型。
单头成株 3~8cm：小型。
单头成株 8~15cm：中小型。
单头成株 15~20cm：中型。
单头成株 20cm 以上：大型。

2. 叶

这里表示该品种常见的叶片形状。虽然景天科植物随季节、光照、给水和基质成分的不同，样貌差异极大，但叶片的基本形状仍是辨认植物的重要依据。

常见的叶形：

卵形：叶子最宽的地方位于底部 2/5 以内处。
椭圆形：叶子最宽的地方位于中间 1/5 处。
倒卵形：叶子最宽的地方位于顶部 2/5 以内处。
线形：叶子的长宽比大于或等于 10：1，但最宽处在哪里不定。

大和锦，叶卵形，叶尖急尖

杜里万，叶椭圆形，叶尖外凸

常见叶尖形状：

急尖： 叶子最顶端到顶部 1/4 以内的叶缘没有明显的弯曲。

渐尖： 叶子最顶端到顶部 1/4 以内的叶缘向基部突出、向顶端内凹，即叶子在顶部突然变尖。

外凸： 叶子最顶端到顶部 1/4 以内的叶缘向顶端外凸，极端情况包括叶缘形成圆弧的圆形叶尖，以及顶部叶缘垂直于中脉、好像被切过一刀般的截形叶尖。

薄叶蓝鸟，叶倒卵形，叶尖渐尖

姬吹雪，叶线形，叶尖外凸

3. 花

　　花形主要包括两部分：花序的形状和花朵的形状。这是为不明植物定属的重要依据，对定种也大有助益，且比多变的叶形和株型更为可靠。

　　景天科植物基本均为有限花序，即顶花先开，然后分枝开其他花朵。

常见花序形状包括：

蝎尾状聚伞花序： 像是花朵挂在蝎尾上，如拟石莲属常见的东云、吉娃莲等。

伞房状花序： 像一把撑开的小伞，如伽蓝菜属的许多成员。

总状花序： 花朵规则地一个个分布在花剑上，是最基本的一种花序，如拟石莲属的红司、红化妆和锦司晃等。

穗状花序： 花朵没有花梗的总状排列。

由多个聚伞花序复合而成的聚伞圆锥花序： 根据不同的复合规则而呈现不同的样子，大部分莲花掌属和风车草属等花序蔚为壮观的都是聚伞圆锥花序。

吉娃莲，蝎尾状聚伞花序

铭月，伞房花序

蒂凡尼，总状花序

常见花朵形状：

不完全张开的钟形花：像倒吊的小钟一般，如大部分拟石莲属成员的花。
管状花：像一根截出来的细管，如许多伽蓝菜属的植物。
星状花：从顶部看像小星星一样，景天属中有许多开这样的花。

拟石莲属昂斯诺，钟形花

伽蓝菜属白姬之舞，管状花

景天属大薄雪万年草，星状花

四　图鉴使用指南

1. 品种介绍

该品种的概况，包括起源、特征等。

2. 养护习性

该品种的基础养护指南。

3. 繁殖方式

景天科的繁殖主要通过播种、叶插、扦插等，另有一些属不适合叶插，均在这一栏中标明。需要注意的是，园艺品种不能通过播种得到，它们不能保持实生的性状稳定，即播种品种 A 不一定能得到品种 A，而只能通过无性繁殖（如叶插、扦插等）得到。

4. 适合栽种位置

根据二木多年栽培经验总结，大家可以很直观地了解到该品种适合栽种在什么位置，以及是否可以用于花园或阳台等地的绿化之中。

5. 日照

植物健康生长每日所需的日照时间，1 个圆点（太阳）表示每天需要 1 小时日照，不过由于四季气候不同及地域性等因素，会有少许差异。景天科相对于其他科多肉植物来说需要更多的阳光，特别是拟石莲属几乎都喜欢强光照，所以家里日照不足的情况下，最好更换栽种品种。

6. 浇水

植物健康生长每月所需浇水次数，1 个水滴表示每月浇水 1 次。由于植物大小、土壤配比、花器、天气环境等影响浇水的因素太多，这里仅代表栽种在花盆中、正常环境下所需浇水量。大家可以以此作为参考，相信很快能够摸索出适合自家肉肉的浇水频率。

第二章 图鉴

拟石莲属 | *Echeveria*

　　景天科当之无愧的头魁，目前约有近 200 种原始种（新品种仍在不断发现中）以及千余杂交品种，凭借那瑰丽的颜色和曼妙的株型吸引着一批又一批的多肉植物爱好者。这个属的"小妖精们"主要分布在墨西哥和秘鲁等美洲地区，最北可达美国得克萨斯州。它们的花序为侧生，有许多"大众情人品种"的花序都为蝎尾状的聚伞花序，也有总状、穗状、伞房状或干脆是复杂的聚伞圆锥花序。拟石莲属植物最大的特征之一是其钟形的花朵，5 片花瓣不会像景天属的花那样完全张开，许多都会有在口部被轻轻束了一下的感觉。

　　由于许多拟石莲属的小家伙都生长于海拔 500~3000m 的山林，许多品种不耐湿热，夏季很容易黑腐，但它们确实是夏季生长的夏型种，因此夏季不仅不可以完全断水，甚至要按照少量多次的原则及时补充水分。同时要注意通风，也要适当遮阴，避免暴晒。该属的原始种样貌十分多样，实生的个体各有风姿，不同环境下的外表差异也很大，有时甚至让人认不出是同一种东西。而无性繁殖的园艺品种特征则较为稳定，可以通过叶插、砍头等方式快速产出"标准化"的下一代。这群"妖精"也十分独特，可以与风车草属、厚叶草属、景天属、美丽莲属、泽米景天属等许多其他属植物杂交，哪怕是属内杂交的后代部分也可育，为层出不穷的园艺品种带来了无尽的可能性。

阿尔巴、白月影
Echeveria elegans 'Alba'

拟石莲属

品种介绍：

厚叶月影的白皮园艺变种。与厚叶月影非常相似，价格却是厚叶月影的好几倍，在购买时一定注意区分。不过，近几年国内开始大量繁殖，价格也逐渐平民化。

养护习性：

习性与其他多肉相比更弱一些，喜强烈日照，对水分非常敏感，日常管理时少量浇水，每次浇到3cm左右深就可以了，不需要完全浇透。土壤中可多加入一些粗砂颗粒，会使其生长得更强壮。

日照 ●●●●● 浇水 ◍◍◍◍◍

成株体型：小型，较易群生。
叶形：叶较厚，倒卵形，叶尖外凸或渐尖，顶部有短尖。
花形：松散的蝎尾状花序，钟形花外粉内橙黄。
繁殖方式：叶插、扦插。
适合栽种位置：阳台、露台。

日照 ●●●●● 浇水 ◍◍◍◍◍

成株体型：中小型。
叶形：倒卵形，反折，叶尖外凸，顶部有短尖。
花形：聚伞花序，钟形花外粉内黄。
繁殖方式：叶插、扦插。
适合栽种位置：阳台、露台。

爱尔兰薄荷
拟石莲属

Echeveria 'Irish Mint'

品种介绍：

O'Connell 培育的杂交品种，命名似鸡尾酒般浪漫，静夜与特玉莲的后代，绿色而肥厚的叶子配上反折的特征使之十分有辨识度，很清新的品种。

养护习性：

可以看成是绿色版本的特玉莲，喜欢充足的日照。耐干旱，需要的水分不多，成株可以一个月浇一次水。土壤中颗粒粗砂的比例不宜过大，不然会生长得很慢。叶插非常容易群生和缀化，值得尝试培育一番。

爱斯诺、塞拉利昂
Echeveria 'Sierra'　拟石莲属

日照 ●●●●● 　浇水 ◊◊◊◊◊

品种介绍:

锦司晃与姬莲的杂交品种。体型处于姬莲和蓝姬莲之间,叶子顶部的红尖不如前两者明显。不过如果爱斯诺、恩西诺、蓝姬莲、白姬莲这几种一起摆放在眼前,也很容易让人脸盲。群生起来后作为单品种盆栽实在是美不可言,极具观赏性。

养护习性:

对日照需求很高,充足的日照能够让叶片更加紧凑;日照不足时叶片松散,处于亚健康状态,容易感染病害。浇水方面,小苗期可以正常浇水,保持土壤湿润。群生后开始控水,一个月浇水两次左右即可。群生后底层的枯叶不太容易清理,但也必须定期用镊子将枯叶都拿掉,不然很容易因介壳虫爆发而使整株感染病害枯死。老桩的配土应以颗粒为主。

成株体型: 小型,易群生。

叶形: 倒卵形,叶尖外凸,顶部有红尖。

花形: 蝎尾状聚伞花序,钟形花外橙红内黄。

繁殖方式: 叶插(叶片容易化水)、扦插。

适合栽种位置: 阳台、露台。

昂斯诺 拟石莲属

Echeveria 'Onslow'

品种介绍：

韩国出产的杂交品种，亲本不明，但株型和花都带有很明显的月影特征，是目前所有石莲花中为数不多的叶形最整齐的多肉之一，更近似于莲花座。常见大小在 5cm 左右，实际可以长到 15cm 以上，很适合单盆栽种观赏。

日照 ●●●●● 浇水 ◇◇◇◆◆

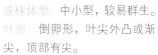

养护习性：

大部分时间颜色都是半透明状的浅绿色。适当控水，增加日照时间和温差，叶片颜色也会变粉，普通家庭条件较难达到。对日照需求较高，日照不足会徒长，不过相比其他石莲要好很多。浇水正常进行即可，对水分并不是太敏感，缺水时叶片会变软。

成株体型： 中小型，较易群生。

叶形： 倒卵形，叶尖外凸或渐尖，顶部有尖。

花形： 蝎尾状花序，钟形花外粉内黄。

繁殖方式： 叶插、扦插。

适合栽种位置： 阳台、露台、花园。

澳洲月光女神 　拟石莲属

日照 ●●●●● 　浇水 🌢🌢🌢🌢🌢

品种介绍：

园艺新品种，从韩国引入。习性比月光女神强健，叶形与红边更显完美。

养护习性：

对日照的需求很高，缺少日照时叶边会缓慢变绿，并且叶片也会变得细长瘦弱。充足的日照能够令其很快地晒出红边，如果加大温差便会呈现果冻色。需要水分不多，一年四季都不用断水，即使在炎热的夏季也不太容易腐烂，只要保持良好的通风环境即可。冬季寒冷时可以适当冻一下，颜色会变得更美，但不能长时间置于低于 0℃ 的环境中。

成株体型： 中型。

叶形： 倒卵形，叶尖外凸或渐尖，顶部有红尖。

繁殖方式： 叶插、扦插。

适合栽种位置： 阳台、露台。

白凤 拟石莲属
Echeveria 'Hakuhou'

日照 ●●●●● 浇水 ◆◆◇◇◇

品种介绍：

花之鹤与雪莲的杂交后代，继承了花之鹤的株型和雪莲的白霜，与其父母一样貌美，可以适应绝大部分温带气候，是许多人培植多肉的入门品种之一。属于拟石莲中的巨无霸，地栽直径可以达到 30cm 以上。非常适合摆放在露台和玻璃房中。

养护习性：

对日照需求很大，一定要摆放在阳光最充足的位置，哪怕强烈的日照也无所畏惧。日照不足时叶片呈绿白色，充足的日照能让叶片转变为粉红色。对水分需求不多，一个月浇水两次左右即可。根系健壮，选择内部空间较大的花盆，配置透气性良好的颗粒土最佳。很少感染虫害，叶面有一层薄薄的蜡质粉末，不要用手去触碰。开花时也非常壮观，花箭能够长很长，花箭上的叶片可以掰下叶插。

成株体型：大型。

叶形：倒卵形，叶尖外凸，顶部有钝尖。

花形：蝎尾状聚伞花序，钟形花外粉内橙。

繁殖方式：叶插、扦插。

适合栽种位置：阳台、露台、花园。

白姬莲　拟石莲属

日照 ●●●●● 　浇水 🌢🌢🌢🌢🌢

品种介绍：

起源不明的杂交品种，从韩国引入，底色偏白，体型比姬莲大。与蓝姬莲近似，不过二者的叶片颜色明显不同。群生后十分诱人，适合单盆栽种。

养护习性：

喜欢强日照，即使在炎热的夏季也不需要遮阴。不过白姬莲叶片颜色变化较小，日照对植物的影响主要是能使叶片更紧凑。对水分需求不多，夏季需要适当控水外，其余季节正常浇水，成年株10天左右少量浇水。土壤表面一定要铺上一层颗粒石子，将叶片与土壤隔离开更利于透气，也不会因浇水溅起泥土而对叶面造成伤害。较容易感染介壳虫，发现后需要立即喷药。

成株体型：中小型，较易群生。

叶形：倒卵形，叶尖外凸，顶部有红尖。

花形：蝎尾状聚伞花序，钟形花外粉内黄。

繁殖方式：叶插、扦插。

适合栽种位置：阳台、露台。

白蜡、白蜡东云
Echeveria 'Wax' 拟石莲属

品种介绍：

起源不明的品种，不知是东云杂交抑或优选，是最早在国内流行的东云品种，虽然现在东云系列的品种越来越多，好看的也不少，但这个品种绝对是个经典。特点是每年的春、秋、冬三个季节可以红得像苹果一样，常被用于节日装扮。

日照 ●●●●●　浇水 ◆◆◆◆

养护习性：

生长习性非常强健，一年四季给予最充足的日照、少量浇水即可。叶片变软或者褶皱是缺水现象，根据这个信号浇水就可以，叶片是可以用手摸的。在江南一带种植时哪怕丢在户外不管，自己也能长得很好，很适合露养栽培。

成株体型： 中型。

叶形： 卵形或椭圆形，叶尖外凸或急尖，顶部有短尖。

花形： 蝎尾状聚伞花序，钟形花外粉内黄。

繁殖方式： 叶插（成功率高）、扦插。

适合栽种位置： 阳台、露台、花园。

艾格尼丝玫瑰、艾格利丝玫瑰

Echeveria 'Tramuntana' 拟石莲属

品种介绍:

2010 年出现的新品种,亲本不明,与红化妆非常相似,但叶片比后者略厚,且会出现截形叶尖。是一种生长较快的石莲,很容易长出枝干,用于老桩盆景不错。叶片形态与红化妆极为相似,两者放在一起很难辨认。这也是少有的橙色系多肉植物之一,群生出一片后再晒出状态来就像一朵朵绽开的橙色玫瑰。

养护习性:

初期可以浇水频繁一些,这样会使其生长得更快,待长到一定大小后,就可以在土壤里多加入粗砂,再减少浇水、增加日照来对它进行塑型。夏季高温时仍需要控水,不然容易腐烂。如果发现枝干有发黑迹象要及时剪下重新扦插,黑色部分一定要迅速清理掉,不然会传染整株。

成株体型: 小型,易群生。

叶形: 倒卵形,叶尖渐尖或截形,顶部有红尖。

花形: 总状花序,钟形花外红内黄。

繁殖方式: 叶插、扦插。

适合栽种位置: 阳台、露台、花园。

日照 ●●●●● 浇水 ◆◆◆◆◆

白闪冠 拟石莲属

Echeveria 'Bombycina'

日照 ●●●●○　　浇水 ▲▲▲○○

品种介绍:

锦司晃与锦晃星两个绒毛拟石莲的杂交后代，短茎，身披厚厚的白绒毛。同一亲本组合的 *E.* 'Doris Taylor' 体型比白闪冠小，且花为黄色，而非橙红色。与锦司晃非常相似，放在一起会很难辨认出来。目前在花市上流通的品种也比较混乱。

养护习性:

对日照需求较高，充足的日照能够保证叶片健康生长，日照不足时叶片会摊开变得松散容易掉落。叶面有许多小绒毛，浇水时尽量避开，不推荐露天栽培，下雨时雨水会携带空气中的灰尘一起落到叶片绒毛上，很难清洗，也容易感染病害。相对于其他拟石莲来说，这个品种更喜水一些，发现叶片变薄要立即补水。底部叶片会自然代谢干枯掉落，如果发现干枯叶片较多，要立即挖出来清理根系并重新翻土栽种。

成株体型: 中小型。

叶形: 倒卵形厚叶，叶尖外凸，顶部有短尖。

花形: 近总状排列的聚伞花序，橙红色钟形花。

繁殖方式: 叶插、扦插。

适合栽种位置: 阳台。

白王子、白马王子 <small>拟石莲属</small>
Echeveria 'White Prince'

日照 ●●●●● 浇水 ◆◆◆◆◆◆

品种介绍：

沙维娜与剑司的杂交后代，刚中带柔，全身披白霜，非常符合其"白王子"的名字，名字正好与黑王子相反。

养护习性：

对日照需求较高，充足的日照下不会变色，叶形也保持得很好。水分不需要太多，生长期正常浇水即可。夏季对高温略敏感，注意加强通风来降温。开花时与黑王子一样，常会因为消耗养分过多而死亡，属于拟石莲中的悲剧王子。花箭上常会寄生介壳虫，要注意检查。

成株体型：中小型，易群生。
叶形：倒卵形近菱形薄叶，内卷，叶尖外凸，顶部有尖。
花形：蝎尾状花序，粉色钟形花。
繁殖方式：叶插、扦插。
适合栽种位置：阳台、露台。

白莲 拟石莲属

品种介绍:

杂交品种,详细信息不明,于近期从韩国引入,国内并不常见。亲本之一无疑为雪莲,叶片外表有一层厚厚的白霜,也继承了许多雪莲的优点,但更为皮实,地栽后能够长得很大。

养护习性:

叶片肥厚,叶面带有一层较厚的蜡质白霜,日照需求较多。虽然在浇水上也比较敏感,但要比雪莲好很多,日常管理时保持生长期正常浇水即可。建议土壤中不要使用太多颗粒,保持在50%以内,这样能使生长更加迅速,并且底部叶片的干枯消耗速度也会减缓许多。使用宽口浅盆栽种最佳,深度在10cm以内。

成株体型: 中型。
叶形: 倒卵形,叶尖外凸,顶部有尖。
繁殖方式: 叶插、扦插。
适合栽种位置: 阳台、露台。

日照 ●●●●● 浇水 💧💧💧💧💧

白线 拟石莲属

日照 ●●●●●　　浇水 ◉◉◉◉◉

品种介绍：

独特的杂交品种，叶子较窄且厚，颜色粉嫩，披有白霜，可以晒出红红的爪尖。属于娇小型拟石莲，群生后单盆栽种非常好看。

养护习性：

对日照需求较大，但不耐暴晒，上色比较慢，充足的日照加上较大的温差也能够晒出粉红色，但夏季日照过强时要适当遮阴。生长缓慢，非常害怕夏季高温闷湿的环境。日常浇水不需要太多，10 天左右少量浇水一次即可。土壤中混入一半细小颗粒最佳，铺面与混土都不要使用较大的颗粒石子。

成株体型： 小型，较易群生。
叶形： 狭长的倒卵形，叶尖外凸，顶部有红尖。
花形： 蝎尾状聚伞花序，钟形花外粉内黄。
繁殖方式： 叶插、扦插。
适合栽种位置： 阳台、露台。

保丽安娜、宝利安娜 拟石莲属

品种介绍：

花月夜的杂交后代，有着明显的红边，叶形圆润、肥厚明显。特点在于整株颜色会随着日照的增多而转变为非常耀眼的火红色。继承了花月夜强健的习性，非常容易栽培。目前在国内已经很常见，是值得栽种的好品种。

日照 ●●●●● 浇水 🌢🌢🌢🌢🌢

养护习性：

肥厚的叶片可以储存大量水分，所以十分耐旱，不需要浇太多水。对日照的需求也很大，充足的日照能够让叶片卷包起来呈莲座状。一年四季都不需要断水，夏季也不用遮阴，只需保持良好通风即可。叶片很容易就能晒出红色，在春秋两季温差较大的环境中会整株变红。除了生长速度稍微慢一点外，其余全是优点。如果不控制大小，选择地栽，能够长到直径超过20cm。

成株体型：中小型。

叶形：倒卵形，叶尖外凸，顶部有红尖。

花形：蝎尾状聚伞花序，黄色钟形花。

繁殖方式：叶插、扦插。

适合栽种位置：阳台、露台。

薄叶蓝鸟 拟石莲属
Echeveria desmetiana

品种介绍：

即原始种皮氏蓝石莲本身，一个叶子较为窄且硬的形态，其学名已从 *E.peacockii* 更正为 *E.desmetiana*。叶面拥有很厚的蜡质粉末，一定不要用手触碰。用作组盆素材非常不错，很正的蓝白色系。

日照 ●●●●● 浇水 🌢🌢🌢🌢

养护习性：

对日照条件要求较高，日照不足就会"长脖子，穿裙子"给你看。叶片颜色基本保持蓝白色，比较稳定。由于叶片较薄，相对喜水，缺水时可以从叶面观察出来，叶片变薄或者褶皱是明显的缺水状态。叶插成功率适中，不过叶片容易化水，繁殖时多采用扦插方式。

成株体型：中小型。
叶形：倒卵形，叶尖渐尖或急尖，顶部有尖。
花形：蝎尾状花序，钟形花外粉内黄。
繁殖方式：叶插、扦插。
适合栽种位置：阳台、露台。

苯巴蒂斯 拟石莲属
Echeveria 'Ben Badis'

日照 ●●●●● 　浇水 ♦♦♦♦♦

品种介绍:

大和锦与静夜的杂交后代,由拟石莲属专家 Uhl 教授培育,广受喜爱。叶形继承了大和锦的特点,叶片颜色呈淡绿色,叶尖会变红。看到那紧凑而饱满的莲座,让人不禁感叹杂交工程的神奇。

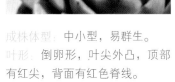

养护习性:

习性上怕闷湿,全年都要注意浇水量,宁少勿多。与大和锦一样对日照需求很高,一天里能晒多久就晒多久,夏季也一样。日照充足的环境下,叶片紧缩在一起会很漂亮。土壤中加入部分粗砂混合使用,生长效果较好。叶插非常容易,以前在国内市场上的价格不敢奢望,而现在却变得与白牡丹一样,人人都能尝试去栽种。

成株体型: 中小型,易群生。
叶形: 倒卵形,叶尖外凸,顶部有红尖,背面有红色脊线。
花形: 蝎尾状聚伞花序,钟形花外粉内黄。
繁殖方式: 叶插、扦插、组培。
适合栽种位置: 阳台、露台。

碧桃 拟石莲属

Echeveria 'Peach Pride'

品种介绍:

身世不明的杂交品种,但从外表和花均可看出霜之鹤的特征,叶子从黄色到绿色不等,温差大时会有红边。在国内最早被叫作鸡蛋莲,叶片看起来的确很像蛋壳,现在也是很常见的品种了。

养护习性:

生长特点是枝干很容易拉长,用于老桩造型非常不错,在日照充足、温差较大的环境下,整棵会转变为粉红色,所以也是非常喜欢日照的品种。浇水方面可以适当少一些,这样能够保持老桩的姿态。底部叶片会因为缺水而干枯掉落,属于正常现象。病虫害较少,非常适合栽培。

成株体型: 中小型,较易群生。
叶形: 倒卵形,叶尖圆形或外凸,顶部有短尖。
花形: 圆锥花序,钟形花外粉内黄。
繁殖方式: 叶插、扦插。
适合栽种位置: 阳台、露台、花园。

日照 ●●●●○　浇水 ◊◊◊◊◊

冰河世纪 拟石莲属
Echeveria 'Cimette'

品种介绍:

原始种花月的杂交品种，与圣诞东云同宗，只不过是不同的无性系。最早期被误认为圣诞东云，同样是来自于韩国的优选园艺品种。名字中"冰河"这两个字一点也不为过，因为它到了冬季才会展现出最美的状态，在低温下冻一冻颜色会更好看。大家就拭目以待，看它是否能成为流传一个世纪的多肉植物吧！

日照 ●●●●○　　浇水 💧💧🖤🖤🖤

养护习性:

叶片肥厚紧凑，日常为绿色，只有日照充足后才会慢慢转变为金黄色，冬季温差巨大时会变得很红。另外冰河世纪也有好几个品种，有可能是杂交优选时不同的无性系，不过生长习性都很好，容易存活，度夏轻松，浇水也比较随意，很适合入门栽种。

成株体型: 中小型。

叶形: 倒卵形，叶尖外凸，顶部有红尖。

花形: 蝎尾状花序，黄色钟形花。

繁殖方式: 叶插、扦插。

适合栽种位置: 阳台、露台、花园。

冰莓 拟石莲属

Echeveria 'Rasberry Ice'

日照 ●●●●● 浇水 ◇◇◇◆◆

品种介绍：

拟石莲属里大名鼎鼎的品种，以果冻色和小包菜般的身形而著名，但也有许多人认为冰莓不过是普通月影的优选无性系罢了。早期从欧洲引入，刚被引入国内时一小棵就要好几百元，而现在则变成非常普通的品种了。样子看起来就像冰激凌一样，特别是叶片包起来后萌翻天。

养护习性：

习性强健，夏季耐热，冬季耐冻，特别是秋末初冬时期，冻一下颜色会转变为紫红色。阳光自然不能少，把家里阳光最多的位置留给它吧！夏季高温时适当控水，发现叶片变软后再少量浇水，其他季节正常浇水即可。叶面有一层薄薄的蜡质粉末，浇水时需要避开叶芯，如果叶芯有积水可以吹掉。常见的状态不佳、叶片褶皱都是缺水所致。非常容易群生成一片，可以选择宽口浅盆栽种。

成株体型： 小型，易群生。

叶形： 倒卵形，叶尖外凸，顶部有尖。

花形： 蝎尾状聚伞花序，钟形花外橙粉内黄。

繁殖方式： 叶插、扦插。

适合栽种位置： 阳台、露台、花园。

冰玉 拟石莲属

Echeveria 'Ice Green'

品种介绍：

雪莲的杂交品种，雪兔的姊妹，二者非常相似，冰玉似乎叶尖更为圆润。肥厚的叶片带有薄薄一层白霜，看起来与芙蓉雪莲有几分相似，但形状更短厚，呈白色。适合单棵栽种，能够长得很大，直径有时可以超过 15cm。

养护习性：

对日照需求很大，肥厚的叶片储存了较多水分，非常耐晒。经过强烈的阳光照射后叶面会呈现较强的蜡质状，尽量不要露天栽培，一旦淋过雨水叶面的蜡质层容易被带走。日常需要的水分不多，成年株一个月浇水一两次即可。根系粗壮，可以选择略深一些的花盆栽种。夏季高温闷热时，一定要注意通风并控制浇水量，避免因闷湿天气而化水。土壤中粗砂颗粒比例大一些更佳。

成株体型：中型，较易群生。

叶形：倒卵形，叶尖外凸，顶部有尖。

繁殖方式：叶插、扦插、组培。

适合栽种位置：阳台、露台。

日照 ●●●●● 浇水 ◊◊●●●

勃兰特、布兰迪 拟石莲属

Echeveria colorata fa. brandtii

品种介绍：

卡罗拉的一个形态，叶子细长近线形，卡罗拉的种子中有一定概率得到勃兰特个体。它是少有的会整株变粉的拟石莲，在欧美国家常被用于花园或绿化带中，地栽后能够长得很大，在国外也属于十分常见的园艺品种。

养护习性：

对日照需求很高，只有充足的日照才能将叶片晒成粉色。生长习性也不错，非常耐旱，成年株一个月浇一次水叶片也不会出现褶皱现象。缺水时会消耗底层叶片来补给养分，如果发现底层有较多干枯的叶片，说明植物为缺水状态。叶面也有薄薄一层白色保护层，浇水时尽量避开叶芯。偶尔会在叶片上长出许多小痘痘，不需要紧张，会自愈。注意多通风，保持干燥即可。

成株体型：大型。

叶形：细长的倒卵形或线形，叶尖微凸、急尖或渐尖，顶部有红尖。

花形：蝎尾状聚伞花序，钟形花外粉内黄。

繁殖方式：叶插、扦插、播种。

适合栽种位置：阳台、露台、花园。

日照 ●●●●● 　浇水 ◊◊◊◊◊

彩虹 拟石莲属

Echeveria 'Rainbow'

品种介绍：

由紫珍珠变异而来的锦斑品种，粉紫色，十分绚丽。尽管大部分"锦斑"品种会在后期生长过程中返祖消失，但彩虹的变异非常稳定，因而较为稀有，就像彩虹一样美丽而珍贵。

养护习性：

习性上是非常脆弱的，这种类似白化病的变异现象大幅度减少了植物叶片里的叶绿素，就像是人类的白细胞被减少了一样。购买前要做好心理准备，不然死掉可是会心疼的哦！日照方面可以多晒，但不要暴晒。春秋生长季节浇水可以频繁一些，夏季一定要注意适当遮阴并保持好的通风条件。

成株体型：中小型，较易群生。

叶形：倒卵形，叶尖外凸，顶部有尖。

繁殖方式：叶插（成功率低）、扦插。

适合栽种位置：阳台、露台。

日照 ●●●●● 浇水 ◊◊◊◊◊

财路 拟石莲属

Echeveria halbingeri var. *sanchez-mejoradae*

品种介绍:

近年来新发现的拟石莲,产地为墨西哥伊达尔戈州,目前已被归类为海冰格瑞变种桑切斯。与海琳娜十分相似,特别是日照不足时的状态,放在一起很难被区分开。目前常见以实生播种为主,所以也有许多不同形态的财路。

养护习性:

属于中小型种,生长缓慢,对水分的需求不多,一般使用较小的花器栽培,所以水分挥发速度很快,以少量多次的方式浇水,春秋生长期甚至需要两三天就浇一次水。对日照需求也比较大,喜强烈充足的日照环境,不过叶片变色并不是太明显,冬季低温环境下冻一冻叶片变色会很快。土壤中不宜使用大型颗粒,铺面石子也不宜过大。

成株体型: 中小型。

叶形: 倒卵形,叶尖外凸,顶部有尖。

繁殖方式: 叶插、扦插。

适合栽种位置: 阳台、露台。

日照 ●●●●● 　浇水 🌢🌢🌢🌢🌢

处女座 拟石莲属
Echeveria 'Spica'

品种介绍：

星座系列杂交品种之一，叶片披霜，叶形细窄，可以部分晒成粉红色。肥厚的叶片看起来有些像厚叶草属的杂交品种。作为星座的一员，十分受大家喜爱。

养护习性：

肥厚的叶片储水量巨大，对水分需求不大，土壤中的水分过多时容易引起叶片裂口。对日照要求较高，充足的日照加上合理的水分能够让叶片保持圆润的状态。大部分时间呈淡粉色，日照不足或浇水后很容易变绿褐色。叶面无蜡质白霜，污渍可以用毛刷直接清理。土壤中可以混入大比例颗粒，利于透气透水。

成林体型：中小型。
叶形：狭长的倒卵形，叶尖外凸，顶部有短尖。
繁殖方式：叶插、扦插。
适合栽种位置：阳台、露台。

日照 ●●●●● 浇水 🌢🌢🌢🌢🌢

大和峰 拟石莲属

Echeveria 'Glory'

日照 ●●●●○　浇水 💧💧○○○

品种介绍：

大和锦的杂交后代，底色更翠绿，外貌也更加柔美动人。与大和锦不同，日照充足时整株会转变为金黄色，叶片上的纹路更加明显。

养护习性：

习性与大和锦相似，喜欢强烈的日照，半日照也可栽培，不过叶片常绿，但对株型的影响并不是太大。对水分需求较少，成年株甚至可以一个月浇一次水。喜欢颗粒比例较大的土壤，病虫害很少，是不错的优选品种，值得尝试栽培，不过市面上并不是很常见。

成株体型：小型，较易群生。
叶形：倒卵形或卵形厚叶，叶尖急尖或渐尖，顶部有尖。
花形：聚伞花序，钟形花外粉内黄。
繁殖方式：叶插、扦插。
适合栽种位置：阳台、露台。

大和锦、酒神 拟石莲属

Echeveria 'Dionysos'

品种介绍：

国内所售大和锦基本均为大和锦的杂交后代——酒神，真正原始种的大和锦（*Echeveria purpusorum*）在国内外都十分罕见，有着卵形叶子和锐利的叶尖，而酒神的叶形则更圆润，且不可育。本书中提到作为杂交亲本的大和锦均指原始种大和锦。

日照 ●●●●● 　浇水 ◌◌◌◌◌

养护习性：

把阳光最强烈的位置留给它，几乎随便暴晒也不会有问题，不过，半日照栽培也没有太大问题。非常皮实的品种，对水分需求也少，算是最常见的入门品种之一，也是新手必选品种。开花非常壮观，健壮的植株有时能够长出 10 枝以上的花箭。坚硬肥厚的叶片还有些扎手，由于叶片坚硬，病虫害相对也很少，因为小虫啃不动啊！

成株体型： 中小型。

叶形： 卵形或椭圆形厚叶，叶尖急尖或渐尖。

花形： 松散的聚伞花序，钟形花外橙粉内黄。

繁殖方式： 叶插、扦插。

适合栽种位置： 阳台、露台。

大河之舞、大和之舞、大合之舞 拟石莲属

Echeveria 'Yamato-no-Mai'

品种介绍:

大和锦与一大型褶边品种的杂交后代,名字由日语直译过来,在国内因多音字缘故,出现了多个名字。继承了大和锦的许多特点,叶片非常坚硬,叶子带着浅浅的波纹,仿佛正在舞动。

养护习性:

与大和锦相同,可以将家中阳光最充足的地方让给它,十分耐晒和耐旱。坚硬的叶片能够保证水分流失更缓慢,即使在夏季烈日暴晒的环境下,也不会出现脱水现象。日常浇水很少,成年株一个月浇一次水就足够。幼苗期可以略微频繁一些。叶芯不积水,所以浇水时无须担心浇到叶芯,水珠会顺着叶片纹路流到土壤中。土壤中加入大比例的粗砂颗粒为最佳。

成株体型: 中型。

叶形: 倒卵形,微内卷,叶尖外凸。

繁殖方式: 叶插、扦插。

适合栽种位置: 阳台、露台。

日照 ●●●●●　　浇水 💧💧🌑🌑🌑

丹尼尔 拟石莲属
Echeveria 'Joan Daniel'

日照 ●●●●● 浇水 🌢🌢🌢🌢🌢

品种介绍：

王妃锦司晃与红司的杂交后代，叶子的上表面为绿色，下表面呈现红司一样的红色花纹和脊线，对比鲜明。与红司类似，属于薄叶片的一类石莲花，看起来甚至都不像拟石莲。开花时花箭能够伸出很长，非常美哦！常见品种之一，推荐入门首选。

养护习性：

由于叶片比较薄，对日照的强度需求相对小一些（注意不是日照时间哦），光照充足时整个叶面颜色也会变红，不过大部分时间还是绿色的。开花后消耗的养分比较大，开花后要尽早剪掉，不然母本状态会变得很差。日常管理浇水可以稍微多一点，这样会长得更快。底层叶片干枯速度也比较快，属于正常现象。

成株体型： 中小型。

叶形： 倒卵形，叶尖外凸或渐尖，顶部有短尖。

花形： 聚伞花序，钟形花上黄下红。

繁殖方式： 叶插、扦插。

适合栽种位置： 阳台、露台、花园。

戴伦 拟石莲属

Echeveria 'Deren-Oliver'

日照 ●●●●●   浇水 🌢🌢🌢🌢🌢

品种介绍：

花司与静夜的杂交后代，有着干净整齐的红边和淡淡的性感脊线，非常乖巧。园艺新品种，市面上相对少见，想养出图片里这样的状态也是比较困难的，一般是品种控的菜。

养护习性：

对日照需求高，一般买到的多为绿色白菜状态。夏季特别容易由病菌诱发病害而发黑腐，所以通风是非常关键的。浇水方面，相对于其他拟石莲更喜水一些，在春秋生长季节可以放心浇水，夏季减少浇水量。很容易长出杆子，也可以用盆景方式栽培。

成株体型： 中小型，较易群生。

叶形： 倒卵形，叶尖外凸或渐尖，顶部有红尖。

花形： 总状花序，钟形花外粉内黄。

繁殖方式： 叶插、扦插。

适合栽种位置： 阳台、露台。

蒂比、TP 拟石莲属
Echeveria 'Tippy'

品种介绍：

拟石莲属杂交大师 Dick Wright 的著名作品，东云与静夜的后代，但许多人对此亲本存疑。叶形十分完美，常用于组合盆栽中，是不错的素材。单盆栽培也非常具有观赏性。

日照 ●●●●● 　浇水 🌢🌢🌢🌢🌢

养护习性：

继承了些静夜的怕热性，夏季炎热时如果土壤过度潮湿，叶片很容易发生腐烂。日照充足不但能够让植株更加健康，叶片颜色也会变粉。生长期正常浇水即可，对水分需求还是比较高的。少有病虫害，叶插成功率相当高，目前在国内算是最常见的品种之一了。

成株体型： 中小型，较易群生。
叶形： 倒卵形，叶尖外凸或渐尖，顶部有红尖。
花形： 松散的蝎尾状花序，钟形花外橙粉内黄。
繁殖方式： 叶插、扦插。
适合栽种位置： 阳台、露台。

蒂凡尼、茜牡丹 拟石莲属
Echeveria diffractens

日照 ●●●●● 浇水 ◊◊◊◊◊

品种介绍：

原始种，有着粉紫色的扁平莲座，非常容易辨认。能够抽出多枝花箭，但消耗养分过大，多数会在开花后死去，养护难度较大，却是良好的杂交亲本。

养护习性：

对日照需求高，但不耐暴晒，日照不足时叶片会更加脆弱。栽种土壤中颗粒不宜过多，控制在 50% 以内。由于叶片呈平面展开生长，根系比较瘦弱，花器最好选择口径大而浅的。花箭上的小叶片可以叶插，成功率相当高。较害怕介壳虫，发现后要第一时间清理干净，不然很容易引起烟煤病而腐烂。

成株体型：中小型。

叶形：倒卵形，叶尖外凸或渐尖，顶部有尖。

花形：总状排列，钟形花外橙内黄。

繁殖方式：叶插、扦插、播种。

适合栽种位置：阳台、露台。

杜里万莲 拟石莲属
Echeveria tolimanensis

日照 ●●●●● 浇水 ◊◊◊◊◊

品种介绍

生长十分缓慢的原始种，实生的个体形态也不一，有带白霜和不带白霜两种，叶子也有从近半圆柱状的厚叶到较扁平的各种形态，值得进一步选育。它的形态非常奇特，特别是叶片上少见的纹路，是用来培育新品种的好素材。由于繁殖生长速度较慢，母本价格一直居高不下，所以这个品种属于品种控爱好者收藏级别的！

养护习性

习性上相对弱一些，喜欢柔和的日照，对水分需求不是太多。生长速度特别缓慢，开花期叶片消耗加速，要注意适当添补控释肥（微肥）。土壤按照泥炭土与粗砂1：1的比例较为合理。正常叶片颜色为白色，日照充足后会转变为图中的淡粉色。叶插成功率略低，不太容易养护。

成株体型：中小型。

叶形：卵形或椭圆形，半圆柱状，叶尖急尖或外凸，顶部有短尖。

花形：蝎尾状花序，钟形花外粉内黄。

繁殖方式：叶插、扦插、播种。

适合栽种位置：阳台、露台。

多明戈 拟石莲属

Echeveria 'Domingo'

日照 ●●●●● 浇水 🌢🌢🌢🌢🌢

品种介绍:

广寒宫与鲁氏石莲花的杂交后代,也确实像是父母本的中间形态,与广寒宫一样是个大个头。底层老叶片为淡粉色,像仙女的裙子一样,十分美艳。适合用于景观的中心部位。

养护习性:

对日照需求相当高,日照不足的话不但叶片会往下塌,而且植株状态会越来越差,更容易感染病虫害。对水分的需求继承了广寒宫的习性,相对更喜水一些,特别是在生长期水分给足后个头会长得很快,下地栽培很容易就能长到 20cm 以上。夏季要注意适当控水,不要过于频繁地浇水。土壤选择颗粒比例控制在 60%~70% 较好,保持良好的透水性。叶片新老交替较快,底部干枯的叶片不用处理。

成株体型: 大型,可达 25cm。
叶形: 倒卵形,叶尖渐尖。
花形: 蝎尾状聚伞花序,钟形花外粉内橙黄。
繁殖方式: 叶插(较难繁殖)、扦插。
适合栽种位置: 阳台、露台、花园。

恩西诺 拟石莲属

Echeveria sp., El. Encino

日照 ●●●●● 浇水 🌢🌢🌢 🌢🌢

品种介绍：

近年来新发现的拟石莲，产地为 Encino，尚未正式命名，究竟是新物种抑或是现有物种的亚种或变种仍有待进一步研究。身材娇小，是单盆微型盆景最佳选择之一，但很容易与蓝姬莲、爱斯诺、姬莲等品种混淆，特别是在缺少日照后变绿的状态下，十分难辨认，一定要谨慎购买。

养护习性：

喜强烈的日照，一定要在花盆里栽培，下地后会长得很大，而且呈绿色。对水分不太敏感，但也不要过多浇水。初期频繁少量浇水，根系长好后开始控水，状态会非常美。非常容易群生爆盆，所以花器最好选择宽口浅盆。

成株体型：小型。

叶形：倒卵形，背面有红色脊线，叶尖外凸或截形，顶部有红尖。

花形：蝎尾状聚伞花序，钟形花外橙粉内黄。

繁殖方式：叶插、扦插。

适合栽种位置：阳台、露台。

法比奥拉　拟石莲属

Echeveria 'Fabiola'

品种介绍：

大和锦和静夜的杂交后代，无论叶形还是叶色都是亲本双方特征的完美结合，是非常有辨识力的品种。国外比较常见，早期韩国从欧洲引入，后我国又从韩国引入。叶片非常肥厚，叶尖甚至有些扎手。初期引入全部是切根状态，直接摆放很长时间也不会死（试过放在阳台上半年，不但没死，还长出好多根来），所以生命力很强！

日照 ●●●●○　浇水 ◗◗◗◗◗

养护习性：

与大和锦相似，生长缓慢，颜色比大和锦亮一些，大部分时间呈绿色。喜强烈的日照，极端环境下也可以让叶片转变为金黄色。对水分需求不高，日常管理少浇水，缺水后底部叶片会变软，可以根据植物状态浇水。栽种时尽量使用透气性强的花盆，如红陶、粗陶等。

成株体型：中小型。

叶形：倒卵形，叶尖外凸或渐尖，顶部有短尖。

花形：蝎尾状花序，钟形花外粉内黄。

繁殖方式：叶插、扦插。

适合栽种位置：阳台、露台。

范女王 　拟石莲属
Echeveria 'Vanbreen'

日照 ●●●●○　　浇水 ◐◐◐◐◐

品种介绍:

静夜与银明色的杂交品种,平时呈静夜的蓝绿色,春秋季节可以晒出嫩粉色和红尖。一个园艺新品种,外型上虽然比较普通,不过来制作大型盆景或布置大面积景观是不错的选择,出状态后整株为淡粉色,单盆老桩是非常惊艳的,不过常见的大部分为淡蓝色,想养出图片中的女王气质是比较困难的。

养护习性:

生长速度属于中等,容易群生。对夏季高温敏感,闷热时一定要断水,不然很容易腐烂,只有日照充足时叶片才会转变为淡黄色,也会变粉,色系较多的品种。日常浇水可以春秋生长季节多量,冬季与夏季都少量。发现单株有发黑迹象要立即剪掉避免感染,较容易感染介壳虫,日常管理需要多检查。

成株体型: 中小型。

叶形: 倒卵形,叶尖外凸或渐尖,顶部有红尖。

花形: 聚伞花序,钟形花黄色或外橙内黄。

繁殖方式: 叶插、扦插。

适合栽种位置: 阳台、露台。

菲奥娜、菲欧娜、Fiona 拟石莲属
Echeveria 'Lidia'

日照 ●●●●● 　浇水 ◊◊◊◊◊

品种介绍：

丽娜莲的杂交后代，有着淡紫色的叶子和半透明的叶缘，是相当梦幻的品种。从欧洲引进，能够长得很大，目前见过最大的叶面直径可以达到30cm。整株呈紫色，叶形整齐，是一个非常成熟的园艺品种。欧美等地常用于节日家中摆设或绿化带景观。

养护习性：

习性稳定，生长速度快，春秋季节充足给水很快就能长大，后期一个月浇水一两次都没问题。叶片肥厚巨大，喜欢强烈的日照，晒得越多越好看！如果缺少日照，叶片也会转变为绿色，甚至会往下塌，所以对阳光的需求是很大的。虫害很少，日常管理方便，不容易养死，是入门的首选品种。

成株体型：中型到大型。

叶形：倒卵形，叶尖外凸或截形，顶部有尖。

花形：蝎尾状聚伞花序，钟形花上黄下粉。

繁殖方式：叶插、扦插、组培。

适合栽种位置：阳台、露台、花园。

粉香槟 拟石莲属
Echeveria 'Pink Champagne'

品种介绍：

叶色偏粉的香槟，具体信息不明。是近一段时间开始流行起来的品种，同类还有被称为"白香槟"等品种，实际上它们大部分都是由种子生长而来，属于有性繁殖，所以每棵都会有所不同。部分品种还有特殊的暗纹，强壮的习性和肥厚的叶片是大家喜爱它的主要原因。

日照 ●●●●● 　浇水 ♦♦ ♦♦♦

养护习性：

喜欢强烈的日照，一定要将它放在阳光最充足的地方。对水分需求较少，日常管理小苗可以频繁少量浇水，长大后可以一个月浇水两次左右，出现缺水情况后底部叶片会出现干枯脱落的迹象。病虫害较少。

成株体型： 中小型。

叶形： 倒卵形，叶尖外凸，顶部有钝尖。

繁殖方式： 叶插、扦插。

适合栽种位置： 阳台、露台。

粉月影 拟石莲属

品种介绍：

疑为月影的优选无性系，但花带有花月夜的特征，叶缘带着淡淡的粉色调，有种果冻般的感觉。叶片在同类中较薄，与冰梅相似。颜色能够在绿、黄、橘黄、粉、粉红、粉紫中进行不停的转变。

日照 ●●●●● 　浇水 ◌◌◌◌◌

养护习性：

与月影家族的其他品种相似，对水分较敏感，特别害怕夏天高温闷湿的环境。夏季到来后要多注意通风，并减少浇水量与次数。秋天凉爽后再浇水，生长速度较快，很容易就能长到10cm 以上，土壤中颗粒比例控制在 50% 左右最佳。秋冬季节的温差会让它上色更快，但不能长期处在低于 0℃的地方。

成株体型： 中小型。

叶形： 倒卵形，叶尖外凸，顶部有尖。

花形： 蝎尾状聚伞花序，钟形花黄色或外淡粉内黄。

繁殖方式： 叶插、扦插。

适合栽种位置： 阳台、露台。

粉爪 拟石莲属

Echeveria 'Pink Zaragosa'

日照 ●●●●● 　浇水 ♦♦♦♦♦

品种介绍:

起源不明的杂交品种，引自韩国，叶面披白霜，叶尖泛粉，应有黑爪或红爪的血统。生命力强健，很容易培育。目前在国内广为流传，已经被加入常见多肉植物名单之中。株型能够生长得很大，大棵的粉爪很适合用于节日装扮与景观布置。

养护习性:

对日照需求很高，只要放在阳光充足的位置就不需要再进行其他管理。对水分需求不多，一个月浇水两三次即可。夏季高温时注意适当通风便可安全度夏，冬季需保持在 5℃ 以上。土壤中混入 60% 左右的小颗粒透气石子最佳，火山岩、风化岩、粗砂颗粒都可选。叶片表面有薄薄的蜡质白霜，浇水时注意避开叶芯。

成株体型: 中小型。

叶形: 狭长的倒卵形，叶尖微凸、急尖或渐尖，顶部有红尖。

花形: 聚伞花序，钟形花外粉内黄。

繁殖方式: 叶插、扦插。

适合栽种位置: 阳台、露台。

弗兰克 拟石莲属

Echeveria 'Frank Reinelt'

日照 ●●●●● 浇水 ◆◆◆◆◆

品种介绍：

相府莲和卡罗拉的杂交后代，耐寒和耐热能力都很好，叶缘常年泛红，颜值高，价格也很高。常有卖家把"红伞"误当作弗兰克来售卖。可以长得很大，非常具有观赏性。

养护习性：

习性非常好，特点依旧是叶片会根据充足的日照而转变为火红色，是目前拟石莲里颜色最艳丽的。如果用于多肉组盆，必定是最抢眼的一棵。除了夏季颜色会褪掉外，其他季节都保持火红色。不怕水，但对水分需求也不多，生长季节一个月浇水两次就足够了。喜欢颗粒沙质土，对土壤透气性要求较高。叶片非常壮实坚硬。

成株体型：中型，较易群生。

叶形：倒卵形或椭圆形，叶尖外凸或渐尖，顶部有红尖。

花形：蝎尾状或复蝎尾状聚伞花序，钟形花外粉内黄。

繁殖方式：叶插、扦插。

适合栽种位置：阳台、露台。

芙蓉雪莲 拟石莲属

Echeveria 'Laulindsayana'

品种介绍:

雪莲与卡罗拉的杂交后代，叶形可以看出卡罗拉的特征，但叶片较其更厚，像雪莲一样披有厚厚的白霜。生命力强健，对新手十分友善，已经流行多年，在国内外都很常见。极端环境下能够整株转变为橘红色，株型近乎于完美，无论是大型景观制作还是单盆栽种都非常出众。

日照 ●●●●● 浇水 ◆◆◆◆◆

养护习性:

喜欢强烈的日照，完全暴晒也没有任何问题，夏季也不需要遮阴，闷热时可直接断水度夏。叶片大部分时间为白色，在冬季低温环境下叶片也能够变色。对水分需求较少，叶面有较厚一层蜡质白霜，浇水时一定要避开叶芯，否则积水后容易引起腐烂或使叶片出现伤疤。春季开花时花箭很多，花箭枝条也很容易将叶片上的白霜磨掉，可以选择剪去。土壤中加入大比例的粗砂颗粒最佳。

成株体型: 中小型。

叶形: 倒卵形，叶尖外凸，顶部有钝尖。

花形: 蝎尾状聚伞花序，钟形花外粉内橙黄。

繁殖方式: 叶插、扦插。

适合栽种位置: 阳台、露台。

甘草船长、船长甘草、红边静夜

Echeveria derenbergii　拟石莲属

日照 ●●●●● 浇水 ◊◊◊◊

品种介绍：

国内所售甘草船长基本都不是 E. 'Captain Hay'，而是绿体的静夜（又称红边静夜），原始种，一个非常热门且繁育能力超好的杂交亲本。莲座紧凑，可晒出红尖和红边。与静夜十分相似，如果分开来看，很容易被混淆。两者的区别在于，甘草船长的中心叶片呈旋转包裹状，看起来比静夜更肥厚一些。

养护习性：

生长习性与静夜一致，夏季怕热，一定要做好通风工作。喜日照和凉爽干燥的环境。浇水可以采用少量多次的方式，根据表面土壤干湿度来判断是否需要浇水。容易群生，叶面常会出现小斑点，对生长没有太大影响。

成株体型： 小型，易群生。

叶形： 倒卵形，叶尖外凸或渐尖，顶部有红尖。

花形： 蝎尾状花序，钟形花上粉下黄。

繁殖方式： 叶插、扦插。

适合栽种位置： 阳台、露台（尽量不要露天栽培）。

刚叶莲 　拟石莲属

Echeveria subrigida

日照 ●●●●●　浇水 🌢🌢🌢🌢🌢

品种介绍：

原始种，有光面、红边或微微被霜的许多实生形态，常作为杂交亲本。犹如名字一样，叶片刚硬，像拟石莲里的"金刚狼"，叶面看起来很有金属质感，属于大型种，也常用于大型组合景观中，单独栽培需要使用大一些的花器。

养护习性：

缺点是如果土壤配置不对，根系生长缓慢，底部叶片会干枯得很快，影响整体株型。推荐土壤里粗砂颗粒比例少一些，日常管理给予最充足的日照，初期频繁少量浇水，长大后再减少浇水量。很少有虫害，叶片枯落速度与长出新叶片的速度相差不多，适合地栽。

成株体型：大型。

叶形：椭圆形、卵形或倒卵形薄叶，叶尖外凸。

花形：聚伞圆锥花序，钟形花橙粉色或上橙下黄。

繁殖方式：叶插（困难）、扦插（困难）、播种（大部分采用这种方式）。

适合栽种位置：阳台、露台、花园。

古紫 拟石莲属
Echeveria affinis

日照 ●●●●● 　浇水 ◊◊◊◊◊

品种介绍:

黑紫色的原始种,实生个体之间叶子宽窄薄厚略有差别,是许多中小型黑色拟石莲属杂交品种的颜色来源,也被称为"黑武士",黑王子就是由它杂交出来的,拥有非常古老的血统,常被爱好者收集作为母本培育。纯黑色的叶片也是植物界里少有的。

养护习性:

生长习性比较奇怪,生长速度较缓慢,底部叶片干枯很快。严重缺少日照时也会变绿,所以依旧是喜光的品种。不过由于自身是黑色,吸热能力较强,光照时间可以比其他品种少一些。浇水不需要太多,春秋季节为浇水主要季节,其余两季可以根据环境情况少浇水。

成株体型: 小型。

叶形: 狭长的卵形,叶尖渐尖或急尖,顶部有短尖。

花形: 平顶的聚伞花序,红色钟形花。

繁殖方式: 叶插、扦插。

适合栽种位置: 阳台、露台。

广寒宫 拟石莲属

Echeveria cante

日照 ●●●●● 　浇水 ◆◆◇◇◇

极其经典的原始种，广泛用于杂交育种，几乎是所有中型或大型带白霜品种的祖先，给人一种高冷的感觉，怪不得被命名为广寒宫，还曾被误认为是刚叶莲的白霜形态。自身颜色很突出，成株可以长到40cm以上。在美国加利福尼亚州也有许多露天栽培，甚至有直径超过50cm的。

养护习性：

日照一定要充足，缺少日照不但会使叶片塌下来，植株也会不健康。浇水时一定要避开叶面上的蜡质白霜，千万不要触摸叶片。在石莲里算是比较喜水的，土壤中保持一定湿度会使其生长得很快，采用粗砂颗粒质土壤最佳。繁殖以播种为主，目前看到的大部分是播种而来。

成株体型：大型，直径可达40cm以上。

叶形：倒卵形薄叶，叶尖渐尖、急尖或外凸，被厚霜。

花形：聚伞圆锥花序，橙粉色钟形花。

繁殖方式：扦插、播种。

适合栽种位置：阳台、露台（不建议露养）。

海冰格瑞、海冰格丽 拟石莲属

Echeveria halbingeri var. *halbingeri*

品种介绍：

原始种，实生个体的样貌较为多样化，和吉娃娃亲缘关系较近，但海冰体型更小。在国内常与另一变种桑切斯混卖。早期以天价闻名，单棵甚至能卖到 2000 元，目前也不太常见，不过相比以前已经便宜了许多。用来育种是不错的母本选择，是热爱培育园艺品种大师们眼里的宝贝。

养护习性：

对日照需求较高，日照不足时叶片松散易断，充足的日照能够让叶片更加紧凑健康。但夏季不耐暴晒，需要适当遮阴。对水分需求不多，生长缓慢，较难叶插。土壤中选择加入 60% 左右的细小颗粒更有利于植物根系生长。整体习性还算比较强健，日常管理中注意及时清理底部枯叶，防止感染介壳虫害即可。

成株体型：小型，较易群生。

叶形：倒卵形，叶尖微凸或渐尖，顶部有红尖。

花形：蝎尾状聚伞花序，钟形花外粉内黄。

繁殖方式：叶插(叶片容易化水)、扦插。

适合栽种位置：阳台、露台。

日照 ●●●●● 　浇水 ♦♦♦♦♦

海琳娜 拟石莲属

Echeveria elegans 'Hyalina'

品种介绍:

虽然海琳娜在分类学上已被并入月影名下,但其本身仍是一个很有辨识度的园艺品种,结合了月影系的透明边和独特的叶形,颜色也更深。早期以天价闻名,目前也变成十分常见、容易买到的品种了。

日照 ●●●●● 浇水 ◊◊◊◊◊

养护习性:

习性非常强健,日常管理需给予充足日照。自身个头较小,栽培时土壤中的颗粒也需要小一些,铺面石也应使用小石子。过大的颗粒石子不利于根系生长,大部分新根在接触到土壤前就干枯死了。幼苗期对水分需求较多,可采取少量多次的浇水方式。成年株对水分需求较少。叶芯容易积水,浇到叶芯时可以用嘴吹掉多余的水。

成株体型: 小型。
叶形: 倒卵形,内卷,叶尖渐尖。
花形: 松散的蝎尾状花序,钟形花外粉内橙黄。
繁殖方式: 叶插、扦插。
适合栽种位置: 阳台、露台。

黑王子 拟石莲属
Echeveria 'Black Prince'

日照 ●●●●● 浇水 ◐◐◐◐◐

品种介绍：

大自然中很少见的黑色系植物，虽然培育者 Frank Reinelt 公布其亲本为古紫与沙维娜，但如今的黑王子与其描述并不相符，也几乎没有体现沙维娜的特征，很可能当时正版的黑王子早已失传，目前流通的黑王子则来源不明。

养护习性：

新手入门首选品种，管理得当甚至可以在一年内用1棵繁殖出100棵。虽然本身是黑色系，高温时吸收的热量更多，但它一点都不怕热，对日照需求依旧很强。暴晒过头会使叶子褪色，变为红褐色。浇水也非常随意，保持小苗多浇、成株少浇的原则就可以了。是介壳虫热爱的品种，要时常留意叶片背面是否有病虫害。也是少数石莲里开花后容易死亡的品种，发现开花迹象可以立即剪去花箭。

成株体型：中小型。

叶形：倒卵形，叶尖外凸或渐尖，顶部有短尖。

花形：聚伞圆锥花序，苞叶巨大，红色钟形花。

繁殖方式：叶插（成功率极高）、扦插。

适合栽种位置：阳台、露台、花园。

黑门萨 拟石莲属
Echeveria 'Mensa'

品种介绍：

起源不明的杂交品种，叶色偏深，呈灰绿色或灰粉色，在拟石莲里也是比较少有的，爪子一样的叶子很有辨识度。国内市面上不太常见，但在欧美等地经常能看到。

养护习性：

习性非常好，耐高温、耐干旱，对水分也不是太敏感。日照充足时叶片呈少见的绿灰色。浇水比较随意，春秋季生长期可以随意浇水，如果缺水叶片立马会变软，很容易发现；夏季稍做控水即可。花箭上偶尔会感染介壳虫，土壤可以使用大比例颗粒土。根系发达，选择 10~15cm 深度的花盆种植最佳。管理得当也可以长到 20cm 以上，可作为绿化素材使用。

成株体型：中型。

叶形：倒卵形，叶尖外凸或渐尖，顶部有短尖。

花形：蝎尾状聚伞花序，钟形花外粉内黄。

繁殖方式：叶插、扦插。

适合栽种位置：阳台、露台、花园。

日照 ●●●●● 　浇水 🌢🌢🌢🌢🌢

黑王子锦 拟石莲属
Echeveria 'Bess Bates'

品种介绍:

黑王子的锦化品种,通常只有一半变黄。非常稀有难得,但是锦斑并不稳定,栽培两三年后容易退锦返祖(变回普通黑王子)。市面上常见一些"药锦"(打药出锦),这种激素造成的黑王子锦更加不稳定,要注意区分。

养护习性:

与黑王子习性差不多,但由于斑锦(就像植物的白化病),植株习性是比较弱的,照顾不周就很容易死掉。除了保持足够的日照外,夏季一定要放在通风最好、有适当遮阴的位置重点保护起来。浇水量也不要过多,土壤选择松软的泥炭土与粗砂颗粒1:1的比例混合为宜,以优先生根为主。如果发现中心新长出的叶片不再有锦,要及时切掉头部重新扦插。同样是可以通过叶插来进行繁殖的。

成株体型:中小型。
叶形:倒卵形,叶尖渐尖,顶部有尖。
花形:圆锥花序,苞叶巨大,红色钟形花。
繁殖方式:叶插、扦插。
适合栽种位置:阳台、露台。

日照 ●●●●● 浇水 ◆◆◆◇◇

黑爪 拟石莲属

Echeveria cuspidata var. *gemmula*

品种介绍：

非常有辨识度的品种，是墨西哥女孩的一个变种，叶子比红爪窄细，顶端的小爪非常有特点，是不错的育种素材。个头较迷你，适合小型单盆栽种。

日照 ●●●●● 　浇水 🌢🌢🌢🌢

养护习性：

日照充足时爪尖明显，叶片呈白色，缺少日照时叶片会转变为绿色。喜欢温和的日照及凉爽的气候环境，夏季高温闷热时比较危险，一定要遮阴控水，浇水过多时容易发生腐烂。其他季节都能够正常生长，容易长出多头群生。叶插管理得当的话，成功率还是非常高的。

成株体型：小型，较易群生。

叶形：倒卵形，叶尖渐尖或外凸，顶部有红尖。

花形：蝎尾状聚伞花序，钟形花外粉内黄。

繁殖方式：叶插、扦插。

适合栽种位置：阳台、露台。

红边灵影、墨西哥花月夜 拟石莲属

日照 ●●●●●　浇水 ◇◇◇◇◇

品种介绍：

起源不明，从花形来看有花月夜的血统，红边较宽且非常浓艳，生长相对缓慢。与花月夜非常相似，但叶缘微褶，有些不规则，具有一种独特的美感。

养护习性：

非常皮实，日照充足的情况下，鲜红的色彩可以保持很久。对水分也不是很敏感，只要避免闷湿的环境即可，夏季正常浇水也不会腐烂。不过这类常会因为日照、喷水或其他原因导致叶片上出现许多小斑点，对生长无碍，只是比较影响美观。害怕阴冷潮湿的环境，在这种环境下更容易感染病害。

成株体型： 小型。

叶形： 倒卵形，叶尖外凸，顶部有钝尖。

花形： 蝎尾状聚伞花序，黄色钟形花。

繁殖方式： 叶插、扦插。

适合栽种位置： 阳台、露台。

红边月影 拟石莲属
Echeveria 'Hanatsukiyo'

品种介绍:

红边月影即日本的花月夜,品种名为"花月夜"日文的罗马拼音,原始花月夜与静夜的杂交后代,其实与月影并无干系。在国内流行了很长时间,是最热门的拟石莲之一。叶形与颜色都广受好评,日照足够时整棵都会变为粉红色。

日照 ●●●●● 浇水 ◊◊◊◊

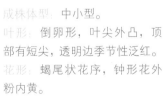

养护习性:

习性上最大的问题就是化水,夏季高温时特别容易腐烂化水,所以拿不准浇水时机就直接断水吧。日照充足后叶片才会转变出靓丽的颜色,一般秋季开始会越变越美。也是一个较其他品种更耐低温的多肉,冬季稍微冻一下会很漂亮。肥厚的叶片里全是水分,所以正常生长季节浇水也不用太多。

成株体型:中小型。

叶形:倒卵形,叶尖外凸,顶部有短尖,透明边季节性泛红。

花形:蝎尾状花序,钟形花外粉内黄。

繁殖方式:叶插、扦插。

适合栽种位置:阳台、露台。

红粉台阁 拟石莲属

Echeveria 'Cassyz'

品种介绍：

起源不明的杂交品种，外表却相当有辨识度，莲座边缘常常围拢成一个正圆，叶缘可以晒成粉红色，像等待出阁的少女一样美丽不可方物。是国内常见的品种，已经流行了许多年，常被当作花材用在插花、景观之中。地栽可以长到 25cm 以上。老桩也十分有味道。

日照 ●●●●● 浇水 🌢🌢🌢🌢

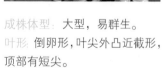

养护习性：

对日照需求高，只有在充足的日照下叶片才会变为粉红色，日照不足很容易感染病虫害。耐高温，对水分不是太敏感，夏季只要保持良好的通风、正常浇水即可。春秋生长季节更是可以大量给水，加速生长。叶片上偶尔会长出小痘痘，不需要担心，过一段时间就能够自愈。叶面上也有少量白色粉末保护层，浇水时尽量避开叶面，也不要用手去触碰。开花时十分震撼，值得一看。

成株体型：大型，易群生。
叶形：倒卵形，叶尖外凸近截形，顶部有短尖。
花形：蝎尾状聚伞花序，钟形花外粉内黄。
繁殖方式：叶插、扦插。
适合栽种位置：阳台、露台、花园。

红唇 拟石莲属

Echeveria 'Fantasia Clare'

品种介绍：

锦司晃的杂交后代，叶子表面带一层短短的纤毛，可以晒得很红，朱红色的叶边看起来就像抹了口红一样红润。容易群生，适合单盆栽培。

养护习性：

对日照需求很高，日照不足时叶片为常绿色，并且会向下塌，只有充足的日照才能使其完全展现出红唇的姿态。叶片上有很多小绒毛，栽种时要注意避免叶片与泥土接触，不然较难清理。浇水倒不用担心，可以直接浇到叶片上，水珠并不会残留，会顺着叶芯流入土中。春秋生长季正常浇水，夏季高温时适当控水就好了，生命力非常强健，虫害较少。

成株体型：中小型、易群生。

叶形：倒卵形，叶尖外凸，顶部有钝尖。

繁殖方式：叶插、扦插。

适合栽种位置：阳台、露台。

日照 ●●●●● 　浇水 🌢🌢🌢🌢🌢

红鹤 拟石莲属

Echeveria 'Benin-tsuru'

品种介绍:

霜之鹤的杂交后代,起源不明。有着非常淡雅娟秀的粉色调,充足的日照还能够将叶片晒出半透明状,即使在景天科里也是很少有的。虽名字叫红鹤,但很难整株变红。目前已经较为常见,适合新手栽培。

养护习性:

对日照需求很高,日照不足时叶片呈绿色,只有强烈的日照才能将叶片晒出图片中的半透明状。夏季高温时也不需要遮阴,注意通风即可,习性较为强健。对水分不敏感,春秋季节浇水可以很随意。单棵栽培要进行控水;用作组合盆栽中,也可以制作老桩盆景,水分充足时枝干生长迅速。叶面上也有一层很薄的蜡质保护层,浇水时需要避开叶芯,避免污染叶片。

成株体型: 中小型。
叶形: 倒卵形,叶尖外凸,顶部有尖。
繁殖方式: 叶插、扦插。
适合栽种位置: 阳台、露台。

日照 ●●●●● 浇水 ◊◊◊◊◊

红辉炎 拟石莲属
Echeveria 'Set-Oliver'

品种介绍:

锦司晃与花司的杂交后代,虽然与锦之司亲本相同,但红辉炎的外貌却更有特点。叶片狭长且众多、株型紧凑,叶缘和背面可以晒红,叶片两侧有很细的绒毛。适合单株栽培,制作老桩盆景。早期在国内十分流行,现在变得越来越少见了。

日照 ●●●●○　浇水 ◊◊◊◊◊

养护习性:

对阳光需求很高,日照不足时叶片会十分松散,很容易掉落,整株植物会进入亚健康状态,弱不禁风。充足的日照不但能保持植物健壮,还能够让整株变红,十分惊艳。对水分需求不大,成年株一个月浇两三次水即可。可以使用颗粒土栽培,叶片新陈代谢很快。

成株体型: 小型,易丛生。
叶形: 狭长的倒卵形,被短柔毛,叶尖外凸或渐尖,顶部有红尖。
花形: 蝎尾状聚伞花序,钟形花外橙红内黄。
繁殖方式: 叶插、扦插。
适合栽种位置: 阳台、露台。

红旗儿 拟石莲属

日照 ●●●●● 浇水 🌢🌢🌢 🌢🌢

品种介绍:

起源不明,小小的莲座顶在木质茎干上,叶子可以晒得通红。早期从韩国引入,目前国内也越来越多。通过花形可以鉴定为拟石莲属,与红稚莲有些相似,但叶片要小一些,颜色晒出来后为果冻色,非常漂亮。

养护习性:

生长习性与红稚莲一样十分强健,一年四季生长,随便养都能活。不过想养出图片中可爱的果冻红,则需要大量的日照及温差才行,日照不足时叶片呈常绿色。生长速度在拟石莲里能排在前几名,枝干很容易拉长,非常适合造型老桩盆景。春秋生长期大量给水,会长得更快。夏季不需要遮阴,也不用断水,只需要通风良好即可。

成株体型:小型,易丛生。
叶形:倒卵形,叶尖外凸,顶部有钝尖。
花形:聚伞花序,黄色钟形花。
繁殖方式:叶插、扦插。
适合栽种位置:阳台、露台。

红化妆 拟石莲属

Echeveria 'Victor'

品种介绍：

多茎莲与静夜的杂交后代，继承了前者的绿叶和爱分头的习性以及后者的红边。在国内非常普及，许多花市大棚里都能见到。生长速度比较快，容易长出多头及枝干，适合作为老桩栽培。

养护习性：

日照充足时叶边变红，叶片边会变得很红。对水分比较敏感，注意少量浇水，一定要避免闷湿情况，不然会出现枝干枯萎、叶片腐烂的现象。夏季也容易发生枝干腐烂的情况。土壤最好选择粗砂颗粒比例较高的，如果土壤太过松软，后期生长很容易掉叶。

成株体型： 小型，易群生。

叶形： 倒卵形，背部有红色脊线，叶尖外凸或渐尖，顶部有红尖。

花形： 总状花序，钟形花外粉内黄。

繁殖方式： 叶插、扦插。

适合栽种位置： 阳台、露台。

日照 ●●●●● 浇水 ♦♦♦♦♦

红辉殿　拟石莲属

Echeveria 'Spruce-Oliver'

品种介绍：

花司的杂交后代，非常有特点的高个子、小莲座，叶子晒红后姿色十分美艳。是与红辉艳极为相似的一个品种，不同之处在于叶片大小，红辉殿的叶片更为细长。

养护习性：

与红辉艳相比，红辉殿更皮实一些，耐热能力要高得多。生长速度都差不多，新陈代谢快，很容易长出枝干，适合于老桩单盆小景。日照充足时叶片才会变得很红，日照不足的话还是很容易徒长的，不过可以利用徒长制作老桩造型。叶插生长速度较慢，由于很容易长出枝干，大部分繁殖还是采取扦插的方式。

成株体型：小型，易丛生。

叶形：倒卵形，叶尖外凸或渐尖，顶部有红尖，叶缘和脊线等处被毛。

花形：圆锥花序，钟形花外粉内黄。

繁殖方式：叶插、扦插。

适合栽种位置：阳台、露台。

日照 ●●●●○　　浇水 ♦♦♦♦♦♦

红伞、相生伞、红相生伞 拟石莲属
Echeveria agavoides 'Aioigasa'

日照 ●●●●●　浇水 ▲▲▲▲▲

品种介绍：

源于日本的东云园艺品种，叶子细长，红色十分耀眼。这种大型石莲属于东云家族里的一员，适合于大型景观布置，真的就像一把红色的伞一样，独占一面。在国外经常在节日里摆放作装饰用（无根），节日后直接扔掉或者种到花园里。目前国内市场上有用红伞冒充弗兰克进行销售的，购买时一定要小心，要注意区分，红伞个头更大。

养护习性：

习性还是很不错的，日照充足叶片才会红艳，日常管理少量浇水，成年株控制在一个月一两次最佳，小苗期 10 天左右浇水一次。土壤中加入大比例颗粒粗砂更利于生长，几乎不会生虫。与其他石莲不同，它更害怕冬季阴冷潮湿的环境，这样的环境下非常容易腐烂，所以保持干燥与通风很重要。地栽的话其直径很快就能长到 20cm。

成株体型： 大型。

叶形： 倒卵形近椭圆形，叶尖微凸、急尖或渐尖，顶部有红尖。

花形： 蝎尾状聚伞花序。

繁殖方式： 叶插、扦插。

适合栽种位置： 阳台、露台、花园。

红司 拟石莲属

Echeveria nodulosa

品种介绍：

一个非常有特征又非常多变的原始种，但园艺中以明显的红色纹路为佳。叶形独特的拟石莲，叶片的花纹十分特别，在拟石莲里属于比较少有的。它的叶片较薄，适合于景观或者大型组合盆栽，较为常见，很容易栽种。

日照 ●●●●● 　浇水 🌢🌢🌢🌢🌢

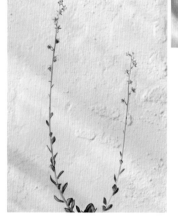

养护习性：

大部分时间为酒红色纹路，缺少日照时，纹路会变得不太明显，叶片也会整体变绿。浇水频率可以根据植物状态判断，由于叶片较薄，一旦缺水叶片会立马变软。叶芯非常容易因虫害（介壳虫）影响而变得很难看，一定要多观察留意虫害。生长速度较快，易长出枝干变为老桩。

成株体型：中小型。

叶形：倒卵形，叶尖外凸，顶部或有尖。

花形：总状的聚伞花序，粉色钟形花。

繁殖方式：叶插、扦插。

适合栽种位置：阳台、露台、花园。

红糖 拟石莲属
Echeveria 'Brown Sugar'

品种介绍：

银明色的杂交后代，叶子为红糖的棕红色，叶边略有透明感，微褶。它的近似品种有很多，市面都比较混乱，不太容易区分出来。叶面较为扁平，适合单盆栽培，不推荐用于小型组合盆栽。

养护习性：

对日照需求很高，水分需求少，上色非常快。缺点是开花后消耗养分太厉害，植物状态会变得很差，可以在开花前将花箭剪去。花箭上的叶片是可以叶插的，存活率很高。图片里左右两边新长出的是花箭，并不是新芽，要注意区分开来。

成株体型： 大型。
叶形： 倒卵形近椭圆形，叶缘微褶，叶尖外凸。
花形： 总状花序，淡红色钟形花。
繁殖方式： 叶插。
适合栽种位置： 阳台、露台。

日照 ●●●●● 　浇水 💧💧💧💧💧

红稚莲 拟石莲属
Echeveria macdougallii

日照 ●●●●● 浇水 ♦♦♦♦♦

品种介绍：

一个长茎的原始种，春秋可以晒出美妙的红边。是国内早期最为常见的品种，生长速度在拟石莲里数一数二，枝条优美，非常适合制作老桩盆景。缺点是必须在日照最充足的环境下叶片才会变红，不然四季常绿，看起来就像野草一样。

养护习性：

只是健康生长的话，对日照需求不多，但想养出纯红色叶片却需要非常充足的日照才行，属于两种极端。叶面也很容易因日照过强而灼伤，出现伤疤，无须在意，自身新陈代谢很快，伤病的叶片很快就会自动脱落，而新叶很快又会长出来。枝干生长速度很快，如果想快速得到老桩，春秋生长季节要多浇水。耐寒耐热，即使在炎热的夏天也不需要断水。根系比较强大，可以选择使用高盆栽种。

成株体型： 小型，易丛生。

叶形： 倒卵形，叶尖外凸，顶部有短尖。

花形： 总状的聚伞花序，钟形花外红内黄。

繁殖方式： 叶插、扦插。

适合栽种位置： 阳台、露台、花园。

红爪 拟石莲属

Echeveria cuspidata var. *zaragozae*

品种介绍:

墨西哥女孩的一个变种，与黑爪的产地仅相隔100m，二者非常相似且有许多中间形态的个体，但总体来说红爪体型稍大、叶子更宽。红爪是拟石莲里很特殊的"爪"系列，相似的还有绿爪、黑爪等。共同特点是叶尖看起来就像小爪子一样，日照充足时整棵叶片会包裹起来，看起来像个松果，因此也被称为"松果红爪"。

日照 ●●●●● 浇水 💧💧 💧💧💧

养护习性:

喜欢较为柔和的日照，不耐高温，夏季闷热时一定要加强通风，断水，不然立马化水。除了夏季对高温和水分比较敏感外，其他季节可以正常浇水。温差较大的极端环境下，也会整株转变为红色。不太容易感染病虫害，是综合性价比很高的品种。

成株体型: 小型。

叶形: 倒卵形，最宽处1.5cm左右，叶尖外凸或渐尖，顶部有红尖。

花形: 蝎尾状花序，钟形花外粉内黄。

繁殖方式: 叶插、扦插。

适合栽种位置: 阳台、露台。

厚叶月影、阿尔卑斯月影 拟石莲属
Echeveria elegans 'Albicans'

品种介绍：

虽一度作为独立物种存在，但目前只是月影的一种叶子较厚的形态，叶色偏蓝绿，叶片有一层薄薄的白霜。石莲里为数不多的几种淡绿色系，如名字一样，叶片十分肥厚，叶边呈半透明状且常年为淡绿色。

日照 ●●●●● 浇水 ◊◊◊◊◊

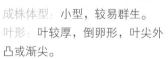

养护习性：

常规状态没有图片中这么白、这么透，日照充足时甚至会出现淡粉色。由于叶片很肥厚，内部含水量高，习性上对水的需求就更少了。对阳光需求较大，一定要给与最充足的日照才能生长得漂亮。病虫害少，生长速度相对慢一些。夏季一定要注意通风断水，在闷湿的环境中很容易腐烂。是非常不错的入门品种。

成株体型：小型，较易群生。
叶形：叶较厚，倒卵形，叶尖外凸或渐尖。
花形：蝎尾状花序，钟形花外粉内橙黄。
繁殖方式：叶插、扦插。
适合栽种位置：阳台、露台。

花筏锦、福祥锦 拟石莲属

Echeveria ×*hanaikada* fa. *variegata*

日照 ●●●●● 　浇水 ▲▲▲ ▲▲

品种介绍：

花筏的锦化品，颜色艳丽多彩，由台湾福祥园培育，锦斑稳定。它的叶片并不规整，总是呈放射状展开。如果不加以控制，很容易就会长到 15cm 以上。

养护习性：

对日照需求很高，日照不足时叶片会立马塌下来，并且呈绿色。生长比较迅速，栽种时可以选择稍大一些的花器。对水分需求不高，生长期正常浇水即可。花箭能够长出自身 5 倍以上的长度，消耗养分较多，如果不想看花可以将其剪掉。花箭上的叶片都可以用于叶插，成功率较高。发现介壳虫害要第一时间清理，不然很容易因感染病菌而使得叶片变异。

成株体型： 中型。

叶形： 倒卵形，叶尖外凸，顶部有尖。

花形： 聚伞圆锥花序，红色钟形花。

繁殖方式： 叶插、扦插。

适合栽种位置： 阳台、露台。

花乃井　拟石莲属

Echeveria amoena

日照 ●●●●● 　浇水 🌢🌢🌢🌢🌢

品种介绍：

厚叶子的原始种拟石莲，可以晒得粉红，容易爆盆。只从外形来看，完全想象不到它是拟石莲属，从习性上来看更接近于景天属。缺光时的状态甚至就像路边野草。而花乃井是多肉植物最好的代表，普通野草一样的植物，经过精心养护后完全逆袭成另一副状态，像是一个个小精灵般活泼灵动，这也是多肉植物的特点。

养护习性：

日照多一些状态会更好，夏季高温时要注意控水，其他季节正常浇水即可。极容易群生，水分充足会长得很快，所以也是容易染病虫害的类型，且不易被发现。如果叶芯生长畸形或者有病虫害迹象时，要立即挖出来清理，不然很快就会传播给旁株。生长速度非常快，建议使用宽口盆器栽种，小口盆会限制生长。

成株体型：小型，易群生。

叶形：倒卵形厚叶，叶尖外凸。

花形：伞房花序，钟形花外粉内黄。

繁殖方式：叶插（成功率极高）、扦插。

适合栽种位置：阳台、露台。

花月夜　拟石莲属
Echeveria pulidonis

日照 ●●●●● 浇水 ◌◌◌◌◌

品种介绍:

国内所售的花月夜并非日本和韩国市场上名为"花月夜"的杂交品种,但同样高度不育,疑并非原始种 *E.pulidonis*。绿底红边,小巧可爱,是最早出现在花市里的多肉植物家族成员之一。

养护习性:

属于较为强健的一类,即使出现腐烂情况,及时清理并增强通风也是能恢复的,很容易养活。喜较强的日照,对水分需求不多,生长健壮的老桩甚至可以一个月浇一次水。日照不足时叶片上的红色会褪去,转变为绿色,严重缺乏阳光时叶片甚至会往下翻。夏季高温时要注意遮阴,避免晒伤,土壤中加入大量比例的粗砂会长得更好。也是较容易感染介壳虫的品种,日常管理需要多检查。

成株体型: 小型。

叶形: 倒卵形,叶尖外凸,顶部有红尖。

花形: 蝎尾状聚伞花序,黄色钟形花。

繁殖方式: 叶插、扦插。

适合栽种位置: 阳台、露台。

花月夜原始种、原始花月夜 　拟石莲属

Echeveria pulidonis

品种介绍：

一说是花月夜的杂交品种 Rondo，但原花的花形与花月夜很像，且可育性极佳，疑为花月夜的一个底色较绿、红边更明显的无性系或花月夜多倍体。与花月夜相比较，原始种的颜色要淡一些，叶边纹路更具特点。在国外被广泛用于绿化及花园中。

日照 ●●●●● 　浇水 ◌◌◍◍◍

养护习性：

同样属于强健的一类，很容易养活。喜较强的日照，日照不足时叶片颜色会褪去转变为绿色。对水分需求不多，小苗一周左右浇一次水，成株可以一个月浇一两次水。容易群生。夏季高温时要注意遮阴、避免晒伤，冬季低温时也要注意保温，0℃以上可以安全过冬，低温时注意断水，避免阴冷潮湿的环境。冬季最好不要进行叶插与扦插，生根发芽非常缓慢。

成株体型：中小型。

叶形：倒卵形，叶尖外凸，顶部有红尖。

花形：蝎尾状聚伞花序，钟形花橙内黄。

繁殖方式：叶插、扦插。

适合栽种位置：阳台、露台。

花之鹤 拟石莲属

Echeveria 'Hana-no-Tsuru'

日照 ●●●●○ 浇水 💧💧💧🖤💧

品种介绍：

霜之鹤的杂交品种，源自日本，叶子可季节性地呈现诱人的嫩黄和红边。适合老桩盆景，其造型犹如仙鹤一般亭亭玉立。目前比较常见，习性也非常强健，是适合新手栽培的好品种。下地栽培可以长得很大，而在花盆内栽培又会变得十分小巧可爱。

养护习性：

对日照需求较高，叶片肥厚巨大，充足的日照能够让叶片转变为金黄色，日照不足则大部分时间都为绿色。耐高温，对水分不敏感，四季都可以正常浇水。枝干生长迅速，如果想要造型盆景，一定要在春秋生长季节大量浇水。叶片的新老代谢也比较快，无须担心。可以使用大比例颗粒土栽培，这样更容易控制出造型与颜色。

成株体型： 中小型。

叶形： 倒卵形，叶尖外凸，顶部有尖。

花形： 蝎尾状聚伞花序，黄色钟形花。

繁殖方式： 叶插、扦插。

适合栽种位置： 阳台、露台、花园。

火烧岛　拟石莲属

品种介绍：

从韩国引入的杂交品种，亲本信息不详。叶片很容易就能晒出火红色，有些像圣诞东云，习性非常强健，近两年国内才开始大量繁殖。容易群生，适合单盆栽种一大群，看起来就像一片火红色的小岛屿，也许名字就是由此而来的。

养护习性：

需要强烈的阳光，虽然很容易就能晒出火红色，不过浇水后褪色也非常快，充足的日照环境下颜色会保持得更久。对水分的需求很少，但不怕水，夏季高温闷热时也不需要断水，注意通风即可。另外，夏季叶片也会褪色变绿，秋天来临很快又会红起来。初期栽培土壤中颗粒不宜过多，待生长健壮后再更换土壤，加大颗粒比例。叶片十分坚硬，虫害较少。

成株体型：中小型，较易群生。

叶形：倒卵形，叶尖急尖或渐尖，顶部有红尖。

繁殖方式：叶插、扦插。

适合栽种位置：阳台、露台。

日照 ●●●●● 浇水 🌢🌢🌢🌢🌢

吉娃莲 拟石莲属
Echeveria chihuahuaensis

日照 ●●●●● 浇水 ◌◌◌◌◌

品种介绍：

拟石莲属最有代表性的原始种之一，几乎具有一切令人喜爱的特质，红红的叶尖十分可爱，耐看又皮实好养，甚至可以在国内普通花店里找到，无疑代表了大家对它的认可和喜爱。

养护习性：

对日照需求不算太高，只要不是特别缺乏阳光的环境，都能保持美貌并健康成长。充足的日照能让叶片慢慢变红。只要养肥了，即使是在夏天的烈日下，也不容易被晒伤。可一年四季正常浇水，夏季高温闷热时注意通风，适当控水就好，非常好养。不太容易生虫，如果发现有介壳虫的踪迹，喷一次药后很久都不会再出现。开出花箭时非常壮观，但花箭顶端的花朵很小，授粉培育困难较大，也许国内流通的品种混过血也不一定。是新手入门首选品种。

成株体型：中小型。

叶形：倒卵形，叶尖外凸或渐尖，顶部有红尖。

花形：蝎尾状聚伞花序，钟形花外粉内黄。

繁殖方式：叶插、扦插。

适合栽种位置：阳台、露台、花园。

姬小光　拟石莲属
Echeveria setosa var. *deminuta*

品种介绍：

姬小光原本的学名 *Echeveria rondelii* 已被并入小蓝衣，二者在分类学上的差异可以忽略不计，但在园艺上，姬小光可以看作是小蓝衣叶更宽、毛更少的一个版本。

日照 ●●●●○　　浇水 💧💧💧○

养护习性：

可全日照或半日照栽培，夏天高温时不太耐热，要注意遮阴和通风。对水分需求不算太大，浇水时一定要避免将土壤溅到叶片上，不然泥土会依附在叶片的绒毛上，较容易引起和感染病害。土壤采用小颗粒混合的沙质土比较好。虽然是小型种，不过管理得当的话也能够长到10cm以上。

成株体型： 小型。

叶形： 倒卵形厚叶，叶尖外凸，顶部和叶缘偶有毛。

花形： 总状或蝎尾状花序，钟形花外粉内黄。

繁殖方式： 叶插、扦插。

适合栽种位置： 阳台、露台。

姬莲、原始姬莲、迷你马、老版小红衣
Echeveria minima 拟石莲属

日照 ●●●●●　浇水 ◊◊◊◊

品种介绍：

饱富盛名的原始种，几乎是所有名字带"美尼"或"姬"字杂交品种的亲本，也是拟石莲属体型最小、最美貌的品种之一，实生个体外貌常有细微差别。常与姬莲杂交品种混卖，目前国内最流行的名字为"原始姬莲"。

养护习性：

对日照需求很高，充足的日照才能让叶片包紧。日照不足时叶片会变绿摊开，如果与徒长的恩西诺混在一起也会比较难辨认。非常容易群生，并长成球状，中心枯叶较难清理，日常管理时最好定期喷洒杀虫剂，避免内部因介壳虫爆发而导致整株枯死。群生后可以减少浇水量，甚至一个月浇一次水，但小苗期要补足水分。

成株体型： 小型，单头直径约3~4cm，易群生。

叶形： 倒卵形厚叶，叶尖外凸或截形，顶部有红尖。

花形： 蝎尾状聚伞花序，钟形花黄色或外橙粉内黄。

繁殖方式： 叶插（叶片容易化水）、扦插。

适合栽种位置： 阳台、露台。

剑司 拟石莲属
Echeveria strictiflora

品种介绍：

拟石莲属中唯一原产于美国的原始种，种植难度较大，但刚烈的叶形和红边非常具有观赏性。目前大量繁殖多以实生播种为主，所以个体间多少会有些差异，且不同产地的剑司叶色相差巨大。

养护习性：

喜欢强烈的日照，即使夏季也不需要进行遮阴处理。日照不足时叶片会摊开、变绿。日照过强时叶片卷起速度会很快，特别是幼苗期，发现这种情况后要及时补水，保持生长。如果在强日照环境下严重脱水也会干死。幼苗对水分需求较高，成年后可以减少浇水，甚至一个月只浇一两次水即可。初期土壤中不宜加入过多的粗砂或者颗粒，铺面石子也不宜过大。一年四季都能持续生长。

成株体型：大型。

叶形：倒卵形，叶尖外凸或渐尖，顶部有尖。

花形：蝎尾状聚伞花序，橙粉色钟形花。

繁殖方式：叶插、扦插、播种。

适合栽种位置：阳台、露台。

日照 ●●●●● 　浇水 🌢🌢🌢🌢🌢

金蜡、金蜡冬云　拟石莲属

日照 ●●●●● 　浇水 🌢🌢🌢🌢🌢

品种介绍：

起源不明的品种，从外型来看无疑有着东云的血统，叶色比白蜡更黄，红尖十分诱人。常被误认为是白蜡，但叶片比白蜡更硬、更细。早期在国内很风靡，目前市面上已较少见。

养护习性：

喜强烈的日照，日照不足的话可以稍微浇一些水，如此一来叶片就会变绿。夏季高温时要适当控制浇水，在炎热的夏季，水分过多很容易腐烂，但不需要遮阴。对水分需求并不高，成年株一个月浇水两次左右足矣。虫害较少，喜沙质颗粒土。叶插繁殖时要小心掰叶片，不然很容易掰断，尽量断水一段时间后再取叶片。

成株体型：中小型。
叶形：倒卵形，叶尖微凸或急尖，顶部有红尖。
花形：蝎尾状聚伞花序，钟形花外粉内黄。
繁殖方式：叶插、扦插。
适合栽种位置：阳台、露台。

锦晃星 　拟石莲属
Echeveria pulvinata

品种介绍:

拟石莲属原始种中的异类，因株型和绒毛而一度被认为与熊童子同属。国内市场上所售的绝大部分锦晃星实为其杂交品种锦之司，二者外形仅有细微区别，但正版锦晃星的花萼紧贴花瓣，而锦之司的花萼与花瓣仅在基处相接。

养护习性:

如果只是健康生长，对日照需求不是很高，但想让叶片变为图片中的火红色就需要很长的日照时间才行。叶片也很容易出现晒伤，自身代谢较快，受伤的叶片很快会被自然消耗掉。枝干生长速度很快，适合制作单盆老桩盆景，叶片张开时比较凌乱，不太适合小型组合盆栽。叶面有细小的绒毛，不推荐露养，下雨时会将灰尘粘附在叶片上，容易感染病害，也不美观。

对水分需求不是很高，成年老桩一个月浇两次水就足够了。可选择颗粒土栽培。

成株体型: 中小型，易丛生。
叶形: 倒卵形，叶尖外凸，顶部有不明显钝尖。
花形: 总状近穗状排列的聚伞花序，钟形花上红下黄。
繁殖方式: 叶插、扦插。
适合栽种位置: 阳台。

日照 ●●●●● 　浇水 ◆◆◆◆◆

锦司晃 拟石莲属

Echeveria setosa

品种介绍：

原始种，是许多带绒毛的拟
石莲的祖先，株型紧致可爱。
同类有十分相似的白闪冠，
如果摆放在一起很容易被混
淆，锦司晃的叶片更肥厚，
白闪冠的则更细长。

日照 ●●●●● 浇水 ▲▲▲▲▲

养护习性：

对日照需求不是太高，只有在严重缺乏光照时
叶片会变得很松散并开始徒长，叶片会更脆弱
且容易掉落。在夏季高温时还需要适当遮阴，
不然很容易被灼伤。冬季不耐寒，低于5℃时
要想办法加温或者放在没有风的地方，不然很
容易冻伤，一旦开始化水就没救了。对水分需
求不高，除夏季高温闷热与冬季湿冷两种情况
下需要控水外，其他时候正常浇水即可，浇水
时避开叶面。开花时会消耗不少养分，如果不
喜欢看花可以在花箭出现初期就剪掉。

成株体型：中小型。
叶形：倒卵形，被短柔毛，叶
尖外凸，顶部有红尖。
花形：聚伞花序，钟形花外橙
内黄。
繁殖方式：叶插、扦插。
适合栽种位置：阳台、露台（玻
璃房内）。

锦之司 拟石莲属

Echeveria 'Pulv-Oliver'

日照 ●●●●○● 浇水 ◊◊◊◊◊◊

品种介绍：

锦晃星和花司的杂交品种，在国内经常被当作锦晃星售卖。锦之司叶片更细长，而锦晃星叶片肥厚，二者外形仅有细微区别。不过开花后就很好区分了：正版锦晃星的花萼紧贴花瓣，而锦之司的花萼与花瓣仅在基处相接。

养护习性：

对日照需求不是很高，火红色的叶片则需要充足的日照才能晒出来。新陈代谢速度很快，枝干生长迅速，叶片的新老交替也很快，经常会发现枝干上有许多枯叶，所以生长期要多浇水，加速其生长，夏天除了特别闷热的时候需要控水外，其余时间正常浇水即可。冬季害怕低温，低于5℃时注意保护。枝干上容易长出侧枝，呈小树状，适合单盆造型。

成株体型：小型，易丛生。
叶形：倒卵形，叶尖微凸。
花形：总状排列的聚伞花序，钟形花外橙内黄。
繁殖方式：叶插、扦插。
适合栽种位置：阳台、露台。

静夜 拟石莲属

Echeveria derenbergii

品种介绍：

原始种，姿态非常娴静，莲座紧凑，叶色浅绿，顶部可以晒出精巧的红尖。石莲花里体型较小的品种，目前见到的许多石莲都是由静夜杂交选育后出现的。早期在我国国内数量较多，之后由于处于多肉植物最低潮时期，被韩国大量收购引进栽培。如同名字一样，有一种宁静祥和的美。

日照 ●●●●● 浇水 ◊◊◊◊

养护习性：

习性上可就不像名字那么优美了，夏季非常不耐热，若在闷湿的环境下很容易死掉，要严格控水并且加强通风。如果日照不足，叶片会变得松散并拔高生长寻找更多阳光，失去原有的姿态。在春、秋、冬三个季节是最美的，一定要抓住时机将其养肥养大，这样才有更强的抵抗力来度过夏天。枝干非常容易变黑腐烂，且有传染性，发现后要立即清理并隔离。

成株体型： 小型，易群生。
叶形： 倒卵形，叶尖外凸或渐尖，顶部有红尖。
花形： 蝎尾状聚伞花序，钟形花外橙粉内黄。
繁殖方式： 叶插、扦插。
适合栽种位置： 阳台、露台。

金辉 拟石莲属

Echeveria 'Golden Glow'

品种介绍:

起源不明的杂交品种,叶片在全日照下会呈现迷人的金色,较大温差也会造就红边,良好状态下用金碧辉煌形容也不为过。属于大型石莲,如果选择地栽,可以长得非常大,枝干也能够生长很长。在国外常用于大型户外组合景观,在国内不太常见。金黄色的叶片非常抢眼,叶片肥厚多汁,含有大量水分。

养护习性:

生命力很强健,喜强烈的日照,叶面偶尔会出现晒斑(并不影响观赏)。浇水根据植物状态判断,自身含有大量水分,平时可以少浇水,缺水后叶片会变得软软的,可以通过手摸确认是否需要浇水。生长速度较快,枝干很容易长长,所以花器尽量选择保水一些的,让土壤中时刻保持一定湿气,以加速生长。

成株体型:大型。

叶形:倒卵形,微内卷或内扣,叶尖外凸,顶部有短尖。

花形:圆锥花序,钟形花外粉内黄。

繁殖方式:叶插、扦插。

适合栽种位置:阳台、露台、花园。

日照 ●●●●● 浇水 ♦♦♦♦♦

久米之舞 拟石莲属
Echeveria spectabilis

品种介绍:

原始种，可以形成半米高的老桩丛生，绿油油的蜡质叶片带着红边。只看叶片像极了青锁龙，很容易被误认。枝干很适合制作老桩盆景,也算是拟石莲中的异类了。

养护习性:

不需要太多日照就能够健康生长，可以利用这点给予其少量阳光，让枝干加速生长（徒长）以便造型，待长到自己认为合适的长短后开始增加日照时间，让枝干慢慢木质化。在春、秋、冬三季温差较大的环境下，叶片也会变得很红。一年四季都不需要断水，夏季高温闷热时注意保持良好通风即可。土壤中颗粒比例可以大一些。偶尔叶片上会出现晒斑或白色小点，对植物健康没有影响，无须担心。

成株体型: 中型、易丛生。
叶形: 倒卵形，微外卷，叶尖外凸，顶部有尖。
花形: 总状排列，钟形花外橙红内黄。
繁殖方式: 叶插、扦插。
适合栽种位置: 阳台、露台、花园。

日照 ●●●●○　浇水 🌢🌢🌢🌢🌢🌢

卡尔斯　拟石莲属

品种介绍：

乖巧的品种，叶子上隐约带有红色血斑，叶缘可以晒红。叶面上有一层薄薄的蜡质保护层，只有在强光环境下叶斑才会在保护层上印显出来。用老桩单盆栽种盆景非常不错。

日照 ●●●●● 　浇水 🌢🌢🌢🌢🌢

养护习性：

缺少光照的情况下叶片呈绿色，看起来很普通，但在日照充足的环境下叶片上的纹路会越来越明显，且叶片也会紧包成包菜状，完全看不出是同一品种。栽培时一定要放在阳光最强的位置。对水分需求不多，冬季低温时甚至一个月只需浇一点点水，水分过多时底部叶片很容易腐烂化水。叶芯容易积攒水珠，浇水时尽量避开。喜砂质颗粒土，可以在土壤中多混入一些。

成株体型： 中小型。

叶形： 倒卵形，叶尖外凸，顶部有红尖。

花形： 蝎尾状聚伞花序，钟形花外粉内黄。

繁殖方式： 叶插、扦插。

适合栽种位置： 阳台、露台。

克拉拉 拟石莲属
Echeveria 'Dondo'

日照 ●●●●●　　浇水 💧💧💧🩶🩶

品种介绍：

杂交品种，疑似为静夜与鲁氏的杂交后代，春秋季可呈果冻色，叶子的薄厚会根据季节和给水量而变化。精选的园艺品种，习性、形态等各方面都非常优秀，目前也比较常见，适合于组盆素材、单盆盆景等各种领域。叶片卷包起来晒出粉红色时就像糖果一样诱人。

养护习性：

生长习性很不错，少有病虫害，叶形生长也不会变形。对日照需求较多，常规颜色为白绿色，日照充足且温差较大时会转变为粉粉的果冻色，叶片也会缩小很多。也可以通过使用小型花盆来控制其大小和颜色。完全可以根据自己想要的形态浇水，想长得更大就频繁浇水；想更漂亮一些则少量浇水。

成株体型：中小型。

叶形：倒卵形，叶尖外凸，顶部有短尖。

花形：蝎尾状聚伞花序，粉红色钟形花。

繁殖方式：叶插、扦插。

适合栽种位置：阳台、露台。

卡罗拉、林赛 拟石莲属
Echeveria colorata fa. *colorata*

品种介绍：

原始种，实生个体形态较为多样，但叶缘和叶尖基本都可以晒红。与吉娃莲的亲缘关系很近，但卡罗拉体型略大，顶部的红尖偏肉质，且叶子可以晒红的部分较多。林赛即卡罗拉本身，前者之名已失效。

养护习性：

对日照需求高，不同于叶尖变红的吉娃莲，充足的日照能够把叶边也晒红，有时叶片上甚至会出现"血斑"。当然，过强的日照照射后也是很容易留下伤疤的，不过很快能恢复过来。通风条件不佳时，浇水一定要避开叶芯和叶面，叶面上有一层薄薄的粉末保护层。四季都可以正常浇水，小苗期使用泥炭土养根，成年后再换成颗粒土养状态。

成株体型：中型。

叶形：倒卵形，叶尖外凸或急尖，顶部有红尖。

花形：蝎尾状聚伞花序，钟形花外粉内黄。

繁殖方式：叶插、扦插、播种。

适合栽种位置：阳台、露台、花园。

日照 ●●●●● 浇水 ◊◊◊◊◊

狂野男爵 拟石莲属
Echeveria 'Baron Bold'

日照 ●●●●● 浇水 🌢🌢🌢🌢🌢

品种介绍:

Dick Wright 培育的杂交品种,以叶子上大片的疣子而著名,且疣子的边缘为锯齿状。春秋时节有着绚丽的颜色。并非所有人都能接受这种品味,但对于品种控来说它是必须入手的。叶形与名字一样狂野,非常适宜庭院栽培。

养护习性:

对日照需求很高,充足的日照能够让叶片更加紧凑,并且可以整株晒红,非常惊艳。对水分需求较多,水分充足且花器内部空间够大时,植株也可以生长得很大。土壤中颗粒比例不宜过多,保水一些会生长得更快,生长期10天左右浇一次水。极不耐冻,冬季低温或打霜前一定要搬到室内,否则一冻就死。

成株体型: 大型。

叶形: 倒卵形,叶尖外凸。

花形: 聚伞花序,粉红色钟形花。

繁殖方式: 叶插(较难)、扦插。

适合栽种位置: 花园、阳台、露台。

拉古娜 拟石莲属

Echeveria simulans

品种介绍：

原始种"蓝丝绒"在拉古娜地区的产地种，叶缘有明显的褶皱，有时亦被称为"皱叶月影"，但实际上与月影毫无干系。

养护习性：

对日照需求较高，在冬季低温环境下加上强光照，叶片呈渐变色彩，与冰梅相似。不过自身叶片较薄，水分挥发速度较快，最底层叶片新老代谢速度很快，所以需要时常补水。十分缺水时叶片会完全卷包起来，这是缺水的信息。同时叶面上也有很薄的一层蜡质白霜，叶芯容易积水，水浇到叶芯后要及时吹掉水珠。根系较弱，土壤里不宜加入过多大颗粒，否则不利于根系生长。

成株体型：中小型。

叶形：倒卵形，叶尖外凸或渐尖，顶部有尖。

花形：蝎尾状聚伞花序，钟形花外粉内黄。

繁殖方式：叶插、扦插、播种。

适合栽种位置：阳台、露台。

日照 ●●●●● 浇水 ●●●●○

拉姆雷特 拟石莲属
Echeveria 'Ramillete'

日照 ●●●●● 　浇水 △△△▲▲

品种介绍：

蒂比与王妃锦司晃的杂交后代，可以晒出显眼的红尖和脊线，其命名有一种西方的诗意感。开花十分壮观，花粉量很大，适合用于授粉杂交。

养护习性：

正常状态下叶片为绿色，日照充足时会从叶边开始整株慢慢变红。植株比较健壮，不过生长速度和普通石莲一样慢，容易长出枝干。是否缺水可以通过叶片发软、褶皱来判断。作为小面积布景造型效果不错，群生后叶片挤在一起很漂亮。

成株体型：中小型。

叶形：倒卵形，叶尖渐尖，顶部有红尖，背面有脊线。

花形：蝎尾状花序，钟形花外粉内黄。

繁殖方式：叶插、扦插。

适合栽种位置：阳台、露台。

莱恩 拟石莲属

Echeveria 'Chrissy n Ryan'

品种介绍：

子持白莲与小蓝衣的杂交后代，继承了子持白莲爱爆盆的优良特征，温差和阳光可以令叶尖变红。是与花乃井相似的一个迷你品种，也常被弄混。莱恩叶片上有很微小的齿状，叶片尖细。

日照 ●●●●○　浇水 ◐◐◐◐◐

养护习性：

日照不足时叶片为绿色，日照充足时能晒出全红色。容易群生多头，适合栽种于宽口浅盆里。夏季一般情况下叶片会变回绿色，秋天凉爽后会再次变红，变色非常明显。叶插成功率很高，掰下叶片后洒在土面自己就能够生根发芽，是不错的迷你型拟石莲。

成株体型： 小型，易群生。
叶形： 狭长的倒卵形，偶有被毛，叶尖外凸或渐尖，顶部有红尖。
花形： 伞房花序或总状花序，钟形花上黄下粉。
繁殖方式： 叶插、扦插。
适合栽种位置： 阳台、露台。

蓝宝石、LAU 030 _{拟石莲属}
Echeveria subcorymbosa

日照 ●●●●● 浇水 💧💧💧💧💧

品种介绍：

圆润可爱的原始种，LAU 030 是这个物种被采集到时的标本编号。它的叶缘乃至整个叶尖都可以晒得泛红，偶有血点。虽然名字叫蓝宝石，实际上只要有充足的日照，叶片会转变为紫红色。特点在于叶形与叶边的纹路，就像被切割成几何形状的宝石一样。有两种色系的，一种非常容易变成紫红色，另一种则为浅蓝色。

养护习性：

日照充足才会变美，怕闷湿，生长期可以正常浇水，夏季需要注意适当控水，增强通风条件。由于生长速度较慢，老桩需要很长时间，也可以采取徒长的方式来加速老桩成型。叶插很容易爆出多头，推荐尝试。

成株体型： 小型。

叶形： 倒卵形厚叶，长度为宽度 2 倍以上，叶尖外凸，顶部有红尖。

花形： 伞房状总状花序，钟形花外橙粉内黄。

繁殖方式： 叶插、扦插。

适合栽种位置： 阳台、露台。

蓝姬莲、若桃 拟石莲属

日照 ●●●●● 　浇水 🌢🌢🌢🌢

品种介绍：

起源不明的杂交品种，原 Blue Mimina 之名因违反品种名中不得含有原始种名的规定而无效，怀疑实为姬莲与蓝石莲的杂交后代——美尼养老（ E. 'Bini-yourou' ）。体型较姬莲更大。"姬"字源于日语中的"小"，不过蓝姬莲确实算迷你家族里个头较大的，叶片真的可以变成蓝色，叶尖上晒出的小红尖非常可爱。以前是比较昂贵的品种，现在已经很普及了。

养护习性：

属于经典品种，习性也非常不错。喜欢强烈的日照，缺少阳光时叶片会展开变绿，只有充足的日照才能把它的最美姿态展现出来。属于迷你品种，易群生。夏季高温时注意控水和通风，初期浇水少量多次，生长起来后就比较随意了。不过整体生长速度还是比较慢的，想长出多头枝干的老桩需要几年时间。

成株体型：小型，易群生。
叶形：倒卵形，叶尖外凸或截形，顶部有红尖。
花形：蝎尾状聚伞花序，钟形花外橙粉内黄。
繁殖方式：叶插、扦插。
适合栽种位置：阳台、露台。

蓝色惊喜 拟石莲属

Echeveria 'Blue Surprise'

品种介绍：

杂交品种，最佳状态下叶片是淡粉色的，叶子被霜，与欧美等地贩卖的玉杯东云变种 Blue Surprise 非常相似，但并非同一品种。早期从韩国引入，曾经价格高达 1500 元，现在已经十分平民化了。习性强健，叶形与颜色都十分出众，非常值得栽培。

日照 ●●●●● 浇水 ▲▲▲▲▲

养护习性：

充足的日照能够让叶片卷包起来，日照不足时叶片会摊开，严重不足时会往下塌。所以可以根据植物的状态来判断是否需要更多日照。当然，充足的日照不但能够让叶形更好看，颜色也会变得更加鲜艳。叶面有很薄一层蜡质保护层，浇水时要注意避开叶芯。对水分一点都不敏感，一年四季都可以正常浇水。初期栽种时表面颗粒一定不能过大，尽量让根系扎入土壤中，并保持土壤里有一定湿气。根系生长起来后叶片就长得很快了，推荐使用宽口浅盆栽种。

成株体型： 中小型。
叶形： 倒卵形，叶尖圆形，顶部有尖。
繁殖方式： 叶插、扦插、组培。
适合栽种位置： 阳台、露台。

蓝色苍鹭 拟石莲属
Echeveria 'Blue Heron'

品种介绍：

祇园之舞和皮氏蓝石莲的杂交后代，有数个无性系流传，会体现皮氏蓝石莲的颜色和祇园之舞的叶形和褶边。形态与沙漠之星特别相似，很容易混淆，不过蓝色苍鹭的叶片更规则一些，而沙漠之星的叶片是全褶皱状的。

养护习性：

非常皮实，继承了蓝石莲的许多优点，耐晒耐高温，对日照需求很高。日照不足时叶片会往下坍塌，或者直接变成"大饼"。叶片的新老交替速度也很快，生长期充足给水，一年四季不需要断水。冬季甚至有试验过可以在户外抵抗 -10℃低温（一半冻死，一半存活下来），算是比较耐寒的。较

容易感染介壳虫，一旦发现要及时清理，不然很容易破坏叶片表面的白色保护层，感染植物。

成株体型：中型。
叶形：倒卵形，叶缘微褶，叶尖外凸或渐尖，顶部有尖。
繁殖方式：叶插、扦插。
适合栽种位置：阳台、露台、花园。

日照 ●●●●● 　浇水 ◊◊◊●●

蓝苹果、蓝精灵 拟石莲属
Echeveria 'Blue Elf'

日照 ●●●●● 　浇水 🌢🌢🌢🌢🌢

品种介绍：

韩国培育的杂交品种，叶形圆润可爱，叶尖可以晒红。早期在韩国十分昂贵，近几年大量繁殖后才变为大家熟知的普通常见品种。在较大温差环境里叶尖会变得非常红，就像火焰中跳跃的小精灵一样。不论组盆还是单盆栽种都非常出色。

养护习性：

日照不足时叶片很快就会变绿，并且往下塌，一定要给予充足的日照才能晒出小精灵的色彩。枝干生长在同类中算较快的，更适合栽种老桩。春秋生长期补足水分，保持生长速度。叶片的新老交替也会很快，底部消耗的叶片会不断脱落干枯。土壤中颗粒比例控制在 60% 以内，不宜过多。如果想迷你化，让它几乎处于生长停滞状态，可以使用 80% 以上大比例的颗粒土来控制造型。

成株体型： 小型，较易群生。

叶形： 倒卵形，叶尖外凸，顶部有红尖。

花形： 蝎尾状聚伞花序，黄色钟形花。

繁殖方式： 叶插、扦插。

适合栽种位置： 阳台、露台。

日照 ●●●●● 浇水 🌢🌢🌢🌢🌢

蓝石莲缀化 拟石莲属
Echeveria desmetiana

品种介绍：

皮氏蓝石莲的缀化品种，枝干部分呈扇状。不常见，是品种控和缀化收集爱好者的心头好。缀化比较稳定，生命力较其他缀化种类要强健许多，很适合单棵盆景栽种，在韩国十分流行。

养护习性：

应给予充足日照，夏季日照过强时需要适当遮阴，在高温闷热时也需注意通风和控水，否则容易引起茎部腐烂，较难拯救。水分需求很少，一个月浇一两次水就足够了。土壤中颗粒比例可以保持在 70% 以上，多一些颗粒会更加透气，对根系有好处。容易感染介壳虫，且较难发现，需要定期检查及喷药，喷药时药水浓度不易过大，否则会灼伤叶片。

成株体型：小型。

叶形：倒卵形，叶尖外凸或渐尖，顶部有尖。

繁殖方式：扦插。

适合栽种位置：阳台、露台。

劳拉 拟石莲属

Echeveria 'Derenceana'

日照 ●●●●● 浇水 ◊◊◊◊◊

品种介绍：

是与露娜莲极其相似的品种，但体型更小、莲座包得更紧。劳拉叶片有种透明感，而露娜莲的叶片则非常厚实。国内市场上很多时候将劳拉与露娜莲混卖，不过普通爱好者也不用太过在意，两者习性相差不多。

养护习性：

对日照需求很高，日照不足时叶片会往下塌呈绿色，充足的日照能够将叶片晒出非常强的透明感，也就是大家追捧的果冻色。对水分需求不是很多，特别是夏季与冬季，都要进行适当控水，冬季低温时水分过多很容易引起腐烂。枝干生长速度很慢，想养出老桩需要很长时间，容易群生，可以考虑使用宽口花盆养成一小群。

成株体型： 小型，易群生。

叶形： 倒卵形，叶尖外凸渐尖，顶部有尖。

花形： 蝎尾状聚伞花序，钟形花外橙内黄。

繁殖方式： 叶插、扦插。

适合栽种位置： 阳台、露台。

劳伦斯 拟石莲属

Echeveria secunda 'Laurensis'

品种介绍：

赛康达 Puebla 产地的一个园艺品种，叶子微微被霜，在秋冬季节几乎整株都可以晒得粉红，非常美妙。名字由英文音译而来。叶形近乎于完美，同时还拥有罕见的紫红色，习性也非常好，养出状态后非常漂亮，很值得入手，相信未来会变成非常普及的品种。

日照 ●●●●● 浇水 ◊◊◊◊

养护习性：

生长速度较慢，但很容易群生，喜强烈的日照。初期小苗可以多浇水加速生长，后期加以控水，叶片颜色很快就会转变为紫红色。大小也是可控的，水分充足的情况下，叶面直径可以达 10cm 以上，控水后会缩回 4cm 以内。缺点是底部叶片干枯速度较快，和玉蝶类似，要时常进行清理。

成株体型： 小型，较易群生。

叶形： 倒卵形，叶尖外凸，顶部有红尖。

花形： 蝎尾状聚伞花序，钟形花外橙内黄。

繁殖方式： 叶插、扦插。

适合栽种位置： 阳台、露台。

蓝丝绒、镜莲、皱叶月影
Echeveria simulans 拟石莲属

品种介绍:

原始种,曾经被认为是月影的变种,后成为独立的物种。不同产地的形态略有区别,其中以阿森松地区出产的皱叶品种最为知名,拉古娜产地种亦不遑多让。国内目前培育以播种为主,所以个体间差异较为明显。

养护习性:

喜欢温柔的阳光,日照过强容易灼伤叶片,夏季注意遮阴,日照时间长一些会长得更健康,部分实生苗甚至能够晒出紫红色。对水分需求稍多一些,春秋生长季节保持土壤湿润会长得更快。平时浇水可以多观察叶片,如果底部干枯叶片过多或叶片发软,说明缺水。铺面石颗粒不宜过大,选择细颗粒更利于生根透气,土壤中颗粒也不宜过多,泥炭土比例大一些更利于生长。

成株体型: 中小型。

叶形: 倒卵形,叶尖外凸或渐尖,顶部有尖。

花形: 蝎尾状聚伞花序,钟形花外粉内黄。

繁殖方式: 叶插、扦插、播种。

适合栽种位置: 阳台、露台。

日照 ●●●●● 浇水 💧💧💧💧💧

棱镜 拟石莲属

Echeveria 'Prism'

品种介绍:

杂交品种,规整的包子莲座和红色爪尖都很惹人喜爱。与蒂比较为相似,但叶片更厚,在国内常被当作蒂比出售。非常适宜于园艺,很容易繁殖,标准的叶形不论组盆还是单盆栽种都中规中矩,也可以大面积用于景观之中。

养护习性:

肥厚的叶片内含有大量水分,耐晒耐旱,可以纯露天栽培,颜色状态会更好。强光照下难免叶片上会有小斑点,对健康没有影响。不怕水,但夏季高温闷湿的环境里要注意控水并加强通风。通风条件不好的情况下浇水要避开叶芯,否则积水容易引起腐烂,而露天栽培则无须担心。叶插很容易成功,适合入门栽培。

成株体型:小型。
叶形:倒卵形,叶尖外凸或渐尖,顶部有红尖。
繁殖方式:叶插、扦插。
适合栽种位置:阳台、露台、花园。

日照 ●●●●● 浇水 🖤🖤🖤🖤🖤

丽娜莲 拟石莲属
Echeveria lilacina

日照 ●●●●○　浇水 💧🌣🌣💧🌣

品种介绍：

广受喜爱的原始种，叶缘微带波浪，身披白霜，是对新手相当友善的经典款拟石莲，入门首选。叶片十分坚硬，叶尖甚至有些扎手，叶面厚厚的白霜十分优美，叶形也是众多拟石莲中近似完美的。在国内流行了很长时间，目前在市面上很常见，是拟石莲里白色系的代表。

养护习性：

如果只是健康生长，并不需要太多阳光，每天保持最少 3 小时日照即可。如果想叶片形态更优美一些，每天的日照时间最好在 5 小时以上。颜色并不会有太大变化，如果在极端温差的环境下叶片也会转变为淡粉色。对水分需求很少，成年株甚至可以一个月只浇一次水。叶面上很厚的白色粉末一定不要用手触碰，浇水时也要尽量避开叶面。也许是叶片太硬的缘故，平日很少发生虫害。

成株体型： 中型。

叶形： 倒卵形，叶尖渐尖。

花形： 蝎尾状聚伞花序，钟形花外粉内黄。

繁殖方式： 叶插、扦插。

适合栽种位置： 阳台、露台。

丽娜异叶锦　拟石莲属

Echeveria lilacina

品种介绍：

丽娜莲的石化品种，因生长点变异而造成叶子表面崎岖不平。目前市面上还不太常见，从韩国引入，经过 3 年养护后发现这种变异情况还算比较稳定，也可以叶插。不过从美学角度上来说只能属于爱好者收藏级别的品种吧！

日照 ●●●●● 　浇水 🌢🌢🌢🌢

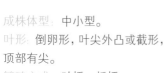

养护习性：

习性与丽娜莲一样，十分强健，对日照需求较大，日照不足虽对叶片形态影响不大，但会影响到植株的健康状况，让植物变得更加脆弱。对水分需求不大，一个月浇两次水就足够了。虽然叶片也很硬，但出现缺水情况时叶片也会变薄变软，抓住这个信号浇水更加安全。在夏季高温时要注意多通风、控水。土壤配置中可以大量加入颗粒，后期会生长得更好。适合单盆栽种观赏。

成株体型：中小型。
叶形：倒卵形，叶尖外凸或截形，顶部有尖。
繁殖方式：叶插、扦插。
适合栽种位置：阳台、露台。

猎户座 拟石莲属
Echeveria 'Orion'

日照 ●●●●● 　浇水 🌢🌢🌢🌢🌢

品种介绍：

粉蓝色、带红边的杂交品种，且边缘略带透明感。属于目前最流行品种之一，早期从欧洲引入，是园艺经典品种，在韩国也很受欢迎。与花月夜、月光女神比较相似，除了叶形不同外，猎户座的叶边有一层白色条纹，叶边看起来像镶嵌了银边一样。星座系列一直都是大家热爱的多肉植物。

养护习性：

习性上喜日照，充足的日照能够让整株植物颜色变得很惊艳，日照不足只会呈现绿色状态。对水分不是很敏感，小苗时可以多浇水加速生长，成年株需控水，一个月浇两三次状态会很棒。另外在凉爽的春秋季节，也可以在傍晚采用喷水方式来清洗叶面，温差和露水会让颜色转变得更快。

成株体型： 中型。

叶形： 倒卵形，背部有不明显叶脊，叶尖外凸或渐尖，顶部有尖。

花形： 蝎尾状聚伞花序，钟形花黄色或外橙内黄。

繁殖方式： 叶插、扦插。

适合栽种位置： 阳台、露台、花园。

林德安娜 拟石莲属

日照 ●●●●● 　浇水 ◌◌◌◌◌

品种介绍：

疑为卡罗拉（林赛）的杂交品种，叶色通红，十分艳丽。拥有较少的粉红色系，叶片颜色有很强的渐变色层次感，非常具有观赏性。叶面上有薄薄一层蜡质白霜，地栽后也可以长得很大，不过要想养出图片中的色彩，只能栽种在花盆中才行。目前市面真正的林德安娜较少。

养护习性：

对日照需求很高，日照不足时叶片不但会变绿，也会往下塌。要想养出图中状态，日照一定要非常充足，另外需要一定温差，在初冬时期状态最佳。花器也不能选择过大的，用小型花器进行控型（10cm 口径，深度在 8 ~10cm），根系健康的情况下可以使用 80% 以上比例的颗粒土，然后保持一个月浇两次水就可以了。夏季高温时叶片会褪色，要注意适当控水，较害怕高温闷湿的环境。

成株体型：中小型。

叶形：倒卵形，叶尖外凸，顶部有红尖。

花形：蝎尾状聚伞花序，钟形花外粉内黄。

繁殖方式：叶插（叶片容易化水）、扦插。

适合栽种位置：阳台、露台。

里加 拟石莲属

Echeveria 'Riga'

品种介绍：

起源不明的杂交品种，叶形非常硬朗，有季节性的红边甚至血斑，属于暗色系，作为组合盆栽中的素材非常不错，习性强健。

养护习性：

对日照需求较多，日照不足时叶片很快就会变绿并开始徒长。充足的日照不但能够让叶边变红，还能够使整株叶片变红。对水分不是很敏感，除夏季高温闷热时要适当控水外，其他季节可正常浇水，浇水时尽量避开叶芯。叶片上容易长出奇怪的小痘痘，但对植物健康没有太大影响。成年株可以使用颗粒土栽培，上色会更快。

成株体型：中型。

叶形：倒卵形，叶尖外凸或急尖。

花形：蝎尾状聚伞花序，钟形花外橙红内黄。

繁殖方式：叶插、扦插。

适合栽种位置：阳台、露台。

日照 ●●●●○　　浇水 ♦♦♦○♦

凌波仙子、LAU 026　拟石莲属
Echeveria subcorymbosa

品种介绍:

E.subcorymbosa 在墨西哥 Tlacotepec 的产地种，叶子较 LAU 030 更薄且宽，是非常美妙的原始种，那股仙气与生俱来，让人爱不释手。前几年在国内被疯炒，价格让人望尘莫及。直到今年价格开始回落，现在已经很容易购买到了。

养护习性:

如果只需要保持健康，半日照或全日照栽培都可以，只有在日照最充足时，叶片颜色才会变得艳丽。日常浇水量不需要太大，夏季注意适当断水，是特别害怕闷热的品种。土壤里加入颗粒质沙土有利于生长，切勿使用纯泥炭土这样松软的土壤栽培，否则叶片很容易会掉光。相比之下属于习性较弱的品种。

成株体型: 小型。

叶形: 倒卵形，叶较厚，长度为宽度的 1.5 倍左右，叶尖外凸，顶部有尖。

花形: 伞房状总状花序，钟形花外粉内黄。

繁殖方式: 叶插、扦插。

适合栽种位置: 阳台、露台。

日照 ●●●●● 　　浇水 🌢🌢🌢🌢🌢

流星 拟石莲属

日照 ●●●●● 浇水 ◆◆◆◆◆

品种介绍:

传为玉珠东云的杂交后代,具体信息不明,疑有部分锦司晃的血统。与玉点东云相似,区别在于流星的叶片上有很小的绒毛,晒红的叶尖也很萌,非常适合用迷你盆栽控型栽培。怀疑同一批实生播种后未经选育,所以个体间有许多差异。

养护习性:

繁殖能力很强,叶插很容易存活,生长习性略差。对日照需求很高,但不耐强烈的日照,夏季一定要注意遮阴并且严格控水。对水分也十分敏感,水稍多一些就会腐烂。天热时也会偶尔从中心变黑,发现后要立即隔离并挖出观察,变黑严重的只能扔掉。虽是小型种,水分给足的情况下地栽也能够轻易超过10cm,不过整体还是控型后更好看。土壤中可以加入大比例的颗粒,但切忌大颗粒,可以使用较细小一些的颗粒。

成株体型: 小型。

叶形: 倒卵形,叶尖微凸或急尖,顶部有红尖。

花形: 蝎尾状聚伞花序,钟形花外橙粉内黄。

繁殖方式: 叶插、扦插。

适合栽种位置: 阳台、露台。

露娜莲 拟石莲属
Echeveria 'Lola'

日照 ●●●●● 浇水 ◊◊◊◊◊

品种介绍:

蒂比与丽娜莲的杂交后代, Dick Wright 少有的清水风格作品。另有一杂交品种 *E.* 'Derenceana' 与 *E.* 'Lola' 无论外形还是花都一样, 只是体型较小。目前市面上流通的有好几个近似品相, 疑为不同无性系。不过无论哪一种, 露娜都有着完美的叶形和色调, 是花园里必备的品种, 不论是单株栽培还是组合盆栽都非常不错。

养护习性:

全日照与半日照都可栽培, 当然阳光充足时叶形会更美一些, 植物状态也会更健壮。一年四季都可以正常浇水, 夏季也会持续生长。病虫害比较少, 对土壤也不挑剔, 叶插存活率很高, 是极佳的入门品种。

成株体型: 中型, 最大可达 20cm。

叶形: 倒卵形, 叶尖渐尖, 顶部有短尖。

花形: 蝎尾状聚伞花序, 钟形花外橙内黄。

繁殖方式: 叶插、扦插。

适合栽种位置: 阳台、露台、花园。

鲁贝拉、如贝拉、卷叶东云 　拟石莲属
Echeveria 'Rubella'

品种介绍:

东云和墨西哥女孩的杂交后代，有着东云的蜡质叶面和强烈内卷的叶子，辨识度很高。并不是太常见的品种，折扇一样卷折的叶形过于特殊，这使得它比较小众。不过东云系列的特点是大多都能变得很红，养出状态后也是非常惊人的，值得收藏。

养护习性:

和其他东云一样，这类石莲的特点是喜强光照，一定要摆放在阳光最充足的地方，偶尔叶片也会出现晒斑，对植物生长没有影响。即使是炎热的夏季也不需要遮阴，叶片颜色随日照时间与强度由黄色、橘黄色、红色而改变。春秋生长期正常浇水，夏季高温闷热时要注意控水，减少浇水频率与浇水量，相比其他同类，它的习性要更强一些。冬季是最容易出状态的季节，土壤中可以加入大比例颗粒，更利于出状态。

成株体型: 中型。
叶形: 倒卵形或椭圆形，内卷，叶尖急尖，顶部有短尖。
繁殖方式: 叶插、扦插。
适合栽种位置: 阳台、露台。

日照 ●●●●● 　浇水 ♦♦♦♦♦

鲁道夫 拟石莲属

Echeveria rodolfi

品种介绍:

2000 年命名的新品种,在原始种中属于样貌比较稳定的,叶片呈灰紫色,有种脏兮兮的感觉。叶面上覆有一层蜡质白霜保护层,生长习性比较奇怪,叶片向四周摊开、平面生长,不太容易养好。

养护习性:

非常惧怕夏季的闷热环境,夏季一定要遮阴、通风,并想尽一切办法降温。要在进入夏季前就将植物状态调整到最好,不然很容易死掉。喜欢凉爽而强烈的日照环境,所以冬季是最容易养出状态的季节。春秋冬三个季节正常浇水,发现叶片褶皱立即补水。花器可以选择宽口径浅盆,土壤中颗粒不宜过多。叶芯容易积水,浇水时沿花盆边缘浇入。介壳虫害对它来说是比较致命的,发现后要第一时间清理。

成株体型: 大型。

叶形: 倒卵形或椭圆形,叶尖急尖或渐尖。

花形: 聚伞圆锥花序,钟形花外粉内橙。

繁殖方式: 叶插、扦插。

适合栽种位置: 阳台、露台。

日照 ●●●●● 浇水 🌢🌢🌢🌢🌢

鲁氏石莲花 拟石莲属
Echeveria runyonii

日照 ●●●●● 浇水 ◐◖◖◗◗

品种介绍:

经典的原始种,虽然实生个体间的叶形和白霜薄厚略有区别,但在原始种中属于特征比较稳定和统一的,正常个体的叶子偶尔也会反折变成特玉莲。市面常说的粉鲁,实际就是鲁氏石莲花的粉色状态,并不是新品种。

养护习性:

可半日照或全日照栽培,对水分不是太敏感,正常浇水即可。非常强健,夏季只要保持良好的通风,也可以浇水生长。土壤如果使用颗粒过多,底部叶片干枯代谢的速度会加快,加速老桩化,可自行斟酌。开花十分壮观,可观赏后剪掉,是常用于组合盆栽的素材之一。

成株体型: 中小型。
叶形: 倒卵形,叶尖截形或渐尖,顶部有尖。
花形: 蝎尾状聚伞花序,橙粉色钟形花。
繁殖方式: 叶插、扦插。
适合栽种位置: 阳台、露台、花园。

鲁氏石莲花锦、鲁氏锦　拟石莲属

Echeveria runyonii fa. *variegata*

品种介绍：

鲁氏石莲花的覆轮锦品种，在一定的温差和阳光的条件下可以养出粉色的植株。非常难得的品种，目前价格也居高不下。一些出现全锦（全白）的小苗必须依托在母本上生长，如果剪下来单独扦插会因为没有叶绿素进行光合作用而死掉。

养护习性：

习性与鲁氏石莲花近似，不过稍弱一些，毕竟是斑锦变异品种。在照料时一定要多多观察，发现问题第一时间解决，任何一个疏忽或者无视都会导致其死亡。日常管理时放在日照充足的位置，正常浇水即可。土壤透气性一定要好。叶插也是可以出锦的，值得尝试。

成株体型：中小型。

叶形：倒卵形，叶尖外凸，顶部有尖。

花形：蝎尾状聚伞花序，钟形花外粉内橙。

繁殖方式：叶插、扦插。

适合栽种位置：阳台、露台。

日照 ●●●●● 浇水 ◆◆◆◆◆

露西 拟石莲属

品种介绍：

从韩国引入的杂交品种，叶形与蓝石莲相似，不过叶边更容易被晒红，叶片卷包起来形似松果状。颜值很高的品种，叶片属于蓝色系，且叶边为粉红色，整体可以呈渐变色彩。生长习性也十分强健，可以直接用于绿化之中。

养护习性：

充足的日照能够保持叶片卷包状态，日照不足时叶片会往下塌，特别是在一些高楼密闭的玻璃窗边，由于阳光被严重阻隔削弱，很难养出漂亮的色彩。夏季高温闷热时只需注意适当控水即可安全度夏，春、秋、冬三个季节即使通风条件不好，影响也不会太大。叶面上带有一层很薄的蜡质白霜，浇水时尽量避免浇到叶芯。土壤中颗粒的比例不宜过大，过多的颗粒会导致底层叶片迅速消耗。发现介壳虫需要及时清理，特别是粘在叶面上的黑色污染物，需要用清水喷洗干净，避免感染病害。

成株体型：中小型。

叶形：狭长的倒卵形，叶尖外凸或渐尖，顶部有尖。

繁殖方式：叶插、扦插。

适合栽种位置：阳台、露台。

日照 ●●●●● ○　浇水 ⚪⚪⚪⚪⚪

罗恩埃文斯 拟石莲属

Echeveria 'Ron Evans'

日照 ●●●●○　浇水 ◐◐○○○

品种介绍：

Van Keppel 的作品，锦司晃与花乃井的杂交后代，许多人认为它属于东云系列，然而与东云并无任何关系。没有继承锦司晃的绒毛，但叶片颜色非常独特，能够整株转变为火红色。同类拟石莲里这样的色系并不多见。

养护习性：

对日照需求很高，叶片非常厚，能耐强日照，也耐热。在阳光充足的环境下叶片会转变为靓丽的火红色，在夏天严格控水后也不会褪色，十分难得。对水分需求不多，叶片内储存大量水分。初期幼苗生长可以频繁浇水，土壤使用松软透气的泥炭土。成株后可以使用大比例的颗粒土，会更容易养出状态。习性非常不错，很好养。

成株体型： 小型，易群生。

叶形： 倒卵形，新叶微内卷，叶尖外凸或渐尖，顶部有红尖。

花形： 聚伞花序，钟形花外橙内黄

繁殖方式： 叶插、扦插。

适合栽种位置： 阳台、露台。

罗西玛 A 拟石莲属

Echeveria longissima var. *aztatlensis*

品种介绍：

罗西玛的两个变种之一，样貌亦多变，有宽叶、窄叶等多个形态在市面上流通。与罗西玛的主要区别在于罗西玛 A 易群生，且花形不同。目前所见的大多为播种所得，叶形、颜色会有所区别。

日照 ●●●●● ○　浇水 ◆◆◆◆◆

养护习性：

对日照需求较高，充足的日照不但能保证植株的健康，还能够让叶片更加紧凑、形态更美。在温差较大的极端环境下，叶片也会完全变红。对水分比较敏感，特别是炎热的夏季，除了控水外也要注意缺水的情况，发现叶片褶皱变软要及时少量补水。春秋生长季节正常浇水即可。叶片新老交替很快，底部干枯的叶片要及时清理，不然很容易寄生介壳虫，从而诱发一系列病害。

成株体型： 小型，易群生。

叶形： 倒卵形，叶尖外凸或截形，顶部有红尖。

花形： 蝎尾状聚伞花序，钟形花长 3cm 以上，上绿下淡橙粉色。

繁殖方式： 叶插、扦插。

适合栽种位置： 阳台、露台。

罗西玛 B、矮花罗西玛 拟石莲属
Echeveria longissima var. *brachyantha*

日照 ●●●●○　浇水 ♦♦♦♦♦

品种介绍：

罗西玛的两个变种之一，成株直径达10cm或以上，与罗西玛最大的区别在于罗西玛 B 的花冠小、花色深，且叶子微褶，性状相对稳定。目前所见的大多为播种而来，叶形、颜色会有所区别。

养护习性：

习性与罗西玛 A 相似，对日照需求较高，充足的日照与较大温差条件才能养出图片中的状态。同样对水分敏感，闷热的夏季要注意多通风，同时适当控水。发现叶片褶皱变软要及时少量补水。幼苗初期可以使用细沙（1～3mm）与泥炭土的混合土栽培，成年老桩可以换成颗粒比例较大的土壤。叶片新老交替很快，底部干枯的叶片要及时清理，不然很容易寄生介壳虫。开花十分有特点，完全不同于其他拟石莲，开花会消耗养分较大，欣赏完毕后应及时剪掉。

成株体型：中小型，易群生。

叶形：倒卵形，叶尖外凸或截形，顶部有红尖。

花形：蝎尾状聚伞花序或聚伞圆锥花序，钟形花长 1.5cm 左右，上绿下红。

繁殖方式：叶插、扦插。

适合栽种位置：阳台、露台。

罗密欧、金牛座 拟石莲属

Echeveria agavoides 'Romeo'

品种介绍：

东云的一个红色变异品种，培育者就是我们所熟知的种子商 Koehres Kakteen（KK）。曾被称为"金牛座"，但培育者后来正式将它命名为"罗密欧"。市场上还流通着一种血色罗密欧，是罗密欧的优选种。从欧洲引进而来，在国外十分常见。

养护习性：

这种流传已久的经典品种在习性上是非常强大的，虽然在夏季会偶尔发生化水腐烂的现象。即使在日照不多的情况下，紫红的颜色也会褪去得很慢，日照充足时还会转变为血红色。对水分敏感，夏季高温时减少浇水或不浇水，其余季节甚至可以一个月浇一次水。常见到有无根的植株出售，拿回家后即使不种，放在地面三个月也不会死。

成株体型：中型。

叶形：卵形或椭圆形，叶尖外凸、急尖或渐尖，顶部有红尖。

花形：蝎尾状聚伞花序，钟形花外粉内黄。

繁殖方式：叶插、扦插、组培。

适合栽种位置：阳台、露台、花园。

日照 ●●●●● 　浇水 ♦♦♦♦♦

绿体花月夜 拟石莲属

Echeveria 'Christmas'

品种介绍：

原始种花月夜的杂交后代，叶子比母本更窄，更绿的叶色则令红边更为突出。其实它和花月夜非常近似，要注意区分。习性很不错，叶形与颜色都很美，适合作为组合盆栽的素材，是入门的首选。

日照 ●●●●● 浇水 ♦♦♦♦

养护习性：

日照充足的情况下其叶片鲜艳的色彩可以保持很久。对水分不是很敏感，只要避开闷湿的环境，春秋季节正常浇水也不会出现腐烂的现象。常会因为日照、喷水或其他原因导致叶片出现许多小斑点，比较影响美观，对生长无碍。

成株体型： 中小型。

叶形： 狭长的倒卵形，叶尖外凸，顶部有短尖。

花形： 蝎尾状花序，黄色钟形花。

繁殖方式： 叶插、扦插。

适合栽种位置： 阳台、露台。

玛丽贝尔 拟石莲属

Echeveria 'Marybell'

日照 ●●●●● 　浇水 ●●●●●

品种介绍：

起源不明的杂交品种，疑似有月影的血统，颜色为少见的灰白色，叶面有一层蜡质白霜，叶片在强光照下能变为半透明的果冻色。市面上不太常见，但非常美妙。

养护习性：

喜欢强日照，日照不足时叶片会变绿，并且很容易感染病害或化水。充足的日照能够让植株更加健壮并保持果冻色。即使在最容易褪色的夏季，进行控水后依然能够保持灰白的果冻色。春秋生长期给足水分，保持生长，冬天与夏天可以适当控水，让植株状态变得更美。栽培土壤中可以加入 70% 左右的粗砂颗粒。浇水时避开叶芯，避免水滴将白霜带走。

成株体型：中小型。

叶形：倒卵形，叶尖外凸。

繁殖方式：叶插（容易化水）、扦插。

适合栽种位置：阳台、露台。

玫瑰莲 拟石莲属
Echeveria 'Derosa'

日照 ●●●●● 　浇水 ◊◊◊◊◊

品种介绍：

静夜与锦司晃的杂交后代，有许多无性系流传，被毛的量亦有多有少，叶缘、脊线和叶尖会季节性变红。果冻色是它的标志，养出状态后看起来就像糖果一样，不像真实的植物。虽然被称为玫瑰莲，不过想达到真正的玫瑰那样鲜艳的色彩，还是需要花费一番功夫的。

养护习性：

喜欢干燥凉爽、日照充足的环境，夏季高温时要注意适当遮阴、通风，叶片很容易被灼伤。常见到的玫瑰莲都比较小，实际上也可以长得很大，叶面直径能够轻易超过10cm。日照充足和温差较大的环境下能够让叶片颜色转变为金黄色。小苗期采取频繁少量的浇水方式，成年株一个月浇两三次水。

成株体型：中小型，较易群生。
叶形：倒卵形，叶尖渐尖，叶缘等处偶有被毛，顶部有红尖。
花形：总状或伞房状的聚伞花序，钟形花外橙内黄。
繁殖方式：叶插、扦插。
适合栽种位置：阳台、露台。

玫瑰夫人 拟石莲属

品种介绍：

杂交品种，亲本信息不明，叶缘泛红，日常状态为古铜色。早期从韩国引入，疑为杂交小苗未经严格选育便繁殖出售，以至于市面出现的玫瑰夫人有许多不同形态的。习性强健，还拥有少见的古铜色，为组合盆栽中增加了一个新的元素。

养护习性：

对日照需求很高，充足的日照才能晒出古铜色的叶片，即使在最容易褪色的夏季，适当控水后依旧能够保持古铜色。日照不足则叶片很容易变绿，对健康影响倒不大。非常皮实，一年四季都不需要断水。小苗期土壤中不宜加入过多颗粒或沙子。

成株体型： 中小型。

叶形： 倒卵形，叶尖外凸，顶部有尖。

繁殖方式： 叶插、扦插。

适合栽种位置： 阳台、露台。

日照 ●●●●● 　浇水 ♦♦♦♦♦

魅惑之宵、口红 拟石莲属
Echeveria agavoides 'Red Edge'

日照 ●●●●● 　浇水 ◆◆◇◇◇

品种介绍：

因叶片具有醒目的红边而从野生东云里选育出来的园艺品种，叶子偏黄绿色，十分健壮。也被称为"口红"，除绿叶红边的品种外，还有一种金黄色叶片的口红，在韩国被称为"黄乌木"。在欧美地区属于常规绿化用植物，经常能够在路边绿化带里看见。节日里也常用于摆设，就像国内的绿萝一样常见，适合大型景观布置。

养护习性：

喜沙质性土壤、强烈的日照，日常管理适当控水即可，浇水太多不至于死掉，但叶片颜色会常绿。控水后需增加日照时间及强度，叶片会转变为金黄色。冬季要注意控水甚至断水，不然容易引起变黑化水。如果不种，放在空气中，几个月也不会死，所以从花市或淘宝买来的常为无根的植株。

成株体型：中型。

叶形：卵形或倒卵形，叶尖急尖或渐尖，顶部有红尖。

花形：蝎尾状花序，钟形花外粉内黄。

繁殖方式：叶插、扦插。

适合栽种位置：阳台、露台、花园。

美尼王妃晃 拟石莲属

Echeveria 'Bini-ouhikou'

日照 ●●●●○　浇水 💧💧💧💧

品种介绍：

姬莲和王妃锦司晃的杂交品种，底色为王妃锦司晃那近蜡质的绿色，叶尖带有十分明显的小刺，叶缘在秋冬可以晒红。形态上继承了姬莲的特点，迷你紧包，容易群生，适合单盆栽种。叶片颜色较深，选择浅色花器搭配更能突显植物的美。

养护习性：

迷你型石莲，喜欢强日照环境，日照不足叶片会摊开，反之则会卷包起来。成株大小一般在3～4厘米左右，用小型花器栽培。花器太小保不住水分，会挥发得更快，所以日常可以采用频繁少量的浇水方式。根系细小，幼苗期需要保持土壤湿润才会生长。土壤表面不宜铺过大的石子，土壤中的颗粒比例也不宜过大，否则根系会生长不好，植物处于长期缺水状态甚至会干死。容易群生，长成一片后再换成宽口浅盆栽种会更好。

成株体型：小型，单头约4cm，易群生。

叶形：倒卵形，叶尖外凸、渐尖或截形，顶部有长尖。

繁殖方式：叶插、扦插。

适合栽种位置：阳台、露台。

美尼月迫、红姬莲
Echeveria 'Bini-gesseru'　拟石莲属

品种介绍：

姬莲和月影的杂交后代，出状态时叶子有明显的红尖、红边、红色脊线乃至血斑。同类相似品种非常之多，叶片顶端明显的软尖是区分特征之一。属于迷你型拟石莲，适合小群单盆栽种，非常适合阳台栽培。

日照 ●●●●● 　浇水 ♦♦♦♦♦

养护习性：

对日照需求较多，充足的日照能够让叶形更紧凑，并卷成包子状，日照不足时叶片会往下塌并呈绿色，浇水后更加明显。夏季高温闷热时容易化水腐烂，一定要多通风并严格控水。容易群生，根系不是特别粗壮，适合于宽口浅盆栽种。对水分需求不多，群生后甚至可以严格控水，让叶片全部卷成一团。铺面石不宜使用过大颗粒，对生长不利。土壤中粗砂颗粒比例可以高于60%。

成株体型： 小型，易群生。
叶形： 狭长的倒卵形，叶尖外凸，顶部有红尖。
繁殖方式： 叶插、扦插。
适合栽种位置： 阳台、露台。

蒙恰卡 拟石莲属

Echeveria cuspidate var. *cuspidata*

日照 ●●●●● 浇水 💧💧💧💧💧

品种介绍：

墨西哥女孩在蒙恰卡的产地种，也是其最美貌的形态。叶子呈爪状，非常坚硬，还有红红的爪尖。繁殖速度较慢，市面上并不是很常见。单盆栽种别有一番风味，浅浅的白色叶片配上具有魔性的叶尖看起来就像蜘蛛的嘴一样。

养护习性：

喜强烈的日照，叶面颜色日常为白色，缺少日照时也会变绿，日照充足时会变粉。生长速度比较缓慢，开花时会消耗大量养分，如果不想授粉就迅速将其剪掉。对水分稍敏感，特别是夏季炎热的时候一定要控水，生长季节需要的水分也不是很多。土壤使用颗粒沙质性土壤最佳。搬动时尽量不要碰触叶尖，非常容易碰断。叶插较难成功，所以繁殖很慢。

成株体型：中型。

叶形：卵形，叶尖急尖或渐尖，顶部有红尖。

花形：蝎尾状聚伞花序，钟形花外橙粉内黄。

繁殖方式：叶插、扦插、播种。

适合栽种位置：阳台、露台。

摩氏玉莲 拟石莲属

Echeveria moranii

日照 ●●●●● 浇水 ◊◊◊◊◊

品种介绍：

一个经典的原始种，非常有特点，不同个体的叶底色在近白色和绿色之间，背部有一条淡淡的脊线，散落的红点更添姿色。可以尝试用来作为母本杂交一下。

养护习性：

全日照或半日照都可栽培，日照减少后叶片会慢慢变绿，每天保持3～4小时以上日照叶片颜色就会变深。生长速度较快，容易长出枝干，习性与巧克力方砖近似，叶片的新老交替很快。浇水可以频繁一些，叶片较薄，缺水时也会从叶片上反映出来（褶皱变软）。土壤中颗粒比例最好不要超过50%，过多的颗粒土会加速底层叶片的干枯。

成株体型：小型。

叶形：倒卵形，内卷，叶尖外凸或截形，顶部有尖。

花形：总状花序，钟形花外粉内黄。

繁殖方式：叶插、扦插、播种。

适合栽种位置：阳台、露台。

墨西哥姬莲 拟石莲属

品种介绍:

身份存疑,疑为杂交品种,颜色偏白绿色。早期从韩国引入,母本价格昂贵,近两年通过组培等方式大量繁殖后已经很容易购买到。叶形非常有特色,卷包后叶边的纹路看起来就像飞翔着的海鸥,值得尝试栽种。

日照 ●●●●● 浇水 ●●●●●

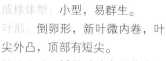

养护习性:

习性与厚叶月影相似,叶片肥厚多汁,能耐较强的日照,阳光不足叶片会下塌且变绿。对水分比较敏感,夏季高温时要多通风并且严格控水,而冬季低温时也要控水,防止叶片冻伤或腐烂。土壤中可以混入大比例的小型颗粒(切勿使用大颗粒),增大透水透气性。虫害较少,生长缓慢,叶插叶片容易化水,家庭环境下繁殖推荐扦插。

成株体型: 小型,易群生。

叶形: 倒卵形,新叶微内卷,叶尖外凸,顶部有短尖。

繁殖方式: 叶插(叶片容易化水)、扦插、组培。

适合栽种位置: 阳台、露台。

墨西哥巨人　拟石莲属

Echeveria colorata 'Mexican Giant'

品种介绍:

虽一度身份存疑，但近期被确认为卡罗拉一个巨大化的园艺品种，通体被白霜，几乎不会变红。欧洲常见品种，同样被大量运用在家庭园艺和绿化中。巨大、白色是巨人的优点，适合用于一些大型地栽景观。

日照 ●●●●●　浇水 🌢🌢🌢🌢🌢

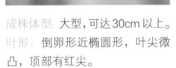

养护习性:

非常耐旱，喜强烈日照，害怕潮湿的土壤，一旦烂起来会很迅速。叶面有一层较厚的蜡质粉末，一定不要用手摸。喜欢颗粒沙质性土壤，透气性一定要好，如果选择种在花园里，一定要做好排水层。生长速度较缓慢，目前地栽的情况下最大的叶面直径超过30cm。叶插叶片较容易化水，繁殖主要依靠扦插。

成株体型: 大型，可达30cm以上。
叶形: 倒卵形近椭圆形，叶尖微凸，顶部有红尖。
花形: 蝎尾状花序，钟形花外粉内黄。
繁殖方式: 叶插、扦插。
适合栽种位置: 阳台、露台、花园。

墨西哥蓝鸟　拟石莲属

Echeveria 'Blue Bird'

品种介绍:

皮氏的杂交后代，另一亲本疑为卡罗拉，有一层厚厚的白霜，叶尖可以晒红。最早从欧洲传播过来，在国外已经被运用在园艺中很长时间了，属于常规大众品种，个头较大，可以生长到20cm以上。

养护习性:

十分耐旱，比较怕水，喜欢强烈的日照环境。成株可以一个月浇一两次水，炎热的夏季可以两三个月一滴水不浇。水分过多很容易导致叶片腐烂，发现有腐烂迹象要第一时间将植株挖出来并掰掉不健康的叶片，放在通风最好的地方晾干。叶面有很厚一层蜡质粉末，尽量不要用手触碰。

成株体型: 中型。

叶形: 倒卵形，叶尖渐尖，顶部有红尖。

花形: 蝎尾状花序，钟形花外粉内黄。

繁殖方式: 叶插、扦插。

适合栽种位置: 阳台、露台、花园。

日照 ●●●●○　　浇水 ◊◊◊◊◊◊

墨西哥雪球 拟石莲属

Echeveria elegans

品种介绍：

月影的一种形态，颜色偏白，株型包得较为紧凑。从韩国引入后目前在国内被大量繁殖，已经比较常见了。近似于完美的叶形与乳白色的叶片看起来就像蛋糕一样美味可口，生命力也非常强健，很值得栽种。

养护习性：

健康生长对日照需求不算太多，不过日照不足叶片会往下摊开。充足的日照能够让叶片卷包起来，更具观赏性。叶片颜色几乎常年为乳白色，只有在极端环境下才会变色。单棵也能长到很大，容易群生，推荐使用口径较大的花器栽种。除夏季需要适当控水外，其余季节正常浇水即可。栽种土壤中混入 60% 以内的颗粒最佳，颗粒不宜过多，不然会引起底层叶片干枯，消耗过快。

成株体型：小型，易群生。
叶形：倒卵形，叶尖外凸，顶部有尖。
花形：蝎尾状聚伞花序，钟形花内橙黄外粉。
繁殖方式：叶插、扦插。
适合栽种位置：阳台、露台。

日照 ●●●●○　　浇水 ◐◐◐◐◐

魔爪 拟石莲属

Echeveria unguiculata

品种介绍：

颇为黑暗系的原始种，辨识度非常高。叶片呈爪状，国内常与"蒙恰卡"和"黑骑士"混淆。由于它生长速度较慢，多为播种所得，市面上并不太常见。叶片相比蒙恰卡更软更厚，非常适合杂交育种。但是难以伺候，一般是热衷于收集品种或杂交培育的爱好者才会栽培。

养护习性：

喜时间较长而柔和的日照环境，日照不足时叶片会完全变绿，而日照太强又容易灼伤叶片。叶片较软，缺水时状态会十分明显，日常对水分需求也比较多，需要及时补水。根系较健壮，成株土壤中可以加入大比例的粗砂颗粒，植物会生长得更健壮。

度夏比较危险，夏季闷热时需要注意遮阴并通风。

成株体型： 中小型。

叶形： 条形或狭长的椭圆形或卵形，叶尖外凸或急尖，顶部有硬质短尖。

花形： 花序总状，钟形花外橙粉内黄。

繁殖方式： 叶插、扦插、播种。

适合栽种位置： 阳台、露台。

日照 ●●●●● 　　浇水 ♦♦♦♦♦

娜娜小勾 拟石莲属

品种介绍：

杂交品种，与名字一样可爱，叶尖带有十分明显的小指甲，就像收拢的小爪子。从韩国引入，目前在国内比较常见，习性非常不错，适合入门栽培。

养护习性：

对日照需求较高，也可散光栽培，区别在于散光环境下叶片比较松散，叶尖的小爪子也不会太明显，但是不影响健康生长。可以尝试地栽，地栽后体积会变得很大，对水分需求会更多一些。如果使用迷你盆栽培，可以将土壤中的颗粒比例增大，会更利于控型，颜色也会更美。叶片较容易晒出斑点，不过中心叶片长出来后很快就会替代老叶片，所以只需要给它提供一个较为稳定的环境即可，自身适应能力很强。

成株体型： 小型、易群生。
叶形： 倒卵形，叶尖外凸，顶部有红尖。
繁殖方式： 叶插、扦插。
适合栽种位置： 阳台、露台、花园。

日照 ●●●●● 　浇水 ◊◊◊◊◊

奶油黄桃、亚特兰蒂斯

Echeveria 'Atlantis' 拟石莲属

品种介绍：

O'Connell 培育的杂交品种，有着包菜一样的株型和红边。与玉蝶有些相似，不过叶片比玉蝶要厚实许多。

养护习性：

茎部生长较缓慢，所以并不能像玉蝶那样随随便便就养出个大老桩来，但很容易群生。对阳光的需求很高，充足的阳光能够让叶片包紧并晒红。对水分不敏感，即使在炎热的夏季，只要稍微注意控水就能安全度夏。浇水时要避开叶芯，否则容易引起腐烂或晒伤。成年株后期配土中可以加入大比例的颗粒。

成株体型：中小型。

叶形：倒卵形，叶尖外凸或微凹，顶部有红尖。

花形：蝎尾状聚伞花序，钟形花外橙粉内黄。

繁殖方式：叶插、扦插。

适合栽种位置：阳台、露台。

日照 ●●●●○　浇水 ♦♦♦♦♦

妮可莎娜 拟石莲属

Echeveria 'Nicksana'

品种介绍:

起源不明的杂交品种,有着长而直立的茎干,顶部的莲座紧凑。与艾格尼丝玫瑰较为相似,不过叶片更加肥厚宽大一些,叶片颜色也呈粉红色。拟石莲里长杆子队伍的一员,非常适合制作老桩盆景。

日照 ●●●●● 　浇水 🌢🌢🌢🌢🌢

养护习性:

对日照需求较多,日照不足时叶片呈绿色并且脆弱易断,充足的日照能够让叶片卷包起来。枝干生长迅速,这一点与艾格尼丝非常相似。初期栽种推荐用塑料小黑方,长大后可以换个能够垂吊的老桩花器栽种。如果想加速生长,在春秋季节要多补水。土壤中颗粒多一些更好,利于透水透气。

成株体型: 中小型。

叶形: 倒卵形,叶尖圆形,顶部有短尖。

花形: 总状排列,钟形花外粉内黄。

繁殖方式: 叶插、扦插。

适合栽种位置: 阳台、露台。

女雏 拟石莲属

Echeveria 'Mebina'

日照 ●●●●○　浇水 ◍◍◍◍◍

品种介绍：

起源不明的杂交品种，体型玲珑，肉肉的黄绿色叶片和红边十分可爱。早期因其叶形与橘红色的叶片而风靡国内，成为众多多肉植物爱好者的最爱。群生后的女雏更是讨人喜爱，生命力也非常强健，叶插存活率超高，想必在许多爱好者入门的前10种多肉植物里都能出现它的身影。

养护习性：

对日照需求很高，日照不足时叶片会很快变绿，徒长起来后枝干会一发不可收拾地长长，不过也是老桩造型的最好方式。充足的日照可以将群生的女雏养成球型，叶片呈橘黄果冻色，非常惊艳。不论是组合盆栽还是单盆栽种都十分具有魅力。对水分略敏感，特别是闷热的夏季，要多通风断水来缓解。其他季节正常浇水就可以生长得很好，生长速度也比较快。土壤使用沙质颗粒土最佳。

成株体型： 小型，易群生。

叶形： 倒卵形，叶尖外凸或渐尖，顶部有红尖。

花形： 蝎尾状聚伞花序，黄色钟形花。

繁殖方式： 叶插、扦插。

适合栽种位置： 阳台、露台、花园。

女美月 拟石莲属

Echeveria 'Yeomiwol'

日照 ●●●●○　浇水 ◌◌◌◌◌

品种介绍:

起源不明的杂交品种，平时非常乖巧，春秋的全日照可以令叶子变成果冻色。红红的叶尖非常优雅，叶片肥厚、细长，往中心卷包。整体呈蓝白色调，是目前组合盆栽中常用品种之一，非常适合与其他多肉搭配栽种。

养护习性:

大部分时间叶片都是蓝白色，在日照充足、温差较大的环境下也能够整株变红，不过对于综合环境要求较高。日照不足时叶片会往下塌，失去原有形态。新陈代谢较快，常见底部叶片干枯，属正常情况。枝干容易长高，可以减少日照、促进茎部拉长并造型。春秋生长时期可以多多浇水，加速群生或枝干生长。土壤里混入多一些的粗砂颗粒更佳。

成株体型: 小型，易群生。

叶形: 椭圆形或倒卵形，叶尖外凸，顶部有红尖。

花形: 蝎尾状聚伞花序，钟形花外橙粉内黄。

繁殖方式: 叶插、扦插。

适合栽种位置: 阳台、露台。

女士手指 拟石莲属

Echeveria 'Ladies Finger'

品种介绍:

起源不明的杂交品种,有东云的特征,纤细柔美的叶形加上醒目的红边十分惹人喜爱。与圣诞东云非常相似,区别在于女士手指的叶片更短,且叶尖容易出现血斑色。叶片肥厚坚硬,叶尖也像手指上的指甲一样坚硬。不论组合盆栽还是单株栽种都非常不错。

日照 ●●●●● 浇水 💧💧💧💧💧

养护习性:

生长习性与花月夜差不多,非常皮实,只要放在日照最充足的地方,叶片颜色很快就会红起来。浇水方面也不用担心,小苗时期频繁浇水,长大后可以适当少量浇水。偶尔会出现介壳虫,不过很容易被发现,需及时处理。对土壤要求也不高,颗粒沙质土更容易出状态。栽种时建议与圣诞东云这类相似的多肉品种分开摆放,不然很容易搞混。

成株体型: 中型。

叶形: 细长的倒卵形,叶尖外凸或渐尖,顶部有红尖。

花形: 聚伞花序,钟形花外粉内黄。

繁殖方式: 叶插、扦插。

适合栽种位置: 阳台、露台。

皮氏蓝石莲、蓝石莲、皮氏石莲花 拟石莲属

Echeveria desmetiana 'Subsessilis'

品种介绍：

原本的学名 *E. peacockii* 近期已更名为 *E. desmetiana*，而国内的皮氏为 *E. desmetiana* 一个叶较宽且皱的形态，园艺上为区别于薄叶蓝鸟可加品种名 'Subsessilis'，是这个形态的皮氏曾作为独立物种时候的名字。

日照 ●●●●○　浇水 ●●●○○

养护习性：

对日照需求较高，日照不足时叶片不但会拔高徒长，还会集体往下塌"穿裙子"，日照充足时叶片会慢慢卷起来。生长期一周左右浇一次水即可，夏季也不需要断水。采用颗粒沙质土最好，对通风需求也比较高。容易感染介壳虫，叶芯很容易被污染，发现后一定要用喷壶喷洗干净。想养出完美状态还是比较困难的。

成株体型： 中小型。

叶形： 倒卵形，叶缘微褶，叶尖渐尖或外凸，顶部有短尖。

花形： 蝎尾状花序，钟形花外粉内黄。

繁殖方式： 叶插、扦插。

适合栽种位置： 阳台、露台、花园。

麒麟座、白羊座、阿吉塔玫瑰　拟石莲属

Echeveria 'Monocerotis'

日照 ●●●●● 　浇水 🌢🌢🌢🌢🌢

品种介绍：

亲本不明的杂交品种，叶色有很明显的大和锦特征，但叶形与纹路更柔美一些，强日照可以晒出红边和脊线。多肉植物星座系列之一，源自于欧洲。

养护习性：

喜欢强日照，晒得越多越好，肥厚的叶片保水量很大，所以浇水量不需要太多，这一点与大和锦非常相似。小苗初期频繁浇水，生长到成年后减少浇水，这时叶片会变得更肥厚保水。也许是叶片太硬，不太容易出现病虫害，春秋生长时期可以多浇水。土壤可以选择颗粒比例较大的，保证良好的透气性。

成株体型：中小型。

叶形：倒卵形近椭圆形，叶尖外凸或急尖，顶部有红尖。

花形：蝎尾状聚伞花序，钟形花外粉内黄。

繁殖方式：叶插、扦插。

适合栽种位置：阳台、露台。

巧克力方砖 拟石莲属
Echeveria 'Melaco'

日照 ●●●●○　浇水 ◐◐◐◐◐

品种介绍:

O'Connell 的作品,有着独特的巧克力颜色的叶片,需要强烈的日照来维持棕红的颜色和紧凑的株型。是最可爱的品种之一,看上去真的好想咬一口。整齐的叶形就像巧克力制作出来的花朵一样,情人节当作手捧花赠送给自己的另一半真的很浪漫。

养护习性:

生长习性还不错,非常迅速,容易长出枝干,也容易群生多头。不过有一定概率会出现枝干发黑叶片掉落的情况,发现后立即修剪处理即可。夏季高温时注意多通风,同时也要控水。只要日照充足,叶片的这种巧克力色可以保持很久。如日照不够,浇水后两三天就会变绿。

成株体型: 中小型,较易丛生。
叶形: 倒卵形,叶尖外凸,顶部有尖。
花形: 总状花序,钟形花外粉内黄。
繁殖方式: 叶插、扦插。
适合栽种位置: 阳台、露台、花园。

青渚莲 拟石莲属
Echeveria setosa var. *minor*

品种介绍：

锦司晃的变种之一，毛比锦司晃长且软，整体颜色偏淡。早期被误认为是小蓝衣，因为两者的确十分相似，仔细观察会发现，青渚莲个头更大、绒毛也更多。属于少有的绒毛系列，十分可爱。

日照 ●●●●● 浇水 ◌◌●●◌

养护习性：

对日照需求不高，夏季烈日时一定要注意遮阴，不然叶片很容易晒伤。同时也要适当控水，夏季对水分比较敏感，稍多一点就容易腐烂。其他季节也不需要太多水分，保持少量浇水即可。容易群生，群生后搭配一个漂亮的花器作为单品种盆景也很不错。叶插成功率较高，生长速度快，但需注意叶片容易腐烂，一定要在干燥的时候掰叶片。

成株体型： 小型。

叶形： 倒卵形，前 3/4 被纤毛，叶尖外凸，顶部有短尖。

花形： 聚伞花序，钟形花粉红色或外粉内黄。

繁殖方式： 叶插、扦插。

适合栽种位置： 阳台、露台。

青典之司 拟石莲属

Echeveria 'Seiten-no-tsukasa'

品种介绍：

日本根岸氏培育的杂交品种，是青典牡丹与花司的后代，继承了青典牡丹的叶色和花司的木质茎与直立株型，叶片细长，作为老桩盆景栽培是不错的选择。

养护习性：

日照充足叶边会变得很红，日照不足时叶片呈绿色，并且脆弱易掉落。枝干生长迅速，容易长高变成老桩，日常管理水分可以给足，加速生长。除夏季高温闷热时需要适当控水外，其余季节正常浇水。底部叶片干枯掉落，新老交替较快，属于正常现象。土壤中颗粒比例不易过大，否则很难生长，控制在 60% 以内最佳。平时留意叶芯，如果发现介壳虫需要及时清理，避免叶芯感染病害，引起生长点突变。

成株体型：小型、易丛生。
叶形：倒卵形，叶尖外凸，顶部有尖。
繁殖方式：叶插、扦插。
适合栽种位置：阳台、露台。

日照 ●●●●● 　浇水 ◆◆◆◆◇

秋宴　拟石莲属

Echeveria 'Bradburyana'

品种介绍：

月影的杂交品种，狭长的叶子与紫罗兰女王有几分相似，但秋宴叶片底部偏绿，叶尖呈粉红色，而紫罗兰女王叶片呈紫色，不过即使两个品种放在一起也容易被弄混。

养护习性：

对日照需求很高，充足的日照能够将叶片晒成包子状，同时也能让叶片颜色变得更加鲜艳。一年四季可以正常浇水，即使高温闷热的夏季也不需要断水，做好通风工作即可。容易群生，长出小群后单盆栽种非常漂亮。土壤中颗粒不宜过多，控制在 60% 以内最佳，过多的颗粒会引起底部叶片干枯消耗更快。叶芯很容易积水，浇水时注意避开。耐低温但不耐冻，冬季种植环境需保持 0℃以上。

成株体型： 中小型。

叶形： 狭长的倒卵形或椭圆形，叶尖外凸，顶部有尖。

花形： 钟形花外粉内黄。

繁殖方式： 叶插、扦插。

适合栽种位置： 阳台、露台。

日照 ●●●●● 浇水 ◊◊◊◊◊

赛康达 拟石莲属
Echeveria secunda

日照 ●●●●● 　浇水 ●●●●●

品种介绍:

堪称最为变化多端的一种拟石莲属原始种,不同产地的叶形和白霜浓厚均有不同,且有许多中间形态,无疑是最令人享受播种乐趣及惊喜的小家伙。它的叶形与玉蝶有些相似,是玉蝶的亲本之一。

养护习性:

对日照需求较多,日照充足的环境下叶边会慢慢变红,叶片也会随日照强度的提升而改变为较通透的果冻色。叶片比玉蝶更薄,这也意味着生长中需要更多的水分,特别是幼苗期,天气好的话甚至要一天浇一次水。根系较弱,初期栽培不宜加入过多颗粒,铺面石子也不宜过大。叶芯容易积水,浇水时注意避开,避免水珠残留后造成灼伤。易群生,群生后个头也不会太大,枝干的生长速度也比玉蝶慢很多,适合宽口浅盆栽种。

成株体型: 中小型或小型。
叶形: 倒卵形,叶尖渐尖、外凸或截形,顶部有短尖。
花形: 蝎尾状聚伞花序,钟形花外粉内黄。
繁殖方式: 叶插、扦插、播种。
适合栽种位置: 阳台、露台。

沙漠之星 拟石莲属

Echeveria shaviana 'Desert Star'

品种介绍:

沙维娜的园艺品种，与松露十分相似，但比松露叶子厚且短。地栽可以生长得很大，叶面直径能够超过 15cm，在国外主要用于绿化，许多景观里都能看到它的身影。强健的习性与褶皱而整齐的叶形也非常适合地栽布景。

日照 ●●●●● 　浇水 ♦♦♦♦♦

养护习性:

对日照需求不是很大，扁平的叶面在景观中时常被其他植物或石块挡住光线，但不会影响生长。对水分需求稍多，初期小苗对水分需求较多，需要频繁浇水保持土壤湿润。除夏季适当控水外，其他季节都可以正常浇水保持生长。容易群生，叶片新老交替较快，底部常会积攒许多枯叶，非常容易寄生介壳虫，要经常清理检查。开花时花箭消耗的养分比较大，建议剪去。

成株体型: 中型。

叶形: 倒卵形，叶缘波浪状，叶尖外凸或截形，顶部有尖。

花形: 蝎尾状聚伞花序，钟形花外粉内橙黄。

繁殖方式: 叶插、扦插。

适合栽种位置: 阳台、露台、花园。

三色堇 拟石莲属

Echeveria 'Pansy'

品种介绍:

杂交品种,平时叶片呈浅绿色,微微被霜,三色堇名字由来也许是因为它的叶片可以晒出绿黄红的渐变色。叶形很有层次感,在众多叶片规则的拟石莲中非常显眼,适合用于大面积的景观布置。

养护习性:

对日照需求较高,日照不足时叶片会下塌并且容易染病化水。充足的日照不但能够晒出强烈的层次感,还能够让叶片呈现三种渐变色,十分美妙。对水分需求不高,浇水量可以根据叶片状态判断,褶皱或发软是缺水的信息。水分过多的话底部叶片很容易化水,特别是冬季温度较低时,一定要严格控水。叶芯储水很厉害,浇水时注意避开。土壤中可以混入一半以上的颗粒。

成株体型:中小型。

叶形:倒卵形,叶尖外凸,顶部有短尖。

繁殖方式:叶插、扦插。

适合栽种位置:阳台、露台。

日照●●●●● 浇水🌢🌢🌢🌢🌢

沙维娜 拟石莲属

Echeveria shaviana

品种介绍：

原始种，优秀的杂交亲本之一，为许多中小型杂交品种褶边薄叶的基因，外表非常多样化。由于原始种母本也是由种子生长而来，所以目前见到的沙维娜叶形与颜色都各有不同，是育种爱好者的最爱。

日照 ●●●●● 浇水 ●●●●●

养护习性：

拟石莲属中最耐阴的物种之一，散光环境下生长也不会变形徒长得很厉害。当然，充足的日照还是会让叶片变色，自身的淡紫色也是非常漂亮的。对水分需求相对较多，地栽后可以生长得很大，适合用于绿化景观之中。叶片的新老交替速度较快，底部常会出现许多枯叶，需要定期清理，不然很容易寄生介壳虫。土壤中颗粒比例不应过大，保持在 50% 以下最佳。

成株体型： 中小型。

叶形： 倒卵形薄叶，叶缘波浪状，叶尖外凸，顶部有尖。

花形： 蝎尾状聚伞花序，钟形花外粉内黄。

繁殖方式： 叶插、扦插、播种。

适合栽种位置： 阳台、露台、花园。

莎莎女王 拟石莲属
Echeveria 'Suryeon'

品种介绍:

清新可爱的杂交品种,圆润的叶子微微被霜,春秋可以晒成近似果冻色。属于月影系列,继承了许多优点,特别是整株叶片转变为粉色时,包裹起来拥有女王般的气质。相比其他月影,它叶片上的蜡质粉末要多一些。与红边月影十分相似,容易被混淆,但个头比红边月影要小很多,叶片也更加宽短,是目前非常受大家追捧和喜爱的品种之一。

养护习性:

对日照需求很高,日照不足的话一浇水叶片就会变绿,并且很难再晒出粉色。栽种时可以加大土壤中颗粒的比例,保持良好的透水透气性,这样颜色会变得更快。对水分比较敏感,夏季高温闷热时甚至需要断水。生长期浇水也不宜过多,很容易化水腐烂,成年株一个月浇一两次水就完全足够了。

成株体型: 中小型。

叶形: 倒卵形,叶尖外凸或渐尖,顶部有尖。

繁殖方式: 叶插、扦插。

适合栽种位置: 阳台、露台。

日照 ●●●●● 浇水 🌢🌢🌢🌢🌢

圣诞东云 拟石莲属
Echeveria 'Cimette'

品种介绍：

其实是原始花月夜的杂交品种，另一亲本是否为东云尚不能确定，但外貌确实像是柔美的花月夜系融入了东云硬朗的基因。是最常见且最经典的品种，鲜艳的橙色调也非常符合圣诞气息。拿回家后即使不栽种放在某处一个月状态也不会变太差。

日照 ●●●●● 　浇水 🌢🌢🌢🌢🌢

养护习性：

习性当然是最强之一啦，有强烈的日照需求，一定要放在南面阳光最充足的地方。日照充足且温差较大时才会变得这么红，并且叶片紧包成松果状。浇水后中心叶片很快会变绿，这是正常生长习性。是很好的优选园艺品种，下地栽种会长得很大，目前见过叶面直径有超过20cm 的。每年开花花箭很多，也很适合用来授粉育种。

成株体型：中型。
叶形：狭长的倒卵形，叶尖外凸或渐尖，顶部有红尖。
花形：蝎尾状花序，黄色钟形花。
繁殖方式：叶插、扦插。
适合栽种位置：阳台、露台、花园。

圣诞东云锦 拟石莲属

品种介绍:

圣诞东云的变异锦斑品种,从白斑位置来看属于覆轮锦,不过这种锦并不是太稳定,生长两三年后有很大概率会返祖变回普通圣诞东云,非常稀有,在市面上并不常见。

养护习性:

整体习性比圣诞东云要弱许多,时常会发生突发性腐烂或者死亡。喜欢较长时间的日照,但不宜过强,夏季高温闷热时要优先遮阴、通风,并且严格控水,用小风扇吹着最好。抗病性也比较差,不论什么季节,放在空气流通良好的位置最佳。根系比较虚弱,一旦发现停止生长就需要挖出来检查。

叶插成功率低,主要采用扦插繁殖方式,不建议新手栽培。

成株体型: 中小型。

叶形: 狭长的倒卵形,叶尖渐尖,顶部有短尖。

花形: 蝎尾状聚伞花序,黄色钟形花。

繁殖方式: 叶插、扦插。

适合栽种位置: 阳台、露台。

日照 ●●●●○　　浇水 ◐◐�○◐◐

圣卡洛斯 拟石莲属

Echeveria runyonii, San Carlos

日照 ●●●●● 浇水 💧💧💧 💧💧

品种介绍：

实为鲁氏石莲花的产地种之一，特征为截形带短尖的叶片和近半透明的叶缘，但其实并不是稳定的园艺品种，有许多个无性系留传，因而常见叶形有好几种（褶叶、尖叶、圆叶等），不过整体叶形都非常完美，在国外常用于园艺绿化。

养护习性：

全日照与半日照栽培都可以，阳光充足的环境下状态会更好一些。对水分需求相比之下稍多，地栽后能够长得很大。控水后也能够控型到很小，并且叶形看起来会更加精美。使用大比例颗粒质土壤后，最底层叶片代谢加快，会干枯得更快。

成株体型： 大型，可达 25cm。

叶形： 倒卵形，叶尖截形，顶部有尖。

花形： 蝎尾状花序，钟形花外粉内橙红。

繁殖方式： 叶插、扦插、播种。

适合栽种位置： 阳台、露台、花园。

胜者骑兵 拟石莲属
Echeveria 'Victor Reiter'

日照 ●●●●○　浇水 💧💧🖤🖤🖤

品种介绍：

东云系列的杂交品种，成株直径可达30cm，老叶几乎总是霸气的紫红色。在欧洲常以鲜切花方式用于节日庆祝或婚礼布置中。这种大型石莲非常适合制作景观，习性强健，不需要太多养护和管理。即使把根都切掉，在桌上摆放一两个月也不会死掉。

养护习性：

强健皮实，对水分需求不多，说实话，想养死都挺难的。日常养护只需给足日照，摆放在通风良好的位置就可以了。个头较大，根系也十分强壮，花器可以选择深一点的。叶片中心不会积水，也没有蜡质保护层，浇水时可以放心喷洒，甚至能够用棉签把叶片擦干净。栽种土壤里颗粒不宜过多，控制在50%以内最佳。

成株体型： 大型。

叶形： 椭圆形或倒卵形，叶尖急尖或渐尖，顶部有尖。

花形： 蝎尾状聚伞花序，钟形花外粉内黄。

繁殖方式： 叶插、扦插。

适合栽种位置： 阳台、露台、花园。

霜之鹤 拟石莲属

Echeveria pallida

品种介绍:

拟石莲属的原始种,成株可达 30cm 的大家伙,比花之鹤更大。在国外常用于庭院绿化中,习性强健皮实。幼苗期辨识度不高,容易被混淆,下地栽培会长得很快,云南和长江以南地区可以尝试露养。

日照 ●●●●● 浇水 ◐◐◐◐◐

养护习性:

对阳光强度要求很高,特别是花期,日照不足时花箭会往下严重弯曲。花箭可以生长到 40cm 以上,花箭上的叶片可以掰下叶插。枝干生长迅速,地栽生长最快,叶片的新老交替也很快,可以使用较大的花器栽培。一年四季都不需要断水,幼苗期可以多浇水以加速生长。土壤中颗粒比例控制在 50% 左右最佳,不宜过多。

成株体型: 大型,易丛生。
叶形: 倒卵形,叶尖外凸,顶部有尖。
花形: 聚伞圆锥花序,红色钟形花。
繁殖方式: 叶插、扦插。
适合栽种位置: 阳台、露台、花园。

双子座 拟石莲属
Echeveria 'Pollux'

品种介绍：

杂交品种，疑有丽娜莲血统，叶缘带着波浪。流行于欧美地区，属于大型种，地栽能够长到 20cm 以上，常用于花园及景观之中，也被当作鲜切花用于节日摆设。由于形态与丽娜莲十分相似，早期很容易混淆，但双子座的叶片比丽娜莲更加宽大。

日照 ●●●●○　　浇水 ♦♦♦◊

养护习性：

喜强光照环境，日照不足时叶片会坍塌下来。巨大的体型需要的水分更多，时常会出现叶片变软、褶皱的现象，这都是缺水的表现。夏季闷热时期不宜浇水过多，需要多通风并控制浇水量。叶芯容易积水，浇水时尽量避开。开花时与丽娜莲不同，会消耗许多养分，如果不授粉或赏花可以将花箭剪掉。土壤中可以加入 70% 左右的颗粒进行控型，如果想长得更大，可以将土壤中颗粒比例减小，增加泥炭土比例。南方花园中若做好排水也可以直接地栽。

成株体型：大型。

叶形：倒卵形，叶缘波浪状，叶尖外凸或，顶部有尖。

繁殖方式：叶插、扦插。

适合栽种位置：阳台、露台、花园。

圣路易斯 拟石莲属
Echeveria 'San Luis'

日照 ●●●●● 浇水 🌢🌢🌢🌢🌢

品种介绍:

起源不明的杂交品种,近两年从韩国引入,目前在国内比较常见。不同光照下叶子薄厚差异巨大,需控水暴晒才能得到紧凑的株型。叶片颜色整体偏暗色系,新叶叶脊的红色条纹十分显眼,整体能够晒出深红色,推荐使用浅色花盆与铺面石进行搭配。

养护习性:

日照需求很多,日照不足时叶片呈绿色,美丽的红色条纹也会消失。一年四季都不需要遮阴,可放在强烈的日照下。初期幼苗可以浇水频繁一些,保持生长。成年后开始减少浇水量,控型出状态。生长较缓慢,养出老桩需要很长时间。根系发达,可以选择略深一些的花器栽种。土壤中颗粒比例可以超过 70%。

成株体型: 中小型。

叶形: 倒卵形,背面有红色脊线,叶尖外凸或圆形,顶部有尖。

繁殖方式: 叶插、扦插。

适合栽种位置: 阳台、露台。

水蜜桃 　拟石莲属

品种介绍:

疑为卡罗拉本身或其优选无性系,叶色较浅,有果冻感。早期在国内市场上将水蜜桃与吉娃莲混卖,从韩国引入后才慢慢被区分出来。体型比吉娃莲更小,叶片更容易晒出透明感,颜色就像水蜜桃一样甜美。

养护习性:

对日照需求相当高,喜强烈的日照,只有在强日照与较大温差环境下,叶片才会呈现出最美的半透明渐变色。幼苗期采用大比例泥炭土与少量细小颗粒混合栽种,需要水分较多,注意保持土壤湿润。成年株可以适当控水,或将土壤中颗粒比例增大,更利于出状态。夏季高温时注意通风,不需要断水。秋冬季节的大温差下会更美,但不宜长时间置于0℃以下的环境中。非常适合露养。

成株体型: 小型。

叶形: 倒卵形,叶尖外凸或渐尖,顶部有红尖。

繁殖方式: 叶插、扦插。

适合栽种位置: 阳台、露台、花园。

日照 ●●●●● 　浇水 💧💧💧💧💧

日照 ●●●●● 浇水 ●●●●●●

酥皮鸭 拟石莲属

Echeveria 'Supia'

品种介绍：

爱分头的高个子，非常适合组合造景，其红边特征也广受喜爱。从叶形完全看不出来是拟石莲一类，但开出的花却拥有拟石莲的特点。叶片大部分时间呈绿色或者淡黄色，日照充足温差较大时会转变为金黄色。

养护习性：

习性皮实，生长速度也很快，容易长出枝干和新的分枝，做单盆盆景或组盆素材都非常不错。日照越多越好，建议花器不要用太大的，盆小一些、土壤少一些更容易养出金黄色的状态来。同时要留意介壳虫害，是虫子们最爱的多肉植物之一。特别是开花后的花箭上，常会发现许多介壳虫。

成株体型：小型，易群生。

叶形：倒卵形，叶尖外凸或渐尖，顶部有红尖。

花形：总状花序，钟形花外红内黄，几乎无花梗。

繁殖方式：叶插、扦插。

适合栽种位置：阳台、露台、花园。

日照 ●●●●● 　浇水 ◊◊◊◊◊

酸橙辣椒 拟石莲属

Echeveria 'Lime and Chile'

品种介绍：

O'Connell 培育的杂交品种，叶色黄绿，可晒出淡淡的粉边，给人一种清爽可人的感觉。特点是叶片规整，颜色较为靓丽，适合用作组盆素材。

养护习性：

常见为绿色，日照充足时也会慢慢变为金黄色。生长习性也不错，从生长点来看与蜡牡丹相似，会从叶片中间爆出侧芽。养护时注意适当控水，特别是夏季，其他生长季节可正常浇水。使用沙质性土壤即可栽培得很好，叶插成功率较高，扦插目前采用较少，实在是太难下刀了。

成株体型： 小型。

叶形： 倒卵形，微内卷，叶尖渐尖或外凸，顶部有短尖。

花形： 钟形花外粉内黄。

繁殖方式： 叶插、扦插。

适合栽种位置： 阳台、露台。

特玉莲 拟石莲属

Echeveria runyonii 'Topsy Turvy'

日照 ●●●●● 浇水 ▲▲▲▲▲

品种介绍:

鲁氏石莲花叶子反折的一种形态,连花梗上的小叶子和花苞常常都是畸形的,特征相对稳定,但偶尔也会变回普通的鲁氏石莲花。仔细观察会发现叶片呈"心"形,开出两只花箭时也常会成为一个"心"。

养护习性:

适合全日照或半日照栽培,叶片常为绿色,只有极度缺少阳光时会变色。成株对水分需求不多,但幼苗生长期一定要注意补水。土壤中颗粒比例不宜过大,不然会加速叶片新老交替,使叶片越来越少。由于叶片上有棱型,时常会寄生介壳虫,不易发现,日常管理需要多检查。

成株体型: 中小型,较易群生。

叶形: 倒卵形,反折,顶部有短尖。

花形: 蝎尾状聚伞花序,花常有畸形,外粉内橙黄。

繁殖方式: 叶插、扦插。

适合栽种位置: 阳台、露台、花园。

天鹅湖 拟石莲属

Echeveria 'Swan Lake'

日照 ●●●●● 浇水 🌢🌢🌢

品种介绍：

特玉莲与沙维娜的杂交后代，形成了一个叶片反折、被白霜的薄叶褶边品种，名字十分贴切。在国外常用于地面景观，叶形像天鹅的翅膀一样，叶片为粉色系。

养护习性：

习性上比较野，特别适合地栽布景，与沙漠之星类似，可以生长得很大，群生速度也快。如果用于景观得话对日照要求不是太高，日照多少只会对颜色改变有影响。浇水可以适当少一些，如果密集地栽种在一起很容易因潮湿导致不透气而腐烂。唯一缺点是介壳虫较多，要经常留意虫害并及时处理。

成株体型：中型。

叶形：倒卵形，叶片反折，叶缘微褶，叶尖外凸。

花形：蝎尾状花序，粉色钟形花。

繁殖方式：叶插、扦插。

适合栽种位置：阳台、露台、花园。

天箭座 拟石莲属
Echeveria 'Sagita'

品种介绍:

星座系列的杂交品种之一，叶形尖锐而硬朗，就像一排排竖立的箭直冲天空，还带着红边，具有较高的辨识度。生命力非常强健，很适合新手入门栽种。

日照 ●●●●○　　浇水 ♦♦♦♦♦

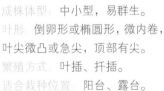

养护习性:

容易群生的品种，对日照需求较高，日照不足时叶片会往下塌并呈绿色，容易感染各种病害，而充足的日照可以保持漂亮的叶形与颜色，夏季也不需要遮阴。叶片新老交替较快，底层容易出现干枯的叶片，用小镊子拿掉即可。对水分需求很随意，可以一个月浇一次水，以控型为主，也可以一周浇一次，加速生长。叶芯较容易感染介壳虫害，日常需要多注意检查。可以使用大比例的颗粒土栽种，更利于控型出状态。

成株体型: 中小型，易群生。
叶形: 倒卵形或椭圆形，微内卷，叶尖微凸或急尖，顶部有尖。
繁殖方式: 叶插、扦插。
适合栽种位置: 阳台、露台。

天狼星、思锐 拟石莲属

Echeveria agavoides 'Sirius'

品种介绍：

东云的另一优选种，在韩国有通过乌木与东云杂交而来的。叶色较为苍白或灰绿，有红边。从欧洲引入较多，也常被称为"朱丽叶"。非常适合家庭园艺，不容易死亡，易繁殖，形态稳定美观，在国外是家中节日常见的多肉植物之一。

养护习性：

生长习性继承了乌木的特点，喜强烈的日照、沙质性土壤，在水分上稍微弱一些，要注意控水，夏季高温时特别容易发生腐烂，一定注意要少浇水。日常管理中如果发现状态不对或者黑化腐烂，可以立即将根部切掉，采用重新生根的方式来挽救。无根状态下放上几个月也不会死的，放置在空气中还会生出许多根系。

成株体型：中小型。

叶形：卵形，叶尖急尖或渐尖，顶部有红尖。

花形：蝎尾状花序，钟形花外粉内黄。

繁殖方式：叶插、扦插。

适合栽种位置：阳台、露台、花园。

日照 ●●●●● 浇水 💧💧💧💧💧

拓跋莲、拖把莲 拟石莲属
Echeveria tobarensis

日照 ●●●●● 浇水 ◐◐◐◐◐

品种介绍：

原始种，叶子呈美丽的灰紫色或灰粉色，市面上很少见。叶色非常少有，暗粉色系在景天多肉中屈指可数，并自带反光效果，很具金属质感，辨识度高。

养护习性：

对日照需求较高，在日照不是太充裕的环境下，叶片也很容易转变为紫色。叶片较脆易断裂，挪动时不要碰到叶片。对水分需求不多，肥厚的叶片含有大量水分，成年株甚至可以一个月浇一次水。土壤中粗砂颗粒多一些更好，能够控出完美的株型与颜色。

成株体型：中小型。

叶形：倒卵形，叶尖外凸或渐尖，顶部有尖。

花形：蝎尾状聚伞花序，粉色钟形花。

繁殖方式：叶插（较难）、扦插。

适合栽种位置：阳台、露台。

晚霞 拟石莲属

Echeveria 'Afterglow'

品种介绍：

广寒宫与沙维娜的杂交后代，拥有沙维娜带来的微褶的薄叶和广寒宫的白霜，叶片呈现迷人的粉色，给人一种如沐晚霞般的惬意与舒适。成株体型可达30cm，需要充足的生长空间。国外常用于大型组合与绿化中，在国内也非常适合布景，巨大的个头与紫色的叶片会在众多多肉植物中脱颖而出。

日照 ●●●●●　　浇水 ◗◗◗◗◗

养护习性：

对日照需求很高，日照不足时叶片呈绿色并徒长，使叶片松散，甚至发生变异畸形。对水分不是很敏感，如果想生长速度更快，浇水量也要一同增加。叶面有一层蜡质粉末，浇水时一定要避开叶面，且不要触碰。土壤可以使用颗粒50%左右的混合土，颗粒过多会限制植株大小。较少感染虫害，整体习性强健，大型组合首选品种。

成株体型： 大型。

叶形： 倒卵形薄叶，叶尖外凸或渐尖，顶部有尖。

花形： 蝎尾状聚伞花序，红色钟形花。

繁殖方式： 扦插。

适合栽种位置： 阳台、露台、花园。

晚霞之舞 拟石莲属

Echeveria 'Madre del Sur'

品种介绍：

明显带有沙维娜基因的褶叶品种，叶子为粉色乃至橙色，比祇园之舞颜色更浓艳，叶更宽，个头也更大，选择地栽可以长到 20cm 以上。适合中型组合盆栽及大型景观布置，生命力强健，后期维护管理十分轻松。

养护习性：

叶片带有很薄一层蜡质保护层，容易被碰掉，保护层对健康没有太大影响，只是被擦掉后叶片颜色会更暗一些，带有保护层的叶片颜色更加鲜艳。对日照需求很高，日照不足很快就会变绿，夏季也很容易变绿。初期生长给足水分，长大后可以稍微控水。如底部叶片出现大量干枯，主要是缺水导致的，其次可能是铺面石太大或土壤中颗粒过多引起，所以栽种土壤里颗粒最好控制在 50% 左右。较容易感染介壳虫害，特别是群生后，要注意时常检查和喷药。

成株体型：中型。

叶形：倒卵形，叶尖圆形或外凸，顶部有尖。

繁殖方式：叶插、扦插。

适合栽种位置：阳台、露台。

日照 ●●●●● 浇水 ◊◊◊ ◊◊

舞会红裙 拟石莲属

Echeveria 'Dick Wright'

日照 ●●●●● 　浇水 ◗◗◖◖◖

品种介绍：

杂交品种，叶缘有着裙摆一样的大波浪，环境压力大的话也会出疣子，色彩十分艳丽。与高砂之翁非常相似，在国内常被混淆为一个品种。地栽可以生长得很大，适合大型组合盆栽或景观。在国内出现了较长时间，不过由于叶形过于特殊小众，栽种的人已经很少了。

养护习性：

对日照需求不算太高，充足的日照能让整株叶片变红。生长速度在拟石莲里算快的，枝干生长也很快，适合制作老桩盆景。叶片全红的老桩红裙也是非常惊艳的。不需要太多水分，成年株一个月浇两次水就足够了。土壤可以选择大比例的颗粒土。开花时非常壮观，对植株影响不是很大，不过常会有虫子寄生在花箭上。

成株体型： 大型。

叶形： 倒卵形，叶缘波浪状，叶尖外凸或截形，顶部有尖。

花形： 聚伞圆锥花序，橙粉色钟形花。

繁殖方式： 叶插、扦插。

适合栽种位置： 阳台、露台、花园。

乌木 拟石莲属

Echeveria agavoides 'Ebony'

品种介绍:

东云系蜡质的叶面和硬朗的叶形配上深棕色乃至黑色的叶缘,乌木堪称拟石莲属中的魁首。它是东云的一个园艺变种,后又从中优选出数个颜色更白、黑边更显著的无性系。在景天科里是价值较高的品种,但目前市面上的乌木品种比较混乱。其原生地位于墨西哥,许多园艺品种都是由乌木杂交培育出来的。

日照 ●●●●○ 浇水 ◆◆◆◆◆

养护习性:

习性上喜欢沙质性土壤,土壤配比中加入70%以上的粗砂比较合适。浇水一定要少,有时甚至一个月浇一次水。对日照需求极高,喜欢最强烈的日照,即使是夏季也不需要遮阴。目前常见的大多为播种苗,所以生长出来的小苗都有所不同,根据父母本的血统不同,小苗间有很大差异,最大可以生长到直径40cm以上。

成株体型:大型。

叶形:卵形,叶尖急尖或渐尖,顶部有红尖。

花形:蝎尾状花序,钟形花外粉内黄。

繁殖方式:叶插、扦插、播种。

适合栽种位置:阳台、露台。

相府莲 拟石莲属
Echeveria 'Soufren'

品种介绍:

东云杂交后代, 蜡质叶面, 尖端 1/5 左右总是泛红的。与圣诞东云非常相似, 不过叶片更细长, 个头也更大, 开出的花箭细小。目前市面上常与圣诞东云混卖, 真正的相府莲较少。

日照 ●●●●● 浇水 ◍◍◍◍◍

养护习性:

耐强日照, 即使在炎热的夏季也不需要遮阴, 日照时间越长越好, 特别是开花期间, 一定要保持最充足的日照。叶片坚硬肥厚, 内部含有较多水分, 所以不需要浇太多水。底部叶片新老交替很快, 干枯掉落属正常现象。栽种土壤里混入大比例的粗砂颗粒最佳, 能够让植株的根系更加健壮。根系非常强大, 可以扎到很深, 花盆可以选择略深一些的。花箭上较容易感染介壳虫和蚜虫, 需注意及时清理。

成株体型: 中型。
叶形: 倒卵形, 叶尖急尖或外凸, 顶部有红尖。
花形: 蝎尾状聚伞花序, 钟形花外粉内黄。
繁殖方式: 叶插、扦插。
适合栽种位置: 阳台、露台。

象牙莲 拟石莲属

日照 ●●●●● 　浇水 ◌◌◌◌◌

品种介绍：

起源不明的杂交品种，细长的叶子被有厚厚一层白霜，疑为皮氏的杂交后代。和蓝鸟有些相似，但个头更小，叶片也更短一些。

养护习性：

生长速度稍慢，需要水分不是很多。虽然怎么晒也还是白色，不过对日照需求却很高，日照不足会使植株呈亚健康状态。一般叶面覆有蜡质白霜的多肉在浇水时最好不要把水浇到上面，但象牙莲却是个例外，由于特殊的叶形，水滴能很快从上面的缝隙流到土里，并不会积水。也很少有虫害，开花时花箭非常美。繁殖推荐扦插，叶插则叶片较容易化水。

成株体型：中小型。

叶形：椭圆形或狭长的倒卵形，叶尖急尖或微凸，顶部有钝尖。

花形：蝎尾状聚伞花序，橙红色钟形花。

繁殖方式：叶插（叶片容易化水）、扦插。

适合栽种位置：阳台、露台。

小和锦、大和美尼 ^{拟石莲属}
Echeveria 'Yamato-bini'

日照 ●●●●● 　浇水 ◊◊◊◊◊

品种介绍：

大和锦与姬莲的杂交品种，仿佛迷你化的大和锦，亦继承了大和锦的叶色和纹路，莲座小巧紧凑，秋冬可以晒红。在国内流行了很长时间之后从韩国引入了一系列小和锦的杂交品种"皇冠（猫眼）"。

养护习性：

正常生长并不需要太多日照，每天照射时间在 3 小时左右就足够了。继承了大和锦的特点，叶片肥厚坚硬。卷包起来非常娇小可爱，很适合用小口径花盆栽培。5cm 的小和锦用 6cm 的小花盆栽培，两三年内几乎不会再生长多少，不过颜色与状态都会非常棒，甚至能养出完美无伤的叶片，看起来就像假花一样。对水分需求也不大，一年四季都在生长，保持正常浇水即可。

成株体型： 小型，易群生。
叶形： 倒卵形，叶尖外凸或渐尖，顶部有长尖。
花形： 蝎尾状聚伞花序，钟形花外粉内黄。
繁殖方式： 叶插、扦插。
适合栽种位置： 阳台、露台

小红衣 拟石莲属
Echeveria 'Vincent Catto'

日照 ●●●●●● 浇水 ●●●●●

品种介绍:

杂交品种，莲座包得十分紧实，叶尖和叶背在春秋可以晒得鲜红，盛夏易伤亡，常被花友称为"夏必死"，属于品种收集控的最爱。想在夏季养活它是非常困难的，特别是江浙沪地区，几乎真的就是夏必死。不过出状态的小红衣也被大家追捧，卷包起来后非常迷你可爱。

养护习性:

对日照需求较多，但夏季一定要遮阴或拿到北面通风凉爽处。超过30℃就正式进入危险期，高气温加上强日照，用不了几天就会将其晒死。对水分也十分敏感，除了春秋生长期可以少量浇水外，夏季一定要做断水处理。发现叶片褶皱变软则是缺水的表现，要及时补水，但也要注意控制浇水量。属于迷你品种，容易群生，栽培土壤中颗粒不宜过大，铺面石也不宜过大。

成株体型: 小型，易群生。
叶形: 倒卵形，叶尖外凸或截形，顶部有红尖。
花形: 蝎尾状聚伞花序，钟形花外红内黄。
繁殖方式: 叶插、扦插。
适合栽种位置: 阳台。

小蓝衣　拟石莲属

Echeveria setosa var. *deminuta*

品种介绍：

锦司晃一个圆滚滚的变种，颜色变成了青蓝色，毛毛也退化到仅在叶尖、叶缘、脊线处少量存在。

日照 ●●●●● 　　浇水 ◊◊◊◊◊

养护习性：

比较怕热的品种，夏季闷热时要减少浇水量，加大通风。土壤里最好加入大比例的颗粒植料，保证土壤的透水透气性。小苗反而要好养许多，春秋生长期可以保持土壤湿润。一定要铺面，避免土壤沾到叶片绒毛上，否则很容易感染病害。开花时非常漂亮，不过对植株消耗也很大，如果植株状态变差要及时剪掉花箭。

成株体型： 小型。

叶形： 倒卵形厚叶，叶尖外凸，顶部有短尖，部分被毛。

花形： 总状或蝎尾状聚伞花序，钟形花外红内黄。

繁殖方式： 叶插、扦插。

适合栽种位置： 阳台、露台。

新浪百合 拟石莲属

品种介绍：

起源不明，从韩国引入，据说是丽娜莲与雪莲的杂交优选品种，叶片比丽娜莲宽大许多，很容易就能长到15cm。新浪百合的新叶叶尖圆润，而丽娜莲新叶有明显尖尖。其实也可以把它当作是丽娜莲的加大版本，用于布置景观非常合适，纯白色系在景观中十分醒目。

日照 ●●●●● 浇水 ◆◆◆◆◆

养护习性：

叶面有一层较厚的蜡质白霜，叶片十分坚硬，对日照需求很高，即使在炎热的夏季也不需要遮阴。一年四季都可以正常浇水，对水分需求不多，一个月浇水两次左右就足够，叶芯容易积水，浇水时要避开，以防腐烂或灼伤。土壤中保持颗粒在60%以内更加利于生长，颗粒比例过高容易引起底层叶片消耗过快，出现干枯现象。

成株体型：中小型。

叶形：倒卵形，叶尖外凸或渐尖，顶部有尖。

花形：蝎尾状聚伞花序，钟形花外粉内黄。

繁殖方式：叶插、扦插。

适合栽种位置：阳台、露台。

星影 拟石莲属

Echeveria elegans 'Potosina'

日照 ●●●●● 　浇水 ◊◊◊◊◊

品种介绍：

曾一度作为独立的物种存在，但目前因分类学上的差别过小而被并入月影，星影之名只在园艺中尚有提及。它比月影的叶子更细长，更易群生。叶形非常美，适合用于组盆或大面积地面景观。

养护习性：

肥厚的叶片对日照需求很高，虽然半日照环境也可以栽培，只是叶片为常绿色，日照充足可以整株变红。对水分略敏感，特别是炎热的夏季，如果通风不好很容易化水腐烂，夏季一般对水分控制较为严格，或者直接断水；冬季低温时也需注意减少浇水量；春秋生长期正常浇水即可。病虫害不算太多，发现后及时清理掉就好。作为花园景观布置时，一定要铺石子加强透水性。

成株体型： 小型，易群生。

叶形： 倒卵形，叶尖外凸或渐尖，顶部有短尖。

花形： 松散的蝎尾状花序，钟形花外粉内黄。

繁殖方式： 叶插、扦插。

适合栽种位置： 阳台、露台、花园。

西伯利亚 拟石莲属

品种介绍：

小型迷你拟石莲，新叶有非常美丽的纹路，叶尖也十分可爱。叶片较通透，带有大家最爱的果冻色。市面上并不太常见，从韩国引种而来，适合单盆栽培。

养护习性：

对日照需求较高，充足的日照能够将叶片晒出果冻色，日常为淡黄色，也能够晒粉，日照不足会徒长得很快。容易群生，生长速度较慢，对水分需求不多，习性与姬莲类较相似。幼苗期可以频繁少量浇水，长大后10天左右浇一次水。土壤中沙子不宜过多，可以加入少量小颗粒混合。容易被介壳虫寄生，发现后及时喷洗干净即可。

成株株型　小型、易群生。蝎尾状聚伞花序，钟形花外粉内黄。

叶形　倒卵形，叶尖外凸或渐尖，顶部有红尖。

繁殖方式　叶插、扦插。

适合栽种位置：阳台、露台。

日照 ●●●●● 　浇水 🌢🌢🌢🌢🌢

秀妍 拟石莲属
Echeveria 'Sunyan'

品种介绍:

早期由韩国引入,不论习性与形态都有些像迷你版的红粉台阁,属于粉红色系。适合制作老桩盆栽,目前在国内非常流行。

养护习性:

属于叶片较薄的拟石莲,因此对水分需求比其他同类更多些,缺水时叶片很快会褶皱变软。日常管理需要较多日照,阳光不足时叶片会呈绿色且完全变形。幼苗期可以频繁少量浇水,不宜使用过大的铺面石。从小苗生长出枝干需要较长时间,不过老桩后的秀妍是非常值得等待的。夏季需要注意防晒,否则叶片容易晒出斑点。土壤中粗砂颗粒不宜过多,不然会减慢生长速度。

成株体型:中小型。

叶形:倒卵形,叶尖外凸近圆形,顶部有尖。

繁殖方式:叶插、扦插。

适合栽种位置:阳台、露台。

日照 ●●●●○　浇水 🌢🌢🌢🌢🌢

雪晃星 拟石莲属

Echeveria pulvinata 'Frosty'

日照 ●●●●○　浇水 🌢🌢🌢🌢🌢

品种介绍：

锦晃星的一个园艺品种，绒毛是白色的，将叶片衬托得更加柔嫩可爱，可以看成是白色版本的锦之司，带有绒毛的叶片与纯白的颜色在多肉界十分少有。生长较快，不宜组合盆栽，适合单盆栽种制作老桩盆景。

养护习性：

对日照需求较高，日照不足时叶片呈绿色，植株也会越来越脆弱，只有充足的日照才能将叶片晒出雪一样纯净的白色。不论是换土还是栽种都要小心，避免土壤沾到叶片上，非常不推荐露养，叶片易积灰。日常需要的水分不是太多，老桩控型后一个月浇一两次水就足够了。幼苗期土壤中颗粒比例不宜过多，老桩可以加大土壤中的颗粒比例。

成株体型： 小型，易丛生。

叶形： 倒卵形，叶尖外凸，顶部有短尖。

花形： 穗状或总状的聚伞花序，钟形花外粉内黄。

繁殖方式： 叶插、扦插。

适合栽种位置： 阳台。

雪精灵 　拟石莲属

品种介绍：

明显带有特玉莲基因的杂交品种，被白霜，粉紫色，比丘比特叶片更宽。从韩国引入，随着国内景天的组培兴起已比较常见。

养护习性：

生长速度比特玉莲更快，也更强壮，春秋冬三个季节保持正常浇水，不但叶片不会褪色，还会长得很快。叶片肥厚，叶面有薄薄一层蜡质白霜，对日照需求较多，日照不足时叶片会扭曲生长，破坏株型。根系强大，适合栽种在 8 厘米以上深度的花器中，口径也可以选择稍大一些的，很快就会长满整个花盆。容易群生，叶插也非常容易。夏季高温时叶片上可能会出现一些痘痘，对植物健康没有影响，不需要过多担心。

成株体型： 中小型。

叶形： 倒卵形，反折，叶尖截形，顶部有尖。

繁殖方式： 叶插、扦插。

适合栽种位置： 阳台、露台。

日照 ●●●●● 　浇水 ◊◊◊◊◊

雪莲 拟石莲属
Echeveria laui

日照 ●●●●● 浇水 ◊◊◊◊◊

品种介绍：

拟石莲属的代表物种之一，厚厚的白霜和圆润紧凑的株型令它广受喜爱，名字是为了纪念那个曾从野外采集了 LAU 026、LAU 030 等知名标本的植物学家 Lau。也是非常不错的母本素材，可以用来杂交育种。目前市面上见到的雪莲大多是播种实生而来，叶形也分尖叶、圆叶等不同形态。

养护习性：

拟石莲属原产地海拔最低的物种，所以雪莲并不害怕夏天高温，但对通风环境还是有一定要求的，夏天常见的腐烂死亡大多是闷湿所导致。对水分比较敏感，一定要避免生长环境过于潮湿。成株土壤采用大比例的颗粒沙质土，幼苗用细沙加泥炭土会生长得更快。浇水时要避开叶芯，同时也要避免将土壤浇到叶芯，所以非常不适合露养。

成株体型： 中小型。
叶形： 倒卵形，叶尖外凸。
花形： 蝎尾状聚伞花序，红色钟形花。
繁殖方式： 叶插、扦插、播种（主要的繁殖方式）。
适合栽种位置： 阳台、露台。

雪兔 　拟石莲属
Echeveria 'Snow Bunny'

品种介绍：

来自韩国的杂交品种，疑为雪莲与厚叶月影的后代，白白的、肥肥的叶子很符合名字的含义。与雪莲相似，叶面有一层较厚的蜡质白霜，习性比雪莲要强许多。

日照 ●●●●● 　浇水 🌢🌢🌢🌢

养护习性：

喜强日照环境，充足的日照不但能够保持株型美观，也能让叶面的白霜更厚。叶芯容易积水，浇水时注意避开，从四周浇入。春秋季节为主要生长期，不要断水。继承了雪莲不怕热的特点，度夏非常容易，只需保持良好的通风环境即可。幼苗期铺面石子不宜过大，土壤中的颗粒不宜过多。

成株体型： 小型。
叶形： 倒卵形，叶尖外凸，顶部有尖。
花形： 蝎尾状聚伞花序，钟形花外粉内黄。
繁殖方式： 叶插、扦插。
适合栽种位置： 阳台、露台。

雪域、雪惑 拟石莲属

Echeveria 'Deresina'

日照 ●●●●● 浇水 ◇◇◇◇◇

品种介绍：

静夜与星影的杂交后代，有着淡色的叶子和可爱的尖尖。市面上有时与鲁氏混卖，很适合用于组合盆栽或景观中。

养护习性：

对日照需求较多，充足的日照下叶片变色不会太明显，但叶型会更加紧凑。叶面覆有一层较薄的蜡质白霜，不过浇水可以直接浇到叶面上，影响不大。除夏季高温闷热时适当控水外，其余时候正常浇水，一月浇两三次水即可。生长速度在拟石莲里属于中等级别，可以将底部枯叶清理干净后作为老桩栽培。

成株体型： 中小型。

叶形： 倒卵形，叶尖外凸或渐尖，顶部有尖。

花形： 蝎尾状聚伞花序，钟形花外粉内橙黄。

繁殖方式： 叶插、扦插。

适合栽种位置： 阳台、露台。

雪爪、比安特 拟石莲属

日照 ●●●●● 　浇水 🌢🌢🌢🌢🌢

品种介绍:

雪莲的杂交品种,从韩国引入,叶尖有十分可爱的小爪。不过市面上流通的雪爪比较混乱,疑似杂交后未经优选,直接进行叶插扩繁,所以内部有一些差异,还有许多相似品种。

养护习性:

对日照需求很高,继承了雪莲不怕热的特性,度夏变得不再那么困难,不过夏季高温时仍需注意控水和通风。生命力非常强健,栽种初期需要频繁补水以保持健康生长,成年后需适当控水。在较大温差及充足的日照环境下会变成粉红色。叶面同样继承了雪莲的蜡质白霜,叶芯容易积水,浇水时尽量避开。冬季比其他石莲更不耐低温,尽量保持在5℃以上的环境里,可以短时间经受0℃的环境,但也很容易冻伤化水。

成株体型: 小型。

叶形: 狭长的倒卵形,叶尖外凸,顶部有红尖。

花形: 蝎尾状聚伞花序,粉色钟形花。

繁殖方式: 叶插、扦插。

适合栽种位置: 阳台、露台。

杨金、央金、妖精 拟石莲属
Echeveria 'Yangjin'

品种介绍：

由韩国人 Yangjing Jeon 培育，大和锦（原始种）的杂交品种，继承了大和锦的底色，红边和脊线十分明显，但没有遗传到大和锦肥厚的叶片和生长缓慢的习性。它叶片较薄，生长迅速，恰好体现了杂交园艺品种的惊喜之所在。

日照 ●●●●○　浇水 🌢🌢🌢🌢

养护习性：

只是健康生长对日照需求不多，充足的日照能够让叶片转变为全红色，老桩全红色叶片的杨金也是众多爱好者追捧的目标。对水分不敏感，生长期浇水多一些会长得更快，容易群生出侧芽。生命力也很强健，在炎热的夏季注意保持通风即可。成年株若想上色更快，可以在土壤中加入大比例的颗粒土，保持良好的透水性。

成株体型：中小型。

叶形：倒卵形，叶尖外凸或渐尖，顶部有尖。

花形：蝎尾状聚伞花序，钟形花外粉内黄。

繁殖方式：叶插、分株扦插。

适合栽种位置：阳台、露台。

伊利亚、FO-48 拟石莲属

Echeveria elegans 'Iria'

日照 ●●●●● 　浇水 🌢🌢🌢🌢🌢

品种介绍:

月影的一个形态,叶子像勺子一样卷曲。属于小叶型,与星影十分相似,市面上也常将二者混淆为一个品种。但叶片比星影小很多,且星影叶尖有非常明显的软刺,而伊利亚叶尖圆润。属于淡色系列,在冬季会展现出最美的一面。

养护习性:

与众多月影一样,在秋冬季充足日照的大温差环境里,叶片显得特别通透。通风环境较好的情况下也可以散光栽培,充足的日照与较大温差的环境能够让叶片转变为粉红色。容易群生,春秋季节多浇水会生长得更快,夏季高温闷热时要进行控水,这时对水分比较敏感,也要加强通风。较容易感染介壳虫,发现后应第一时间喷药处理。土壤中混入大比例的小颗粒能够生长得更好。

成株体型: 小型,易群生。

叶形: 倒卵形,叶尖外凸,顶部有尖。

花形: 蝎尾状聚伞花序,钟形花外粉内黄。

繁殖方式: 叶插、扦插。

适合栽种位置: 阳台、露台。

银后 拟石莲属
Echeveria 'Silver Queen'

品种介绍：

吴钧的杂交后代，灰紫色的叶子十分有特点，非常罕见。叶面有很漂亮的暗纹，用于组合盆栽中会很抢眼，推荐品种控入手。

日照 ●●●●● 浇水 ▲▲▲▲▲

养护习性：

习性还算不错，日照充足时会转变为棕紫色，阳光不足依然会变绿。对水分不是太敏感，生长期可以正常浇水。叶面有一层较厚的蜡质粉末，一定不要用手触碰，避免保护层掉落后叶片出现损伤。采用颗粒沙质土壤栽培更利于生长。

成株体型： 小型，易丛生。
叶形： 卵形或椭圆形，叶尖急尖或渐尖，顶部有短尖。
花形： 圆锥花序，橙粉色钟形花。
繁殖方式： 叶插、扦插。
适合栽种位置： 阳台、露台。

鱿鱼
Echeveria lutea

品种介绍：

极其独特的原始种，有棕色、绿色等不同形态，但内卷成沟状的叶子独一无二。

养护习性：

对日照需求很高，强烈的日照更能显现出它的美。土壤中颗粒比例一定要小，控制在 40% 左右比较合理。根系较发达，花器一定要大而深的。新芽容易从最底层的叶片中间挤出，正常生长时无须担心。

日照 ●●●●● ○　浇水 🌢🌢🌢🌢🌢

成株体型：中小型。
叶形：线形或狭长的卵形，内卷，叶尖急尖，顶部有尖。
花形：蝎尾状聚伞花序，黄色钟形花。
繁殖方式：叶插、扦插、播种。
适合栽种位置：阳台、露台。

日照 ●●●●● ○　浇水 🌢🌢🌢🌢🌢

成株体型：中小型。
叶形：倒卵形，叶尖外凸，顶部有尖。
繁殖方式：叶插、扦插。
适合栽种位置：阳台、露台。

油彩莲 　拟石莲属
Echeveria 'Chroma'

品种介绍：

O'Connell 培育的杂交品种，绛紫色的叶子上点缀着斑驳的锦化斑点，新长出来的叶片也会自动带斑，是非常神奇的品种，且并不像其他斑锦品种，生命力一点都不弱。

养护习性：

日常管理给予充足的日照，日照不足时叶片会变绿并且往下翻，习性与巧克力砖非常相似。枝干生长迅速，很容易长出老桩，适合多棵栽种在一起。叶片的新老交替也比较快，叶面的伤疤不需要太过担心，很快就会被消耗干枯掉。

玉杯东云 拟石莲属

Echeveria 'Gilva'

品种介绍：

东云与月影的杂交后代，十分皮实强健。它是在花园里自发杂交形成的，因此有许多个无性系出现在市面上，形态十分多样化，但东云的蜡质表面和月影扁扁的生长点应有所体现。便宜又好看的经典品种，在欧洲很常见，不用浇水也能保持很长一段时间，待植物状态渐渐变差后就直接扔掉了，观念与国内不太一样。

日照 ●●●●○　浇水 ◐◐◌◌◌

养护习性：

习性非常不错，一年四季中大部分时间为绿、黄色，日照充足且温差较大时叶片会转变为金黄色甚至红色，出状态最佳的季节是秋末冬初，抗低温，低温下叶片颜色会更加鲜艳。夏季依旧要控水，高温时容易因水分过多而化水腐烂。日常也不需要太多水分，肥厚的叶片自身已经储存了足够的水。土壤选择颗粒沙质土更好。

成株体型： 中小型。

叶形： 倒卵形近椭圆形，叶尖微凸，顶部有短尖。

花形： 松散的蝎尾状花序，钟形花外粉内黄。

繁殖方式： 叶插（成功率高）、扦插。

适合栽种位置： 阳台、露台、花园。

玉点东云 _{拟石莲属}

Echeveria 'Jade Point'

日照 ●●●●● ○   浇水 ◐◐◑◑◑

品种介绍：

东云的杂交品种，叶色翠绿，叶尖带着红点，别有一番风情。相对于其他东云来说，这是比较脆弱的品种。但独有的萌萌的叶尖小点点又特别讨人喜爱。从韩国引种而来，也算是一种比较有趣的石莲花。

养护习性：

目前养过最怕水的东云品种之一，培育初期没注意太多，总是化水腐烂。后来找到了规律，全部换成了透气性较好的花盆，浇水量也减少，终于将其养出状态来了。日照不足的话大部分时间为绿色，只有充足的日照才能使其变红。土壤可以使用粗砂颗粒比例较高的，增加透水透气性。

成株体型：中型，较易群生。

叶形：狭长的倒卵形，叶尖外凸，顶部有短尖。

花形：蝎尾状花序，钟形花外粉内黄。

繁殖方式：叶插、扦插。

适合栽种位置：阳台、露台。

玉蝶 拟石莲属

Echeveria 'Imbricata'

品种介绍:

一个古老而强健的杂交品种,诞生于 19 世纪晚期,有许多不同无性系流通,但在国内的样貌还算统一。与七福神(赛康达)的区别主要在于体型更大、茎更长、花完全开放时花萼与花梗垂直。在国内也常被称为"石莲花""莲花掌"等,在云南的野外也常能见到野化个体。

养护习性:

喜日照、较好的通风环境,水分需求不多。夏季休眠时需加强通风,减少浇水量。闷湿的环境容易感染病菌、突发死亡。江浙沪地区露养需注意遮雨,避免淋雨后感染病菌。生长多年的老桩尽量减少翻盆修根,发现黑化感染要立即修剪并重新扦插。

成株体型: 大型,可达 20~25cm,易丛生。

叶形: 倒卵形,叶尖外凸或截形,顶部有红尖。

花形: 蝎尾状花序,钟形花外淡红内黄。

繁殖方式: 叶插、扦插。

适合栽种位置: 阳台、露台、花园。

日照 ●●●●● 浇水 ◆◆◆◇◇

玉蝶锦 拟石莲属

Echeveria 'Imbricata'

品种介绍:

锦化的玉蝶体型也会稍微变小。与"彩虹"一样，是较为稀有的品种，价格昂贵。目前国内发现有喷药诱发的变异，栽种一段时间后锦就会褪去，而且很容易死亡。购买前一定要确认真假。

养护习性:

习性比玉蝶更弱一些，日照可以多一些，但是夏季高温时期一定要遮阴、控水，加强通风。春秋季节一周左右浇一次水，夏季一个月浇两三次水比较合理。一定不要过多地浇水。较难繁殖，叶插不容易成功，主要采用扦插的方式。

成株体型: 中小型。

叶形: 倒卵形，叶尖渐尖，顶部有短尖。

花形: 蝎尾状花序，钟形花外淡红内黄。

繁殖方式: 叶插、扦插。

适合栽种位置: 阳台、露台。

日照 ●●●●●　　浇水 ◊◊◊◊◊

雨滴 拟石莲属

Echeveria 'Raindrops'

品种介绍:

重口味的疣子一族中最易接受的品种,随着环境压力和季节变化,叶子会鼓起雨滴一样的鼓包,十分特别。这个系列主要是资深爱好者与品种控喜欢收集,口味略重,不算太大众化。

养护习性:

对日照需求很高,日照不足时叶片会变绿、徒长,叶形也会十分松散。充足的日照环境下整株都会变红,非常惊艳。除了叶面的疣子外,还有一层很薄的蜡质粉末保护层,浇水时尽量避开叶芯。夏季闷热时适当控水,其他季节正常浇水即可。成年株土壤可以配置颗粒比例较大的,更加透气。底部枯叶需要及时清理,枝干生长速度在拟石莲中属于中等。

成株体型: 中型。

叶形: 倒卵形,叶尖外凸或截形,顶部有尖。

花形: 蝎尾状聚伞花序,钟形花外粉内黄。

繁殖方式: 叶插(较困难)、扦插。

适合栽种位置: 阳台、露台。

日照 ●●●●● 浇水 🌢🌢🌢🌢🌢

雨燕座、天燕座　拟石莲属

Echeveria 'Apus'

日照 ●●●●● 　浇水 🌢🌢🌢🌢🌢

品种介绍：

起源不明的杂交品种，源自欧洲，但黄花和薄薄的红边均体现着原始种花月夜的特征，可能为其亲本之一。叶片数量可达 40~50 以上，略多于花月叶、月光女神等类似红边品种。在国外属于常见品种，常用于节日装扮或花园布置，地栽效果很棒。

养护习性：

优选园艺品种，生命力也非常强健，日常管理给予充足日照、少量浇水即可。如果用于地栽布景，土壤中一定要多加入粗砂颗粒，保持良好的透气性。浇水过多容易引起叶片化水腐烂。底部出现干枯叶片时不用理会，在以后翻盆时清理即可。夏季炎热时要注意控水和通风。

成株体型： 中小型。

叶形： 狭长的倒卵形，叶尖外凸或渐尖，顶部有红尖。

花形： 蝎尾状花序，黄色钟形花。

繁殖方式： 叶插、扦插。

适合栽种位置： 阳台、露台、花园。

原始绿爪　拟石莲属

日照 ●●●●○　浇水 💧💧💧💧💧

品种介绍：

虽然名为原始绿爪，但极有可能并不是原始种。叶片颜色十分淡雅，红尖也尤为可爱，是理想的盆栽植物。早期从韩国引入，单棵也要好几百元。随着国内大棚的大量繁殖，现在更常见了，价格也逐渐亲民化了。

养护习性：

生命力强健，容易群生，生长速度不算太快。对日照需求较多，充足的日照能让叶形更加紧凑，温差较大时能够整株晒红。春秋生长季节正常浇水，平均 10 天左右浇一次即可。夏冬两季适当控水，夏季高温时避免闷湿，加强环境通风。土壤中大量加入粗砂颗粒更利于生长，颜色状态会非常棒。偶尔会被介壳虫附身，量少时可用清水喷洗掉。

成株体型：中型。

叶形：倒卵形，叶尖微凸或急尖，顶部有红尖。

花形：蝎尾状聚伞花序，钟形花外粉内黄。

繁殖方式：叶插、扦插。

适合栽种位置：阳台、露台。

月光女神 拟石莲属

Echeveria 'Esther'

品种介绍：

原始种花月夜和静夜的杂交后代，叶子比花月夜略宽。美国人和韩国人分别做了这个组合的正反交，即"月光女神"与"织锦"。它被称为"月光女神"是有原因的，从逆光的方向看叶片，叶边会泛出特有的光边，就像月光洒在叶边一样，天生自带女神般的气质。

日照 ●●●●● 浇水 ▲▲▲▲▲

养护习性：

习性与花月夜近似，相对来说更怕水，养护过程中少浇水即可。日照充足的环境下，叶边红起来会非常美艳，就像月光不断注入叶中似的。生长速度比其他石莲更快一些，叶插成功率相当高，很适合自己繁殖再分享给朋友。

成株体型： 中小型。

叶形： 倒卵形，叶尖外凸或渐尖，顶部有尖。

花形： 蝎尾状聚伞花序，黄色钟形花。

繁殖方式： 叶插、扦插。

适合栽种位置： 阳台、露台。

月光女神缀化 拟石莲属
Echeveria 'Esther'

日照 ●●●●○　浇水 ◆◆◇◇◇

品种介绍:

月光女神的缀化品种。是变异品种,生长点变异而出现的缀化现象,让其变得更加稀有,在韩国很流行收藏这类品种。实际上通过叶插已变异的缀化品种,再长出来的小芽有很大概率也是缀化的。

养护习性:

习性比正常月光女神弱一些,特别是夏季更容易发生腐烂现象,所以在高温时要作为遮阴、通风的优先考虑对象。由于叶片变得更加密集紧凑,如果发生虫害也不太容易被发现或清除,日常管理时要重点关注。比较有趣的是,对水分的需求要高于普通的月光女神,春秋生长季节充分给水会长得更快。

成株体型: 小型,易群生。
叶形: 倒卵形,叶尖渐尖。
花形: 蝎尾状花序,黄色钟形花。
繁殖方式: 叶插、扦插(不太建议扦插,失败率高)。
适合栽种位置: 阳台、露台。

月亮仙子 拟石莲属

Echeveria 'Alfred'

日照 ●●●●● 浇水 ♦♦♦♦♦

品种介绍:

据推测是原始种花月叶与厚叶月夜的杂交后代,在韩国被称为 *E.* 'Moon Fairy',倒确实是仙气飘飘的品种。外形和白牡丹还是蛮像的,同样是因为名字加分了吧。不管怎么晒也是白色,植株直径可长到 10cm 以上,下地布景非常不错,还可以生长得更大一些。

养护习性:

习性很皮实,耐潮湿、高温,但夏季闷热时仍需通风和控水。其他季节正常浇水养护即可。叶面有少量蜡纸粉末,不要用手触摸。不建议露天栽培,淋雨后容易将雨水中的污渍带入叶芯而引起烟煤病。叶插成功率非常高,是入门首选品种。

成株体型: 中小型。

叶形: 倒卵形,叶尖外凸或渐尖,顶部有短尖。

花形: 蝎尾状聚伞花序,黄色钟形花。

繁殖方式: 叶插、扦插。

适合栽种位置: 阳台、露台。

玉珠东云 拟石莲属
Echeveria 'J.C. Van Keppel'

品种介绍:

东云杂交后代，体型偏小，圆滚滚的叶子依稀有厚叶草甚至十二卷的风范，名字是为了纪念景天科专家Van Keppel 而起的。亦被称为"黄金象牙"，在韩国十分流行。

养护习性:

对日照需求较高，只有在阳光最充足、温差较大的时候才会变成金黄色，因此被誉为"黄金象牙"。幼苗生长期对水分需求较多，成株后需要适当控水，浇水频率慢慢减少。土壤中加入大比例颗粒砂质土利于生长。

日照 ●●●●● 浇水 ♦♦♦♦♦

成株体型: 小型，易群生。
叶形: 倒卵形厚叶，叶尖微凸或渐尖，顶部有红尖。
繁殖方式: 叶插、扦插。
适合栽种位置: 阳台、露台。

月影 拟石莲属
Echeveria elegans

品种介绍:

广受喜爱的原始种和优秀的杂交亲本，形态非常多样化，有许多无性系在市面上出现，如颜色偏白的墨西哥雪球、偏紫的紫月影等。

养护习性:

对日照需求较多，作为地栽景观时也可以半日照栽培。对水分敏感，特别是闷热的夏季，非常容易化水腐烂。要严格控水，并在土壤里加入大比例的颗粒沙质土，保证透水透气性。相对于其他景天科多肉来说介壳虫害较少。

日照 ●●●●● 浇水 ♦♦♦♦♦♦

成株体型: 小型，较易群生。
叶形: 倒卵形，叶尖外凸或渐尖，顶部有短尖。
花形: 松散的蝎尾状花序，钟形花内橙黄外粉。
繁殖方式: 叶插、扦插。
适合栽种位置: 阳台、露台、花园。

纸风车 拟石莲属
Echeveria pinwheel

品种介绍：

曾一度被认为是赛康达的一种形态，后被确立为一个独立的原始种，产地为图斯潘（墨西哥），实生个体间的叶形和叶色略有区别。叶形非常奇特，叶尖上有细长的绒毛，叶面看起来更像是风车草属。

日照 ●●●●○　浇水 ◆◆◆◇

养护习性：

整个叶面非常平整地生长，叶片较薄，与莲花掌属里的明镜相似。生长季节正常浇水，夏季高温时比较怕热，注意适当遮阴和控水。容易群生，叶插容易化水，底层叶片周围很容易生长出新芽，扦插时主要依靠剪下这些小芽。

成株体型： 中小型。

叶形： 倒卵形，叶尖外凸或截形，顶部有红尖。

花形： 蝎尾状花序，钟形花外粉内黄。

繁殖方式： 叶插、扦插。

适合栽种位置： 阳台、露台。

纸风车缀化 拟石莲属

Echeveria pinwheel

品种介绍:

纸风车的缀化品种,变异较为稳定。由于较难繁殖,比较稀少,价格在国内外都居高不下。习性上比纸风车稍弱一些,属于品种控的最爱,适合单盆栽种。

养护习性:

喜柔和的阳光,光照时间可以长一些,但需适当遮阴或摆放在玻璃后。日照过强很容易晒伤叶片,夏季高温闷热时叶片也容易腐烂,要加强通风并控水。冬季低温时容易冻伤,注意保持在5℃以上,避冷风。夏季高温时叶面也容易长出小痘痘,天气凉爽后自己会消失。由于叶片挤在一起较难发现介壳虫害,只能定期喷药,避免因虫害而感染烟煤病。土壤中颗粒不宜过多,保持在60%左右即可。

成株体型: 中小型。

叶形: 倒卵形,叶尖渐尖或截形,顶部有红尖。

繁殖方式: 扦插。

适合栽种位置: 阳台、露台。

日照 ●●●●○　浇水 ●●●○○

织锦 拟石莲属

Echeveria 'Esther'

日照 ●●●●●　浇水 🌢🌢🌢🌢🌢

品种介绍：

韩国培育的原始种花月夜与静夜的杂交后代，原名 'Californica Queen'，现已合并入月光女神名下，但织锦的叶面有种淡淡的拉丝锦质感。

养护习性：

我们发现名字里凡是带有"锦"字的，叶片纹路上还真有锦，只是不太稳定（会有褪锦返祖情况）。织锦的叶片上也有很多白色纹路，只是不太稳定或者需要通过后期养护才能显现出来。叶形及颜色都非常漂亮，叶形不适合用来组盆，单盆养会好看一些。

成株体型：中小型。

叶形：倒卵形，叶尖外凸或渐尖，顶部有尖。

花形：蝎尾状花序，黄色钟形花。

繁殖方式：叶插、扦插。

适合栽种位置：阳台、露台。

祗园之舞 拟石莲属

Echeveria shaviana 'Pink Frills'

品种介绍：

从沙维娜里选育出来的品种，整体颜色比沙维娜偏粉红，且有粉边，叶缘像沙维娜一样充满褶皱。控型后也可以用来制作组合盆栽，不过后期生长不太稳定，是一个充满变数的品种。

养护习性：

缺少日照后的叶片是全绿的，日照充足时会整棵转变为紫红色。底层叶片消耗枯萎很快，选择花盆时可以用保水性较好的陶瓷花盆，花盆高度在6~8cm左右最合适，会长得更健壮。非常容易感染介壳虫，特别是后期群生起来，底部常会挤压许多枯叶，都是介壳虫最喜爱的入住空间。在翻盆清理时要重点检查清理枯叶。开花时花箭很长，会消耗许多养分，建议赏花完毕就立刻剪掉，不然容易死亡。

成株体型：中小型。

叶形：倒卵形薄叶，叶缘波浪状，叶尖外凸，顶部有尖。

花形：蝎尾状聚伞花序，红色钟形花。

繁殖方式：叶插、扦插。

适合栽种位置：阳台、露台。

日照 ●●●●●●　浇水 💧💧💧💧💧

子持白莲、帕米尔玫瑰、粉蔓 拟石莲属
Echeveria prolifica

日照 ●●●●● 　浇水 💧💧💧💧💧

品种介绍：

依靠走茎繁殖的原始种，很爱爆盆，花的形态在拟石莲属中独一无二，极易辨认。也被称为"帕米尔玫瑰"，网络上常说的"粉蔓"也是它，只是状态不同而已。是非常特别的一种石莲花，新的枝头像"子持莲华"一样长出，每一个小头摘下来都可以单独成长，想必名字也来源于此。

养护习性：

喜欢通风好、日照充足、凉爽干燥的环境。由于特别容易群生在一起，夏季闷热时就要特别注意了，闷湿的环境下很容易腐烂化水，需要控水和通风。如果太过密集还要考虑摘除部分植株增加透气性。春秋季节浇水量稍大一些，夏季与冬季少一些，干一些也没关系。

成株体型：小型，易群生。

叶形：倒卵形，叶尖渐尖或外凸，顶部偶有短尖。

花形：非常紧凑的伞房花序，黄色钟形花。

繁殖方式：叶插（花剑上的小叶子极易叶插）、扦插。

适合栽种位置：阳台、露台、花园。

日照 ●●●●●　　浇水 ◍◍◌◌◌

紫罗兰女王 拟石莲属
Echeveria 'Violet Queen'

品种介绍：

月影杂交后代，非常标致的莲座，叶尖在全日照和温差的作用下会晒成粉色，可耐一定程度的霜降。石莲花中最经典的品种之一，不论名字还是植物状态都充满了女王气质。在国外已经是非常普及的品种了，早期从欧洲引入，目前在国内也比较常见，大力推荐！

养护习性：

习性与冰梅很相似，日常大多时间是浅紫色，深秋初冬温度降低、温差增大时会整棵转变为图中的紫色。非常喜日照，一定要放在阳光最充足的地方。对水分不是很敏感，浇水量可以根据植物状态判断。初期如果叶片褶皱可以通过补水调整，长肥后再慢慢减少浇水量。

成株体型： 中小型，易群生。

叶形： 椭圆形，叶尖微凸或渐尖，顶部有短尖。

花形： 蝎尾状花序，钟形花外粉内黄。

繁殖方式： 叶插、扦插。

适合栽种位置： 阳台、露台、花园。

紫焰、沙维红 拟石莲属

Echeveria 'Painted Frills'

品种介绍:

祇园之舞与红司的杂交后代,有着沙维娜系像勺子一样的叶形以及红司的色泽,幼嫩的叶子也会带着祇园之舞的褶边,真正像一团紫色的火焰。

日照 ●●●●● 浇水 🌢🌢🌢🌢🌢

养护习性:

对日照需求较高,只有日照充足时叶片才会变为紫红色,缺少日照时叶片不但会"摊大饼",还很容易感染病虫害,叶形也变得十分难看。叶片较薄,对水分需求相对多一些,生长季节保持土壤湿润会长得很快。开花时花箭常会挤坏中心的叶片,如果不喜欢看花可以在早期就剪掉。很容易感染介壳虫,如果清理不干净,叶芯很容易感染烟煤病,发现了一定要及时清理,平日注意多检查。

成株体型: 中型。
叶形: 倒卵形,叶尖圆形,顶部有尖。
花形: 聚伞圆锥花序,钟形花外粉内黄。
繁殖方式: 叶插、扦插。
适合栽种位置: 阳台、露台、花园。

紫心、粉色回忆 拟石莲属
Echeveria 'Rezry'

品种介绍:

起源不明的杂交品种，非常皮实强健，还有个好听的名字"粉色回忆"，因为它的叶片很容易就能晒出粉紫色。叶片形状也非常有特色，单从叶形来看完全猜不到这是拟石莲。是一种较为迷你的拟石莲，很适合老桩塑造。

养护习性:

习性强健，喜长时间日照，对水分不太敏感，常规浇水即可。容易染上介壳虫，要经常检查。叶片也比较脆弱，很容易掉落，换盆时要小心，掉落的叶片都可以用于叶插，成功率非常高。仔细观察会发现有叶片小型和叶片大型两个不同品种，其实是同一种的两种不同状态。

容易长出枝干，适合用来做小盆景造型。小群生的用于组盆也是非常不错的素材。

成株体型: 小型，易群生。

叶形: 倒卵形，微内卷，叶尖外凸，顶部有钝尖。

繁殖方式: 叶插、扦插。

适合栽种位置: 阳台、露台。

日照●●●●● 浇水💧💧💧💧💧

紫珍珠、纽伦堡珍珠 拟石莲属

Echeveria 'Perle von Nuernberg'

品种介绍：

拟石莲属紫色基因来源之一的 *E.gibbiflora* 'Metallica' 和星影的杂交后代，20 世纪 30 年代便已面世，兼具美貌与强健的特性。经过长年优选稳定，完美的叶形与粉红色的叶片在同类拟石莲中脱颖而出，像一颗紫色珍珠绽放，让人第一眼看后便视为珍宝。国外常用于绿化带景观中，也是组合盆栽中必不可少的品种，同样是十大入门必选品种之一。

养护习性：

对阳光需求较高，充足的日照能够让叶片长期保持粉红色。习性非常强健，对水分不敏感，一年四季都可以正常浇水，可以无视夏季，小苗生长甚至需要长期保持土壤湿润。叶片的新老交替也比较快，底部常会出现干枯叶片，偶尔会感染介壳虫，及时清理掉即可。对土壤并不挑剔，可以选择颗粒沙质土，更容易出状态。叶插繁殖也十分容易，是入门练手的好品种。

成株体型：中型，较易群生。
叶形：倒卵形，天鹅绒质感，叶尖外凸，顶部有尖。
花形：蝎尾状聚伞花序，粉色钟形花。
繁殖方式：叶插、扦插。
适合栽种位置：阳台、露台、花园。

日照 ●●●●● 　浇水 ◊◊◊◊◊

棕玫瑰、布朗玫瑰 拟石莲属

Echeveria 'Brown Rose'

日照 ●●●●● 浇水 ●●●●

品种介绍：

微微被毛的棕红色系杂交品种，若阳光不足则呈灰绿色，起源不明。拟石莲中难得的古铜色，较稳定的玫瑰状叶形，很适合用于组合盆栽中。目前比较常见，很容易购买到。

养护习性：

习性很不错，耐热耐旱，对水分也不敏感。只要日照充足叶片就会一直保持古铜色，只会在夏季高温闷热时褪色。仔细观察会发现叶面上有很细小的绒毛，浇水时可以直接浇到叶面和叶芯，特殊的叶片结构存不住水分，水滴会从叶片的缝隙间滑落到土壤中，一年四季可正常浇水。繁殖以叶插为主，扦插比较考验刀工水平。

成株体型：中小型。

叶形：倒卵形，叶尖外凸近截形，顶部有尖。

花形：蝎尾状聚伞花序，钟形花外粉内黄。

繁殖方式：叶插、扦插。

适合栽种位置：阳台、露台。

风车草属 | *Graptopetalum*

　　风车草属的拉丁文学名意为"带花纹的花瓣"，这个属的大部分成员的花瓣也确实带有红色或棕色的斑点花纹，但也有些特立独行的原始种的花瓣为纯色，所以风车草属的多肉植物最为可靠的定属依据是雄蕊在成熟并准备授粉时会向花朵外侧弯折，凡是见过风车草开花的爱好者一定对这一特征印象深刻。它们的花序为壮观的聚伞圆锥状，个别物种也有着伞房状花序。风车草属的小家伙们原生于美国西部和墨西哥的砂质土壤中，对基质的排水性要求较高，在其他方面则与近亲景天属、拟石莲属等有着相近的习性和养护方法，它们之间也可以跨属杂交，带来许多美妙的品种。

艾伦 风车草属

品种介绍：

非常像桃之卵的品种，但比桃之卵略小且叶子顶部有不明显的尖尖，在全日晒下也可以变为桃粉色，桃之卵则是粉红色。是十分常见的品种，适合作为小盆景栽培。

日照 ●●●●● 浇水 △△△●●

养护习性：

对日照需求很高，只有在充足的日照环境下叶片才会变圆并转变为桃粉色。日照不足时叶片会扁平瘦弱，呈绿色。艾伦还有一个奇怪的习性，当夏天来临时，叶面会出现许多小痘痘，就像人的青春痘一样，夏天过去天气凉爽后，痘痘又会自动消失。对水分的需求并不多，春秋生长期正常浇水，老桩木质化后可以减少浇水量，一个月浇一两次水也没问题。换盆推荐陶瓷或带釉保水的花盆，更利于生长。红陶盆透气性太强，容易使植物大部分时间处于脱水状态。

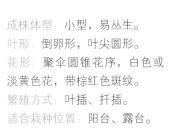

成株体型：小型，易丛生。
叶形：倒卵形，叶尖圆形。
花形：聚伞圆锥花序，白色或淡黄色花，带棕红色斑纹。
繁殖方式：叶插、扦插。
适合栽种位置：阳台、露台。

淡雪 风车草属

Graptopetalum paraguayense 'Awayuki'

品种介绍：

胧月的园艺品种，与胧月十分相似，早期被卖家混在一起出售，目前已经十分常见了。习性与胧月相同，很容易长出老桩，适合作为盆景栽种。

养护习性：

习性自然不必多说，属于最皮实的系列，随便晒、随便浇水也不容易死掉，且具有强大的繁殖能力，叶插成功率百分百。即使在炎热的夏季也不需要断水，只要通风环境良好，正常浇水也没问题。枝条生长迅速，春秋季保持土壤湿润会长得更快。夏季温度过高时叶片上会出现许多小点点，不用在意，等秋天来临、天气变凉爽后自然就会消失。栽种土壤中多加入一些粗砂颗粒会更好。

成株体型：中型。
叶形：倒卵形，叶尖外凸或渐尖。
繁殖方式：叶插、扦插。
适合栽种位置：阳台、露台、花园。

日照 ●●●●● 浇水 ◊◊◊◊◊

黑莓 风车草属

Graptopetalum 'Blackberry'

品种介绍：

疑为蓝豆的优选或杂交品种，易呈现果冻色，叶尖为绛红近似黑色。与蓝豆十分近似，可以从叶片颜色来判断，蓝豆叶片呈蓝色，黑莓叶片呈黄绿色，晒红后呈紫红色。黑莓叶尖的颜色也更深一些。

日照 ●●●●● 浇水 ♦♦♦◐◐

养护习性：

对日照需求较高，日照不足时不但叶片会拉长，枝干也会变得很脆弱（轻轻一碰就会断裂），开花枝条也会往下倒伏。很容易群生，花器选择口径稍大一点的为好，避免后期枝条生长出来挤在一起。对水分需求不是很多，成年株除春秋生长期可以多浇水外，其他季节一个月浇水两次左右。表面一定不要铺大颗粒，例如火山岩这样的，对根系生长不太好。

成株体型： 小型，易丛生。

叶形： 倒卵形，圆柱或半圆柱状，叶尖外凸，顶部有红尖。

花形： 聚伞圆锥花序，花白底或淡黄底红纹。

繁殖方式： 扦插。

适合栽种位置： 阳台、露台。

华丽风车 风车草属
Graptopetalum superbum

日照 ●●●●● 浇水 ◊◊◊◊◊

品种介绍：

原始种，有着扁平的莲座和曼妙的紫色叶子，像风车一样平展开的叶面的确配得上"华丽"二字，开花时堪称拼命，十分壮观。

养护习性：

初期生长速度在风车草属里算慢的，对日照需求较高，缺少日照时叶片颜色会变为淡绿色。枝干生长速度很快，适合用于单盆盆景栽培。老桩木质化后要减少浇水量，幼苗期可以一周左右浇一次水。夏季高温时一定要控水，否则叶片很容易化水。叶面上有一层薄薄的蜡质保护层，尽量避免用手擦拭。叶插成功率很高，适合练手。

成株体型： 中小型。
叶形： 倒卵形，叶尖渐尖或外凸，顶部有尖。
花形： 聚伞圆锥花序，花黄底红纹。
繁殖方式： 叶插、扦插。
适合栽种位置： 阳台、露台。

菊日和 风车草属
Graptopetalum filiferum

品种介绍：

风车草属中的异类，不仅体现在叶顶的长毛上，顶生花序也与众不同，其异样的审美特征倒另有一番趣味。其命名有着浓郁的日本风情，开花时很美艳，来个赏花浅酌也未尝不可。

日照 ●●●●○　浇水 ▲▲▲●●

养护习性：

非常喜日照，但不耐闷热的环境。原生地位于高山地区，喜欢凉爽干燥的环境。夏季一定要注意遮阴、通风降温，对水分敏感，很容易腐烂。初期栽培需要用松软的泥炭土生根，根系健壮后再使用颗粒质砂土和泥炭土的混合土壤栽培。一旦根系出现问题就会迅速死亡，比较脆弱。叶插成功率并不高（家庭环境），繁殖方式推荐分株扦插。

成株体型： 小型，较易群生。
叶形： 倒卵形，叶尖渐尖，顶部有一棕红色长毛。
花形： 顶生聚伞圆锥花序，花黄底或白底红纹。
繁殖方式： 叶插、扦插。
适合栽种位置： 阳台、露台。

蓝豆 风车草属

Graptopetalum pachyphyllum

品种介绍：

人气超高的原始种，迷你紧凑的株型、圆滚滚的叶子和红尖让人欲罢不能。叶片形态很像景天属成员，很难想象它属于风车草属，只有依据花形才能将其定属。叶片非常小，属于迷你型，容易群生。适合组合盆栽，单独栽种作为小型盆景也非常不错。

日照 ●●●●● 浇水 ◊◊◊◊◊

养护习性：

喜充足的日照，日照不足时不但会徒长，习性也会变得很差，容易生病死亡。特别害怕夏天闷热，夏季高温时要做好通风与防晒措施，闷湿的环境容易引起腐烂且迅速扩散。细小的叶片在翻盆时尽量小心，很容易碰掉，这些叶片也是可以叶插的，不要浪费。其实综合习性还是挺强的，不要被前面的介绍吓到，是非常适合新手入门的品种。

成株体型： 小型近微型，易群生。
叶形： 倒卵形，圆柱或半圆柱状，叶尖外凸，顶部有钝尖。
花形： 聚伞圆锥花序，白色或淡黄色花有红纹。
繁殖方式： 叶插、扦插。
适合栽种位置： 阳台、露台。

胧月 风车草属
Graptopetalum paraguayense

日照 ●●●●● 浇水 ▲▲▲▲▲

品种介绍：

非常皮实的原始种，可以适应温带绝大部分地区，甚至已经归化于中国的一些乡野地带，在长江以南地区的野外、瓦房顶、农家小院都时常有它的踪影，经典而广为流传。台湾地区将其叶片打碎后做成果汁饮用，称为"石莲花汁"。

养护习性：

在国外常被用于绿化景观，在我国南部地区也是可以做到的。全日照和半日照都能生长得很好，浇水也比较随意，一个月一两次即可，其耐旱能力与仙人掌相当。除习性强健外，繁殖能力也很惊人，叶插成功率几乎可达百分百，很适合新手入门。水分充足时，枝干生长速度很快，也适合制作老桩盆景。

成株体型： 中小型，易群生。
叶形： 倒卵形，微内卷，叶尖渐尖或急尖。
花形： 聚伞圆锥花序，花白底略带红纹。
繁殖方式： 叶插、扦插。
适合栽种位置： 阳台、露台、花园。

绿豆　风车草属

日照 ●●●●●○　浇水 ◌◌◌◌◌

品种介绍：

网络上误传为拟石莲属，实际开花后能够确定为风车草属，与蓝豆较为相似，叶片比蓝豆更加圆润，而且更大。小丛生的习性非常适合用在组合盆栽中，单盆栽种选择方口或圆口的常规花器都会很出彩。

养护习性：

日常管理可以采取频繁少量的浇水方式，给予充足的日照并保持土壤湿润，叶片很快就能够长得圆滚起来，容易群生。

成株体型： 小型，易群生。
叶形： 倒卵形厚叶，叶尖外凸，顶部有钝尖。
繁殖方式： 叶插、扦插。
适合栽种位置： 阳台、露台。

日照 ●●●●●○　浇水 ◌◌◌◌◌

成株体型： 小型，易群生。
叶形： 倒卵形，叶尖渐尖。
花形： 聚伞圆锥花序，花白底或淡黄底红纹。
繁殖方式： 扦插。
适合栽种位置： 阳台、露台。

蔓莲　风车草属

*Graptopetalum
macdougallii*

品种介绍：

原始种，风车草属里罕见的"短脖子"，依靠走茎分头繁殖，形态习性与"子持白莲"相似，也常被认混。

养护习性：

可全日照或半日照栽培，对水分略微敏感，每次少量浇水即可。喜颗粒质砂土，透水快的土壤更利于生长。可以挑选宽口浅盆，新芽会从叶片缝隙间伸出长长的茎，茎的最顶端即为新芽。由于生长速度较快，一定要保持最佳通风。多年群生至少需要一年检查一次，避免枝干过多而闷死。

桃之卵、桃蛋、醉美人 风车草属

Graptopetalum amethystinum

品种介绍：

是国内广受大家喜爱的品种。明明是风车草属的原始种，却长着一张厚叶草的脸，只有从花可以认出真正的归属。昵称为"桃蛋"，理想环境下叶子会十分圆润、呈可爱的桃粉色。由于目前实生播种数量也不少，还被分了尖叶、长叶、圆叶，实则都为同一品种。

日照 ●●●●● 　浇水 ◐◐◐◐◐

养护习性：

如果想养出圆润的叶片，就需要非常充足的日照。初期小苗优先生根，保持土壤湿润，根系生长起来后叶片就会长得很快了，不过生长速度在同属内属于较慢的。健康的植株在夏天控水的环境下也可以保持粉色，一旦浇水，叶片就会变绿开始生长。颗粒与松软的泥炭土均匀配比，保持土壤的良好透水性。选择较深一些的花器更利于生长。虫害较少，叶插很容易成活，喜欢这个品种的人可以试着种出一片桃蛋的森林。

成株体型： 中小型。
叶形： 倒卵形厚叶，叶尖外凸。
花形： 聚伞圆锥花序，花黄底红纹。
繁殖方式： 叶插、扦插、播种。
适合栽种位置： 阳台、露台。

丸叶姬秋丽　风车草属
Graptopetalum mendozae

日照 ●●●○○　浇水 🌢🌢🌢🌢🌢

品种介绍：

原始种，理想情况下为果冻色，否则呈灰绿色。比姬秋丽略大、叶略宽。"丸叶"一词在日语中便是"圆叶"的意思。

养护习性：

对日照需求较高，阳光不足时叶片为长尖、呈绿色，只有在阳光最充足的时候叶片才会转变为圆润的粉色状态。在我国南方部分地区可以地栽，不过会因土壤里水分过多而变得像野草一样。家庭栽培土壤选择颗粒比例较大、透水性好的，也可使叶片变得圆润。叶插极容易存活，是新手入门推荐品种。

成株体型: 小型，单头3cm以上，易群生。

叶形：倒卵形，最宽处可达10mm以上，叶尖外凸。

花形：聚伞圆锥花序，白色花。

繁殖方式：叶插、扦插。

适合栽种位置：阳台、露台。

银天女　风车草属

Graptopetalum rusbyi

品种介绍：

原始种，属于迷你型，理想环境下叶片为紫色乃至红色，不然则呈灰绿色，开花十分震撼，透着一股仙气，称之为"天女"一点也不为过，是不错的育种母本。

养护习性：

耐半阴，不耐热。害怕夏季高温闷热天气，一定要注意通风，少浇水。其他季节保持水分，会生长得很迅速，群生植株在春秋虫害爆发季节要注意检查，中心叶片死角区域是介壳虫最爱的地方。容易从侧面长出新芽，若想繁殖可以直接剪下新芽扦插。由于植株较小，根系较弱，初期栽培土里泥炭土的比例可以稍大些，利于生根。

成株体型：小型，易群生。

叶形：倒卵形，微内卷，叶尖外凸，顶部有尖。

花形：聚伞圆锥花序，花白底或淡黄底红纹。

繁殖方式：叶插、扦插。

适合栽种位置：阳台、露台。

日照 ●●●●● 　浇水 ♦♦♦♦♦

紫乐 风车草属

Graptopetalum 'Snow-White'

品种介绍:

形态介于华丽风车与厚叶旭鹤中间的一个品种，早期在国内被当作华丽风车卖，实则两者之间有很大区别。紫乐的叶片更肥厚，叶形较短，呈粉红色，而华丽风车的叶片偏紫色。不过在徒长状态下与华丽风车混在一起比较难区分。

养护习性:

习性上与厚叶旭鹤相似，喜强烈的日照环境，即使在夏季也不需要遮阴，叶片上时不时会出现一些小晒斑，对植株健康没有影响。如果想让叶面生长得更加宽大，可以在土壤中加入较大比例的泥炭土，如果喜欢小叶片或老桩，可以加入大比例（80% 左右）的颗粒。对水分并不像华丽风车那么敏感，保持正常浇水即可。偶尔会感染介壳虫害，发现后立即处理。整体习性较强健，适合入门栽培。

成株体型: 中小型。

叶形: 倒卵形，叶尖外凸或渐尖，顶部有钝尖。

繁殖方式: 叶插、扦插。

适合栽种位置: 阳台、露台。

日照 ●●●●● 浇水 🌢🌢🌢🌢🌢

厚叶草属 | *Pachyphytum*

　　无论是中文还是拉丁文，这个属的属名均暗示着其植株生长着"厚厚的叶子"，非常贴切。厚叶草属成立较晚，一开始学者们把新发现的几种叶子厚厚的景天归入拟石莲属，随后挪到了当时专门"捡漏"的银波锦属，但随着研究的深入，这些植物所独有的巨大的花萼令它们有了自己专门的地位——厚叶草属。

　　这个属的"美人们"通常有着肥厚的叶子，叶片数量较少，巨大的花萼甚至比花瓣还要长，花朵像铃兰或吊钟一般，花序多为侧生的蝎尾状聚伞花序。没错，如果你看到蝎尾状聚伞花序想到了拟石莲属，这就对了！厚叶草属与拟石莲属中盛产蝎尾状聚伞花序的瓮花系（如东云和花月夜）和尖叶系（如剑司）等亲缘关系非常近，也能与景天属、风车草属等墨西哥一带的景天科成员跨属杂交。

千代田之松 厚叶草属

Pachyphytum 'Chiseled Stones'

品种介绍：

有暗纹且圆滚滚的杂交品种，生长缓慢，叶尖晒红后十分有特点，市面上有可以晒红和无法晒红的两个无性系，曾一度被误认为原始种 *P. compactum*，但后者的花为红色，与千代田之松不同。

日照 ●●●●● 　浇水 ♦♦♦♦♦

养护习性：

厚叶草一类的叶片都非常肥厚，储水量大，不需要浇太多水。对日照的需求相当大，虽然也可以半日照栽培，不过只有在全日照环境下才会展现它最美的一面。选择颗粒比例较高、透气性较好的土壤栽培，枝干木质化后很适合做半垂吊的盆景，单盆栽培是最理想的，是一个常见又漂亮的品种。

成株体型： 小型，较易群生。

叶形： 卵形，近圆柱状，叶尖外凸，顶部有钝尖。

花形： 蝎尾状花序，钟形花淡黄色或外粉内黄。

繁殖方式： 叶插、扦插。

适合栽种位置： 阳台、露台。

三日月美人 厚叶草属

Pachyphytum oviferum 'Mikadukibijin'

日照 ●●●●○　浇水 ♦♦♦♦♦

品种介绍：

相传为星美人的园艺变种，但从花来看很可能曾与拟石莲属杂交，叶片细长，叶尖更容易晒红。常与"青星美人"混淆，两者区别还是比较大的，青星美人的叶片更加肥厚，颜色也更艳丽。三日月美人保持着星美人淡白色的特点，叶片颜色整体比较素雅。

养护习性：

对日照需求较高，肥厚的叶片中储存了大量水分，所以十分耐旱。一旦根系生长健壮后，一个月浇一次水也不会出现缺水情况。幼苗期依旧以保水为主，春秋生长季节水分不要断，夏季可以适当控水与通风，不需要遮阴。偶尔叶片上会出现斑点（一般夏季比较多），等待新老叶片交替即可，不用担心。

成株体型：小型，较易群生。

叶形：倒卵形厚叶，叶尖外凸，顶部有钝尖。

花形：蝎尾状聚伞花序，粉红色钟形花。

繁殖方式：叶插、扦插。

适合栽种位置：阳台、露台。

桃美人 厚叶草属

Pachyphytum 'Blue Haze'

日照 ●●●●○　浇水 ◐◐◐◐◐

品种介绍：

稻田姬的杂交后代，阳光充足时可以晒成美妙的桃粉红色，配上肥美圆润的身姿，让人垂涎欲滴；光照不足时则呈蓝绿色。经典的品种，十分受人喜爱，目前流行的许多美人新品种大多是桃美人的不同状态，被商家改成其他名字进行出售，购买时需谨慎。

养护习性：

一定要给予它最充足的日照，把阳光最好的位置留给它。幼苗期浇水量也不需要太多，长成老桩后一个月浇一次水都没问题。一年四季都会生长的品种，夏季也不需要断水。土壤最好采用颗粒质比例较大的，透水性强一些对老桩非常好，不容易出现变黑腐烂的情况。叶插时间比较长，需要耐心等待（20~30天生根出芽）。开花时花箭很长也很美，值得欣赏一番。不过花箭也是最容易出现介壳虫的地方，要注意检查。

成株体型： 小型，较易群生。

叶形： 倒卵形厚叶，叶尖外凸。

花形： 蝎尾状花序，钟形花外粉内红。

繁殖方式： 叶插、扦插。

适合栽种位置： 阳台、露台。

桃美人锦 厚叶草属

品种介绍：

十分少见，很难通过叶插或扦插繁殖，如果白化情况比较严重，单独剪下来扦插很可能因无法进行光合作用而死掉，必须通过其他叶子制造的养分存活。

养护习性：

单株生长比较危险，而在一大株桃美人锦上的分枝出现这种锦斑现象则较容易保持，并继续生长下去。日常给予充足的日照，夏季避开强烈的照射环境，做好通风工作。桃美人锦本身对水分的需求就很少，不需要浇太多水。除非幼苗期，可以频繁少量地浇水。平日管理需要多检查，一定要彻底清除介壳虫害，因为这类变异品种对病虫害的抗击能力是极弱的。土壤可以选择大比例颗粒土，但也需要混入部分泥炭土保持根系健康生长。

成株体型：小型。
叶形：倒卵形厚叶。
花形：蝎尾状聚伞花序。
繁殖方式：叶插、扦插。
适合栽种位置：阳台、露台。

日照 ●●●●○　浇水 ▲▲▲▲▲

醉美人缀化　厚叶草属

品种介绍：

缀化变异性状十分稳定，在叶插生长出来后的几乎也是缀化状态，适合单棵老桩造型，是较为常见的品种，受到许多品种控的追捧。

养护习性：

对日照需求较多，但夏季高温闷热时要注意适当遮阴，并保持良好的通风环境。过于闷热的环境很容易引起枝干化水，这类缀化品种一旦化水就很难再救活，即使砍了重新扦插，也只有很小的存活率。叶片生长十分密集，偶尔会出现一些干枯的叶片被夹在中间的情况，可以用小镊子清理掉。对水分需求不多，春秋生长季节注意补水，夏冬两季浇水很少。日照充足的情况下，叶片会从蓝白色转变为粉色。枝干容易木质化，所以土壤里可以混入大比例的颗粒。

成株体型： 中小型，易群生。
叶形： 倒卵形或条形，叶尖外凸。
繁殖方式： 叶插、扦插。
适合栽种位置： 阳台、露台。

日照 ●●●●○　浇水 ◌◌◌◌◌

星美人 厚叶草属
Pachyphytum oviferum

品种介绍：

圆润紧凑的原始种，身披一层厚厚的白霜，美得高冷，皮实好养，广受喜爱。与桃美人十分相似，特别是缺少日照时绿色叶片的样子，较难分清。不过星美人总是保持白色，日照充足的情况下还是很好区分的。

日照 ●●●●● 浇水 💧💧💧💧💧

养护习性：

与桃美人习性十分相似，喜欢强日照，对水分需求少。枝干生长速度适中，养出老桩后做成盆景很漂亮。适合采用少光徒长，待枝干长到预期长度后再慢慢增加日照时间让枝干木质化。开花时非常漂亮，花箭还可以剪下用于日常插花。叶插出芽较慢，需要耐心等待。

成株体型： 小型，较易群生。

叶形： 倒卵形厚叶，叶尖外凸。

花形： 蝎尾状花序，钟形花外粉内红。

繁殖方式： 叶插、扦插。

适合栽种位置： 阳台、露台。

景天属 | *Sedum*

　　景天科中的第一大属，有 400 余原始种及无数园艺品种，原产地主要位于北半球的温带和亚热带地区，非洲也偶有分布。景天属内部关系十分杂乱，分子学研究显示该属植物有着复杂而相互交织的演化路径，目前属内分成两个亚属，但根据进一步研究很可能会继续细分，甚至分出更多独立的属。

　　景天属的"小家伙们"以五瓣的黄色星状花而知名，但实际上也有许多植物的花是白色、粉色、紫色甚至红色的。叶互生，植株大小可能相差悬殊，既有微型的铺面草，也有吊兰一样的大群生，更有可以独当一面的秀丽品种，是一个非常多样化的种群。它们也可以和拟石莲属、厚叶草属、风车草属等绝大部分墨西哥一带的景天科成员杂交，为多肉的园艺应用带来了更多生机。

八千代 景天属
Sedum corynephyllum

日照 ●●● ◖◗　浇水 ◗◗◗ ◖◖

品种介绍：

原始种，常与乙女心混卖，但八千代的茎干为木质，叶片为嫩绿色，非常好辨认。八千代的名字来源于日本，也是日本的一个地名。干净的枝条与生长习性非常适合制作老桩盆景。

养护习性：

对日照需求不高，让它徒长一下甚至更容易长出优美的枝条。不过充足的日照加上控水后，叶片能转变为粉红色。生长速度较快，几乎全年生长，春秋季保持土壤湿润，生长速度会更快。叶片的新老交替很快，常见底部出现大面积枯叶的情况，不需要过多担心。开花后开花枝头会枯死，但会在同一枝头上生长出新的枝条来。土壤可以使用大比例的颗粒土。

成株体型：中小型，易丛生。
叶形：线形，圆柱状，叶尖圆形。
花形：圆锥状的聚伞花序，淡黄绿色花。
繁殖方式：叶插（容易化水）、扦插。
适合栽种位置：阳台、露台、花园。

白花小松 景天属
Sedum 'Spiral Staircase'

品种介绍：

一度被认为是塔莲属植物，但实为景天属园艺品种，很早以前就开始在国内流行，作为护盆草非常不错。叶片非常迷你，也都是可以叶插的。适合与其他多肉植物混搭在一起栽种。名字来源于塔松一样的株型，开白色小花朵。

日照 ●●●●● 浇水 ◆◆◆◆◇

养护习性：

生长速度较快，适合作为吊兰栽培，对日照需求不高，可散光栽培。充足的日照与较大的温差也能够使叶片转变为粉红色，不过一般家庭环境较难达到。是各种虫子的最爱，玄灰蝶、介壳虫、蜗牛等都非常喜爱它的味道，露天栽培需做好心理准备。对水分需求较多，春秋生长季节可以大量补水。地栽则会像野草一样疯长。

成株体型：微型。
叶形： 倒卵形或椭圆形，叶尖外凸，顶部有尖。
花形： 聚伞花序，白色花。
繁殖方式： 叶插、扦插（生长太快，主要采用扦插）。
适合栽种位置： 阳台、露台、花园。

白霜 景天属

Sedum spathulifolium ssp. pruinosum

品种介绍：

原始种，有相当多的园艺变种，在国内以白霜最为知名。是很漂亮的一种小景天，常用于大型组合盆栽的护盆草，因其纯净的白色而十分抢眼。

养护习性：

只有在阳光充足的环境下叶片颜色才会变白，日照不足时叶片则是绿色。夏季高温时很容易死亡，害怕闷热的天气，夏季一定要遮阴并加强通风。栽种初期一定不要在表面铺大颗粒石子，这样根系扎不到土里，很容易干枯死亡，让植株直接接触土面会生长得很快。生长期对水分需求较多，要保持土壤湿润。繁殖主要以扦插为主，剪下一段后直接插入干燥的土中等待生根即可。

成株体型：微型，易群生。

叶形：倒卵形，内卷，叶尖外凸。

花形：聚伞花序，黄色花。

繁殖方式：扦插。

适合栽种位置：阳台、露台。

日照●●●●　　浇水◊◊◊💧

薄化妆 景天属
Sedum palmeri

日照 ●●●●● 　浇水 ◐◐◐◐◐

品种介绍:

原始种,非常皮实,可以晒出美丽的红边,有一种"淡妆浓抹总相宜"的诗意感。是一种比较特殊的景天,因为叶片非常薄,薄到让人以为是莲花掌属。根据开花发现它属于景天属这个大家族。黄色花朵十分有特点,是非常不错的阳台植物。

养护习性:

习性比较强,对日照要求不高,不过只有在阳光充足的环境下叶片才会变红。生长迅速,容易长出枝干,叶片的新老代谢也很快。生长期水分需求较多,不适合组合盆栽,很快就会长大遮挡住其他植株。繁殖方式以扦插为主,叶插成功率较低。

成株体型: 小型,易群生。
叶形: 倒卵形,叶尖外凸。
花形: 聚伞圆锥花序或伞房状聚伞花序,黄色花。
繁殖方式: 扦插。
适合栽种位置: 阳台、露台、花园。

薄雪万年草、矶小松 景天属
Sedum hispanicum

品种介绍：

原始种，有大小、形态各异的几个无性系流传，非常适合作铺面草和绿化。我国南方地区常见使用在绿化带中，野外山上也有发现。也适合在花园中栽培，可填补于石阶缝隙间。

日照 ●●●●● 浇水 ◊◊◊◊◊

养护习性：

全日照或半日照都可以生长得很好，日照充足时叶片甚至可以转变为粉红色。对水分需求巨大，发现叶片褶皱或变软下塌多半是缺水的表现。生长速度很快，地栽间隔10cm插下一小丛，很快就会长满一片。因此土壤选择保水性较高的，多混入一些粗砂颗粒。冬季较耐寒，可以在 −10℃的环境下越冬。是各种虫子最喜欢的品种之一，是介壳虫、玄灰蝶等最爱的口粮，发现后要及时喷药处理。扦插容易存活，剪下一小丛插土里浇水就能生根。

成株体型：微型，易群生。

叶形：椭圆形或线形，半圆柱状，叶尖外凸。

花形：聚伞花序，白色花。

繁殖方式：扦插。

适合栽种位置：阳台、露台、花园。

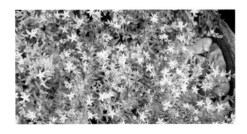

棒叶万年草 景天属

Sedum album

品种介绍：

一个合并了许多相似物种的原始种，常见于园艺的品种的叶子圆厚，是非常可爱的铺面草。适合较为干燥的组合盆栽，习性极为强健。

养护习性：

健康生长对日照需求并不高，若想控型则需要强烈的日照。生长习性甚至要用"可怕"来形容，泡在水里也不会死，在有足够水分的环境中会大面积爆发，虽然也是组合盆栽的好素材，但使用后一定要注意控水的问题。也是各种虫子的最爱，玄灰蝶、介壳虫都很喜欢它，较难根除虫害，只能大面积喷药或让虫子随便啃，反正植株生长速度也快。土壤选择沙质性比例较高的最佳。

成株体型：微型，易群生。

叶形：椭圆形或倒卵形，叶尖外凸。

花形：聚伞花序，白色或淡粉色花。

繁殖方式：叶插（叶片虽小，却也是可以叶插的）、扦插。

适合栽种位置：阳台、露台、花园。

日照 ●●●●● 浇水 🌢🌢🌢🌢🌢

垂盆草 景天属

Sedum sarmentosum

品种介绍：

原产于中、日、韩国的原始种，在中欧地区也能茂盛生长，是很好的绿化植物，在野外的山地也常能见到，较耐寒。

养护习性：

非常野性的多肉植物，养在小花盆里反而不容易长好。可以选择直接地栽到花园或者绿化带里，也可以当作吊兰栽培。可全日照或半日照栽培，对阳光需求不高。对水分需求较大，在一些山里会生长在接近水源的地区。家庭栽培时主要注意防虫，它是各种虫子的最爱，常见的介壳虫、玄灰蝶、蜗牛等都特别爱吃。

土壤选择砂土最好，冬季低于0℃时土面枝条与叶片会枯死，来年又会从土里再长出新芽。

成株体型：小型，易群生，易垂吊。
叶形：近椭圆形，叶尖外凸。
花形：聚伞花序或伞房花序，黄色花。
繁殖方式：扦插。
适合栽种位置：阳台、露台、花园。

日照 ●● ●●● 浇水 △△△△ ●

春萌 景天属

Sedum 'Alice Evans'

日照 ●●●●● 　浇水 🌢🌢🌢🌢🌢

品种介绍：

凝脂莲与松之绿的杂交后代，首次出现于1996年，带着淡淡的香味，较大温差和强日照下会有果冻般的颜色。与凝脂莲十分相似，区别在于叶片更加细长。适合作为组合盆栽常用素材。

养护习性：

正常生长对日照需求不高，每天保持3小时以上就能长得很好。如果希望晒出果冻色，每天至少需要保持5小时日照才行。生长速度较快，会长出很长的枝干，并不是徒长。可以利用生长特点进行塑形。对水分不敏感，所以没必要控水或断水。一年四季都能生长，虫害也比较少，很适合新手入门栽培。

成株体型：小型，易群生。
叶形：细长的倒卵形，叶尖外凸，顶部有钝尖。
花形：聚伞花序，白色花。
繁殖方式：叶插、扦插。
适合栽种位置：阳台、露台。

春之奇迹、薄毛万年草 景天属
Sedum versadense

品种介绍：

产自墨西哥的毛茸茸的原始种，全日照下可以晒得粉红。名字为它加分不少，实际上在家庭环境里较难养出图片中的状态，国外常将其用作花园素材。

日照 ●●●●○　浇水 ◌◌◌◌◌

养护习性：

对日照需求较高，只有在充足的日照下叶片才会长得紧凑并呈现粉红色。缺少日照时会迅速徒长，枝条会长得很长，也不能够再恢复，只能依靠修剪扦插的方式进行调整。生长速度较快，对水分需求较多，即使在炎热的夏季也不要断水。小苗期适合用于小型组合盆栽，长大后可当作吊兰栽培。叶片非常容易掉落，尽量不要用手触碰。叶插成功率非常高。

成株体型：微型，易群生。
叶形：倒卵形，叶尖截形或外凸。
花形：聚伞花序，花淡粉近白色。
繁殖方式：叶插、扦插。
适合栽种位置：阳台、露台、花园。

春上 景天属

Sedum hirsutum ssp. *baeticum*

品种介绍：

原始种，光看叶片容易将其误认为属于莲花掌属类，少有的带香味的多肉植物之一，细细闻来，竟是淡淡烟草味道。叶片上有细小的绒毛和黏液，很容易粘附灰尘，所以一定要在室内栽培，户外环境不稳定容易污染叶片。

养护习性：

生长习性与球松相似，在炎热的夏季叶片会卷包起来，有明显区别于其他同类的休眠状态，这时要控制浇水量，可以频繁少量浇水，还要进行遮阴处理，避开强烈的日照。春秋生长季节可以随意浇水，这时生长很迅速，阳光也要跟上，枝干会长得很快。铺面尽量使用较小的颗粒或者不铺面，不然根系不太容易扎到土壤里从而导致植物自身消耗过大而干死。

成株体型：微型，易群生。
叶形：倒卵形，叶尖外凸。
花形：聚伞花序，白色花。
繁殖方式：扦插。
适合栽种位置：阳台、露台。

日照 ●●●●● 浇水 ♦♦♦♦♦

大薄雪万年草 景天属
Sedum pallidum var. *bithynicum*

日照 ●●●●●　浇水 ◆◆◆◆◆

品种介绍：

原始种，比薄雪万年草体型略大，也是很好的铺面草，极易爆盆，但需注意控水，防止徒长。比薄雪万年草更容易晒红，叶片呈粉红色的样子十分可爱。是组合盆栽中非常不错的素材，也可以运用在绿化景观中。

养护习性：

喜强烈的日照，温差变大后能够整株转变为粉红色。如果想使其快速生长，春秋季节可以大量浇水，地栽后生长起来可以用"疯狂"二字来形容。但只有控水控型后，才能晒出漂亮的颜色。夏季高温时比较害怕闷湿的环境，通风一定要好。尽量在土壤中加入一些粗砂，表面不加铺面，很快就能爆盆长满。也是玄灰蝶的主要啃食对象，露养的朋友们一定注意防患。

成株体型：微型，易群生。

叶形：线形，近圆柱状，叶尖外凸。

花形：聚伞花序，白色花。

繁殖方式：扦插。

适合栽种位置：阳台、露台、花园。

大姬星美人 景天属

Sedum dasyphyllum 'Lilac Mound'

品种介绍：

姬星美人的一种，叶螺旋状互生，可以晒成淡紫色，其品种名的意思就是"成堆的紫丁香"。组合盆栽素材里必不可少的护盆草，穿插在石莲缝隙中可以种出完美的组盆造形。

日照 ●●●●● 　浇水 🌢🌢🌢🌢

养护习性：

姬星美人的大号版，颜色更萌一些，习性相差不多，喜日照，较喜水，喜沙质性土壤。夏季炎热时注意控制浇水量，天气闷热时容易死亡。土壤表层不宜使用过大的铺面石子，建议最好不要铺面，不然很容易让枝干枯死。发现枝干下部腐烂枯萎需要立即重新修剪扦插，不然很容易全军覆没。地栽是最完美的栽培方式，生长速度快得像野草一样。

成株体型：微型，易群生。
叶形：椭圆形或卵形，叶尖圆形，叶面无毛。
花形：聚伞花序，白色花。
繁殖方式：叶插、扦插。
适合栽种位置：阳台、露台、花园。

日照 ●●●● ● ●　　浇水 ◊◊◊◊◊ ◊

佛甲草 景天属

Sedum lineare

品种介绍:

产自中国和日本的原始种,也能适应东欧的气候,是园林绿化好帮手。在我国南北方绿化带和路边都很常见,也常用于立体景观中,甚至还能入药。

养护习性:

属于野草型,各种日照环境都可以生长得很好,种在营养土里反而还不如种在黄泥中的长得好。可以种在楼下绿化带里,不建议种在室内,长不好还很容易吸引各种虫子。日照充足时呈金黄色,开花时包括花朵都是金黄色,非常具有观赏性。可以用花器种好再摆放在花园中,也可以用来做花境。

成株体型:微型,易群生,易垂吊。
叶形:小形。
花形:聚伞花序,黄色花。
繁殖方式:扦插。
适合栽种位置:阳台、露台、花园。

达摩宝珠、宝珠 景天属

Sedum dendroideum

品种介绍：

原始种，嫩绿的叶子边缘会晒红，略有褶皱感，有耐心的话也能养出近半米高的群生，极少开花。只看叶片容易让人误认为是青锁龙或银波锦属，优美的枝干非常适合制作老桩盆景，是理想的素材。

养护习性：

喜欢柔和时间较长的日照环境，大部分时间叶片都呈绿色，只有在阳光充足、温差较大的初冬季节才容易上色转变为橘黄色。一年四季都能正常生长，小苗期对高温闷湿比较敏感，夏季需多通风。叶面偶尔会残留白色痕迹，这主要是水渍，与当地水源有关，对植物没有太大影响。生长期建议补足水分，让枝干迅速生长成为老桩。土壤中加入 50% 左右的颗粒最佳。

成株体型：小型，易丛生。
叶形：倒卵形，叶尖外凸。
花形：聚伞圆锥花序，黄色花。
繁殖方式：叶插、扦插。
适合栽种位置：阳台、露台。

日照 ●●●●● 　　浇水 ◆◆◆◇◇

黑珍珠 景天属

Sedum album 'Murale'

品种介绍:

S. album 是一个相当多变的原始种,而 'Murale' 是其众多变种中颜色最令人惊艳的,甚至会整株转变为黑色。它一直被一层神秘的面纱所笼罩,近两年才出现在大众面前,很适合用于组合盆栽。

养护习性:

对日照需求较高,只有充足的日照才能让叶片保持紫红色或黑色,日照不足时叶片会呈现常绿状态。对水分需求较多,生长期保持土壤湿润生长速度会很快。喜欢沙质性土壤,一定不要使用纯泥炭土或纯椰糠栽培,在土壤中混入大比例的粗砂颗粒会更好。发现枝干干枯或变黑要立即修剪重新扦插,不然会整盆枯死。

成株体型: 微型,易群生。

叶形: 倒卵形或椭圆形,圆柱或半圆柱状,叶尖外凸。

花形: 伞房状聚伞花序,白色花。

繁殖方式: 叶插、扦插(以扦插为主)。

适合栽种位置: 阳台、露台、花园。

日照 ●●●●○　浇水 ◊◊◊◊◊

红日　景天属

Sedum adolphii 'Firestorm'

品种介绍:

铭月的园艺变种,有着比普通铭月更红的叶缘,叶形也更狭长尖锐。与真正的铭月(目前市面上常被当作"加州落日"售卖)十分相似,非常容易混淆。两者区别在于红日的叶片更细窄,日照充足时红日的叶片色呈金黄色,铭月的则为橘黄色。

养护习性:

红日、铭月、加州落日三者在习性上都差不多,不过相对其他两种来说,红日的习性更弱一点,对病虫害的抵抗性更弱,日常管理要多检查介壳虫害,发现后第一时间清洗干净。日照方面越多越好,浇水也比较随意,除夏季高温闷热时需要控水外,其他季节都可以正常浇水。枝干生长速度很快,千万不要误以为是徒长,可以利用特性来进行老桩造型。枝干底部的叶片会慢慢消耗干枯掉落,也比较容易长出气根,都不会影响正常生长。

成株体型: 小型、易群生。

叶形: 椭圆形近线形,叶尖微凸或急尖。

花形: 伞房状聚伞花序,白色花。

繁殖方式: 叶插、扦插。

适合栽种位置: 阳台、露台、花园。

日照●●●●● 　浇水◊◊◊ ◊◊

红色浆果 景天属

Sedum × rubrotinctum 'Redberry'

品种介绍：

疑为虹之玉的变种，株型更小更紧凑，叶子更为红润。看起来像虹之玉的迷你版，不过从习性与颜色形态上都要比虹之玉好很多，更像果冻色。强健的习性与个头大小很适合做组盆素材。

养护习性：

对日照需求很高，充足的日照才会让叶片转变为纯红色。对水分需求相比其他景天多肉要少，夏季高温时要严格控水甚至断水，相对于虹之玉来说，夏季要好过很多，不容易烂根。繁殖速度很快，叶插成功率几乎为100%，将一大把叶片撒在土面上等待长大即可。土壤中砂土的比例不宜过高，控制在50%左右最佳。

成株体型：小型，易群生。

叶形：椭圆形或倒卵形，圆柱状，叶尖圆形。

繁殖方式：叶插、扦插。

适合栽种位置：阳台、露台、花园。

日照 ●●●●● 　浇水 ♦♦♦♦♦

红霜　景天属

Sedum spathulifolium ssp. *pruinosum* 'Carnea'

品种介绍：

白霜的园艺品种之一，被霜不明显，但叶子是可爱的红色。叶形与枝条十分有特点，即使在庞大的景天属家族中也是屈指可数的。适合小盆栽培，长出满满一盆。名字来源于叶面白霜和红色叶片。是一种非常可爱的小叶景天。

养护习性：

对日照需求较多，叶片很容易晒红，充足的日照会让叶片更加润红。由于是迷你型景天，土壤中一定不要使用大比例的颗粒，铺面石也不要选择较大的颗粒，最好不要铺面，让枝条直接触碰到土壤更利于扎根。对水分需求不太多，过多的水分反而容易引起腐烂，可以采用少量多次的浇水方式。

成株体型：微型，易群生。
叶形：倒卵形，内卷，叶尖外凸。
花形：聚伞花序，黄色花。
繁殖方式：扦插。
适合栽种位置：阳台、露台、花园。

日照●●●●●　　浇水◐◐◐◐◐

虹之玉 景天属

Sedum 'Rubrotinctum'

日照 ●●●●● 浇水 ◆◆◆◆◆

品种介绍：

究竟是原始种还是杂交品种尚无定论，疑似与珊瑚珠关系密切，皮实好养，广受喜爱。是最常见的多肉植物之一，目前已经广泛运用在城市绿化中，在我国南方地区的花园里常会见到它们的身影。

养护习性：

就日照而言，可全日照或半日照栽培，日照不足时叶片会变为纯绿色，而日照充足时叶片会呈现深红色。可以适当控水，夏季甚至可以断水一个月。叶片脆弱，十分容易掉落，栽种时一定注意不要触碰。较容易感染烟煤病，发现后要第一时间修剪掉。叶片的新老代谢很快，发现底部有枯叶时不用担心，会自己掉落。

成株体型：小型，易群生。

叶形：椭圆形，圆柱状，叶尖外凸。

花形：聚伞花序，黄色花。

繁殖方式：叶插、扦插。

适合栽种位置：阳台、露台、花园。

日照 ●●●●● 　浇水 🌢🌢🌢🌢

虹之玉锦 景天属

Sedum × rubrotinctum 'Aurora'

品种介绍：

顾名思义是带锦的虹之玉，叶色较虹之玉更浅，也更易晒出粉红色，其颜色通透灵动，引人驻足。与虹之玉最大的区别在于叶片的颜色，日照不足时叶片中的白色锦斑非常明显，为白绿色，而虹之玉是绿色。目前也是最常见的品种之一，变异的锦斑十分稳定，不论是组合盆栽还是老桩吊盆都非常漂亮。

养护习性：

可全日照或半日照栽培，日照不足时虽会徒长，不过由于有白色锦斑，颜色看起来还是很漂亮的，枝干生长得会更快些，可以利用这点后期制作老桩盆景。夏季和冬季要适当控水，老桩木质化后可以随意浇水。土壤一定要选择透气性好的颗粒土。枝干容易长出气根，大部分情况下是没关系的，但发现枝干干瘪或者变黑时要迅速剪掉重新扦插。叶片很容易掉落，尽量不要用手碰触，掉落的叶片很容易叶插，撒在土壤上就可以生根。

成株体型：小型，易群生。

叶形：椭圆形，圆柱状，叶尖外凸。

花形：聚伞花序，黄色花。

繁殖方式：叶插、扦插。

适合栽种位置：阳台、露台、花园。

黄金万年草 景天属
Sedum hispanicum 'Aureum'

品种介绍:

薄雪万年草的金黄色全锦园艺变种,是少有的亮色系之一,目前已被广泛运用在组合盆栽中,用来点缀或提色效果绝佳,是组合盆栽中不可缺少的一部分。其外形像迷你佛甲草。

日照 ●●●● ●　　浇水 ◊◊◊◊ ◊

养护习性:

可全日照或半日照栽培,由于叶片本身带有变异锦斑,基本都能保持金黄色,日照过强的话水分挥发得会更快,反而对它不太好。非常喜水,缺水后很快就会从叶片上表现出来,变得褶皱,颜色也变得灰暗。使用沙质性颗粒土最佳,保水性强会生长得更快。非常不建议用纯泥炭土或纯椰糠栽种,初期生长还好,半年后土壤结板,浇水很难透入,容易死亡。同时也是介壳虫和玄灰蝶的最爱。

成株体型: 微型,易群生。
叶形: 椭圆形,叶尖外凸。
花形: 聚伞花序,黄色花。
繁殖方式: 扦插。
适合栽种位置: 阳台、露台、花园。

黄金丸叶万年草 景天属

Sedum makino 'Ogon'

品种介绍：

丸叶万年草的园艺品种之一，叶子呈现迷人的金黄色，较为耐寒。常用于园林绿化与大型景观中，金黄色的叶片也有一定返祖回绿色叶片的概率，不过算是一种较为稳定的园艺锦品种。非常适合在庭院内地栽，连片长成后就像地面铺满黄金一般，寓意非常适合作为礼品赠送亲朋好友。

养护习性：

根系非常健壮，可以采用60%的粗砂和40%的泥炭土混合进行栽培，土壤中粗砂多一些更利于生长。对日照需求不高，可散光栽培，但全日照环境会让叶片颜色更为靓丽。对水分需求巨大，地栽甚至可以直接栽种在湿润的区域。生长很迅速，非常适合作为庭院中的铺面草或栽种在小径石缝中。

成株体型：小型近微型，易群生。
叶形：倒卵形，叶尖外凸或圆形。
繁殖方式：扦插。
适合栽种位置：阳台、露台、花园。

日照 ●●● ● ●　　浇水 🌢🌢🌢🌢

黄丽 景天属
Sedum 'Golden Glow'

日照 ●●●●● 　浇水 ◌◌◌◌◌

品种介绍：

身世不明但广为流传的品种，在国内属于泛滥品种，随便一个小花店都可找到它。虽然十分常见便宜，但不能简单地因为价格而轻视它，这反而证明它是一个经得住时间考验、广受大家喜爱的品种。能够算得上经典永流传的几种多肉植物之一，也是组合盆栽中必不可少的一部分。

养护习性：

阳光充足时可晒成迷人的金黄色，日照不足时则会变绿，花市上一般都是绿色的。特性是生长速度快，枝干也生长得快，可以利用这点进行塑形，老桩木质化后十分漂亮。除了小苗在夏季要控制浇水量外，其他季节正常浇水即可。对土壤也不是很挑剔，不过初期栽培小苗常会遇到变黑腐烂的情况，加强通风可以降低变黑感染的概率。

成株体型：小型，易群生。
叶形：倒卵形，叶尖外凸。
花形：伞房花序，淡黄色或白色花。
繁殖方式：叶插、扦插。
适合栽种位置：阳台、露台、花园。

姬星美人 景天属
Sedum dasyphyllum

品种介绍：

广泛分布于欧洲和北非的原始种，样貌十分多变，衍生出了许多优秀的园艺变种。是最早一批在国内流行的多肉植物，受到广泛的认可和喜爱。叶片有一股清香的味道。

日照 ●●● ● ● 　浇水 ◊ ◊ ◊ ◊ ◊

养护习性：

对日照需求不高，但也不能过于缺少，不然会徒长。在充足的阳光下叶片会从绿色转变为粉红色。对水分需求较多，特别是幼苗生长期，一定要保持土壤湿润。适合用于庭院日照充足的角落或石墙的缝隙间。对土壤要求不高，但也不要使用腐殖性过高的土（腐叶土），易感染病菌而枯死，而且传播速度很快。也是介壳虫的最爱，日常管理要多检查。

成株体型：微型，易群生。
叶形：叶两两对生，椭圆形或卵形，叶尖圆形，叶面被毛。
花形：聚伞花序，白色花。
繁殖方式：扦插。
适合栽种位置：阳台、露台、花园。

姬吹雪、佛甲草锦、白佛甲草　景天属

Sedum lineare fa. *variegata*

品种介绍：

佛甲草的锦化品种，整片生长的姬吹雪看起来仿佛覆着一层薄薄的白雪。较其他的锦化品种来说，姬吹雪更加稳定，习性也更强健。目前在国内部分城市已经作为常规绿化植物在使用。非常适合地栽，花盆栽种反而会限制它的生长。

养护习性：

对日照需求不高，可散光或半阴处栽培。对水分需求巨大，适合栽种于花园较湿润的区域或池塘边。土壤选择砂质性比例较高的为宜。花盆栽培主要注意补水，生长期一定不能断水，夏季甚至需要一天浇一次。夏季闷热时需要多通风，否则也很容易腐烂化水。是玄灰蝶与介壳虫的最爱，易群生，有虫害时也较难发现，日常管理需要作为重点检查对象。

成株体型：小型，易群生，易垂吊。
叶形：线形，叶尖外凸。
花形：聚伞花序，黄色花。
繁殖方式：扦插。
适合栽种位置：阳台、露台、花园。

日照 ●●●●● 浇水 ●●●●●

劳尔 景天属

Sedum clavatum

日照 ●●●●● 浇水 🌢🌢🌢🌢🌢

品种介绍：

S.clavatum 的一个形态，比另一形态凝脂莲叶片略宽、白霜更厚，但二者的差异在分类学中几可忽略。是很值得栽培的品种，生长速度是拟石莲属的好几倍，还流行一个近似品种"罗绮"，疑似为劳尔的不同状态。

养护习性：

对日照需求很高，日照不足时叶片会变得扁薄不健康且呈白绿色。充足的日照会让叶片转变为可爱的粉红色。较容易感染病虫害，主要是介壳虫，日常管理要多注意检查。对水分需求不多，小苗生长期注意保持水分，长大后甚至可以一个月浇一两次水。长长的枝干可以进行修型，修剪掉的位置会重新长满多头，甚至可以修剪成心型。

成株体型：小型，较易群生。
叶形：倒卵形厚叶，叶尖外凸，顶部有钝尖。
花形：聚伞圆锥花序，白色花。
繁殖方式：叶插、扦插。
适合栽种位置：阳台、露台、花园。

绿龟之卵 ▶景天属◀

Sedum hernandezii

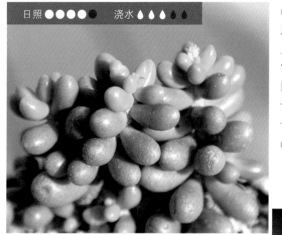

日照 ●●●●● 浇水 ♦♦♦♦♦

品种介绍：

原始种，圆滚滚的绿色叶片上有龟裂状的纹路，非常有辨识度。是景天属里比较奇怪的一个品种，单个叶片看起来的确像龟卵一样。常年为绿色，属于品种控的最爱。

养护习性：

对日照需求不高，可散光栽培。夏季日照过强时还需要遮阴，并保持良好的通风。日常管理浇水时间可以拉长一些，一个月两三次即可，肥厚的叶片能够储存不少水分。枝干容易长长，不过比其他吊兰型生长慢很多，这是景天属的最大特点了。叶片中心容易畸形生长，要多检查，清除介壳虫害。

成株体型：小型，易群生。
叶形：倒卵形，圆柱状，叶尖圆形。
花形：聚伞花序，黄色花。
繁殖方式：叶插、扦插。
适合栽种位置：阳台、露台。

铭月 景天属

Sedum adolphi

品种介绍：

变化多端的原始种，颜色从绿色、橙黄色、绿底或黄底橙边不等，叶形也略有差别，在国内常与加州落日混卖，也许是最初从国外引入时将拉丁文弄混而造成的。不过这不会影响它的美，是经典而皮实的一个品种。

日照 ●●●●● 　浇水 ◊◊◊◊◊

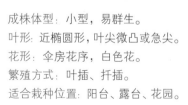

养护习性：

对日照需求较高，只有充足的日照才能晒出其叶片橘黄的色彩，在同类中少有这样的亮色，所以也是各种组合盆栽、大型组盆、景观等常用的素材。最大的优点是不容易感染病害腐烂，习性在景天里也属于佼佼者。对水分需求很随意，浇多浇少都不会死。老桩木质化后制作成盆景特别美，一个月浇一次水或四五次都不会轻易死掉。叶插成功率几乎为百分百。这样优秀的品种，大家怎能不爱它？

成株体型：小型，易群生。
叶形：近椭圆形，叶尖微凸或急尖。
花形：伞房花序，白色花。
繁殖方式：叶插、扦插。
适合栽种位置：阳台、露台、花园。

漫画汤姆 景天属
Sedum commixtum

品种介绍：

原始种，看到名字的第一反应是汤姆猫，名字曾因读音而被误传为 'Comic Tom'。株型紧凑，叶形圆润，长茎但不易倒伏，是制作老桩盆栽非常理想的素材。

养护习性：

对日照需求较高，充足的日照能够让叶片变得更加饱满肥厚。非常容易群生，如果想快速长出枝干，需要注意补水，并定期将最底层的叶片掰掉。小苗及成株一周左右浇一次水，保持生长速度。老桩枝干木质化后 10 天至两周左右浇一次水，土壤中可以加入大比例的颗粒，保持良好的透气性。发现介壳虫要第一时间清理干净，特别是叶片上残留的黑色污染物，一定要用清水喷洗干净，避免感染烟煤病。

成株体型：小型，易群生。
叶形：倒卵形，叶尖外凸或圆形，顶部有钝尖。
花形：聚伞圆锥花序，黄色花。
繁殖方式：叶插、扦插。
适合栽种位置：阳台、露台。

日照 ●●●●● 浇水 ◊◊◊◊◊

凝脂莲、乙姬牡丹 景天属

Sedum clavatum

日照 ●●●●● 浇水 ▲▲▲ ▲▲

品种介绍：

S.clavatum 的一个形态，较另一形态的劳尔白霜少，叶片偏绿且窄，但二者的差异在分类学意义上几可忽略。也是一个在国内流通了很久的经典品种，早期与劳尔混在一起出售，后来才慢慢被分开。

养护习性：

与劳尔不同，对日照需求不是很高，少量日照下呈现的翠绿色叶片反而更抢眼。充足日照下叶片也会变黄，变得更透（传说中的果冻色），叶尖会变红，非常萌。对水分不敏感，小苗正常浇水，长大后可以随意浇水，一个月浇一次也没问题。枝干生长迅速，适合垂吊栽培。修剪后枝干上会长出许多新芽。

成株体型：小型，易群生。
叶形：倒卵形厚叶，叶尖外凸，顶部有钝尖。
花形：聚伞圆锥花序，白色花。
繁殖方式：叶插、扦插。
适合栽种位置：阳台、露台、花园。

逆牟庆草锦 景天属

Sedum rupestre ssp. *rupestre* fa. *variegata*

品种介绍：

塔松的锦化品种，也是一种锦斑较为稳定的品种，不过生长习性较塔松稍弱。叶片白化非常厉害，阳光充足的条件下还能晒出粉红色，非常适合作为小丛护盆草运用在组合盆栽中。

养护习性：

对日照需求很高，日照不足会导致叶片脆弱，更易感染病害。自身新陈代谢较快，常见枝干上健康的新叶与干枯的叶片挤在一起。根系粗壮，对水分需求较多，可以选择较深的花盆栽种。是玄灰蝶的重点啃食对象，春季和夏季要重点观察，小灰蝶较多的城市不推荐露养。喜好沙质比例较大的土壤，可以混入大比例的粗砂颗粒（连细沙也一起混入，不要过筛）。

成株体型：小型，易群生。
叶形：线形。
花形：伞房状聚伞花序，黄色花。
繁殖方式：扦插。
适合栽种位置：阳台、露台。

日照●●●●● 浇水●●●●●

球松 景天属
Sedum multiceps

品种介绍：

产自非洲阿尔及利亚的原始种，好像微型的小松树，自成一景。在国内制作盆景时常会用到它，枝干上没有叶片与新芽，只有最顶部才有一个小芽，叶片常绿，养护得当也会变红。

日照 ●●●●○　　浇水 ◆◆◆○○

养护习性：

对日照需求不高，即使缺光徒长也不太看得出来。叶片常绿，主要生长在顶部。生长迅速，一颗小单头很快就能长出枝干来。夏季需要控制浇水量，尽量少浇，它非常害怕闷湿环境。其他生长季节一定要补水，缺水时叶片会褶皱变软，很容易发现。它也是介壳虫经常"光顾"的品种，由于叶片较小，虫子常躲在叶片中看不出来。

成株体型：微型，易群生。

叶形：线形，叶尖外凸。

花形：伞房状聚伞花序，黄色花。

繁殖方式：扦插。

适合栽种位置：阳台、露台。

日照 ●●●●● 　浇水 ♦♦♦♦♦

珊瑚珠 景天属

Sedum stahlii

品种介绍：

产自墨西哥的原始种，圆滚滚的叶片总是红彤彤的，十分惹人喜爱，是许多小型杂交品种的亲本。叶片十分小，呈宝塔状，就像海底的珊瑚一样。

养护习性：

对日照需求较高，缺少日照很快就会徒长，不但叶片会变绿，枝干也会长得很长，很难再恢复成原来的状态。充足日照下会像虹之玉一样整株变红，叶片也会紧凑地生长在一起。夏季闷热时期适当控制浇水量，其余季节正常浇水即可。对土壤不是很挑剔。也可以采用吊兰的方式栽培，枝干长长后垂吊下来也是很美的。

成株体型：微型，易群生。
叶形：椭圆形，近圆柱状，叶尖圆形。
花形：聚伞花序，黄色花。
繁殖方式：叶插、扦插。
适合栽种位置：阳台、露台。

塔洛克 景天属

Sedum 'Joyce Tulloch'

日照 ●●●●● 浇水 ◊◊◊◊◊

品种介绍:

2004 年出现的新品种,由两个名不见经传的原始种杂交而成,却意外地非常貌美。泛滥级别的品种,完美地表现了景天属生长快的特性,拥有草一样顽强的生命力。组合盆栽的利器,是百搭型的品种。强大的生长习性很适合在景观中填补空隙或大面积造型。

养护习性:

养出状态后还是非常养眼的,拥有吸引眼球的橘红色以及独特迷你的叶形,组合盆栽里少不了的好元素。阳光一定要充足,阳光不足的情况下常年呈绿色,叶形松散且容易掉落。也是虫子们的最爱,介壳虫、玄灰蝶经常出现在它们的叶片上。叶插存活率几乎为百分百,可以收集一堆叶片撒在花盆里,半年后就会长出满满一盆来,是新手入门的首选品种。

成株体型:小型,易群生。
叶形:倒卵形,叶尖外凸。
花形:聚伞花序,白色花。
繁殖方式:叶插、扦插。
适合栽种位置:阳台、露台、花园。

青丽　景天属

品种介绍：

与黄丽十分相似，将没变色的黄丽与青丽放在一起很难辨认。青丽的叶色为青绿色，属于怎么晒都不变色系列，叶形比黄丽略宽，目前十分常见。习性与黄丽相似，非常皮实，是新手入门的不错品种。

养护习性：

对日照需求较多，也可散光栽培，待枝干长长后再进行老桩盆景塑形。生长速度在同类中较快，习性就是会越长越长，但并不是徒长。一年四季都不用断水，夏季高温时注意通风即可，春秋生长季节保持浇水。土壤选择砂质颗粒土最佳，能够将叶片控出不错的形态来。叶插时间较其他品种更长一些，需要耐心等待。

成株体型：中小型。

叶形：倒卵形，叶尖外凸或渐尖，顶部有短尖。

繁殖方式：叶插、扦插。

适合栽种位置：阳台、露台、花园。

日照●●●●● 　浇水◌◌◌◌

塔松、逆弁庆草、反曲景天 景天属

Sedum rupestre ssp. *rupestre*

品种介绍：

产自欧洲的原始种，作为绿化、盆栽乃至草药使用多年。曾经在南非沿海岸边发现大面积塔松，海水涨潮时会淹没整个生长区，但生长状态依然很好，由此可以确定它们是非常耐盐碱与水的。

养护习性：

对日照需求不高，日照多少对株型与叶片颜色都没太大影响，充足的日照加上较大温差也能将叶片晒出粉红色，不过保持时间并不会太长。生命力是非常强健的，常用于绿化景观中。根系生长很快，使用 20cm 深的花盆种植，三个月就能够全部长满根系。对水分需求很大，一年四季浇水都不会涝死。冬季在十分耐旱，曾经做过实验，冬季在户外 −10℃左右的环境中也可以安全越冬。只要根部在土壤中不被破坏，很快又会从根部长出新芽来。它也是虫子们的最爱。

成株体型：小型，易群生。
叶形：线形，圆柱状或半圆柱状，叶尖外凸，顶部有短尖。
花形：伞房状聚伞花序，黄色花。
繁殖方式：扦插。
适合栽种位置：阳台、露台、花园。

日照 ●○●●○　浇水 ◊◊◊◊◊

天使之泪 景天属

Sedum treleasei

品种介绍：

娇嫩可爱的原始种，因其偏椭圆形的叶子、更长的茎部和花色而区分于凝脂莲。容易被混淆，在国内还有一个名称"天使之霖"。

日照 ●●●●● 　浇水 ◊◊◊◊◊

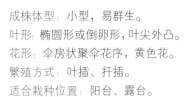

养护习性：

对日照需求不多，枝干笔直生长，大部分时间叶片呈翠绿色，日照充足时也会变红，不过并不容易长久保持。枝干生长速度很快，是少有的能够笔直生长的，可以利用这个特点进行老桩塑形。对水分需求不多，日常 10 天左右浇一次水。喜颗粒砂质土，老桩更是喜欢透气性好的纯颗粒土栽培。繁殖采用叶插和扦插都可以，两种方式繁殖得都很快。

成株体型：小型，易群生。
叶形：椭圆形或倒卵形，叶尖外凸。
花形：伞房状聚伞花序，黄色花。
繁殖方式：叶插、扦插。
适合栽种位置：阳台、露台。

丸叶松绿 景天属

Sedum lucidum 'Obesum'

品种介绍：

松之绿的圆叶园艺品种，叶片肥厚可爱，春秋叶尖可以晒红，本身还有淡淡的香气。许多人感觉它和虹之玉很相似，但实际上丸叶松绿的叶片要大得多。叶面的蜡质状态看起来十分诱人，是不错的老桩盆景品种。

养护习性：

对日照需求很高，一定要全日照栽培，充足的日照不但可以让叶片变红，还能够让叶面充满蜡质光面。生长迅速，叶片的新老交替很快，这点与虹之玉相似，春秋生长期保持土壤湿润会长得很快。容易生出气根，植物健康的情况下可以不予理会，但如果发现枝干有萎缩现象需要立即进行修剪，此时土壤中的根系已经枯死。土壤中颗粒砂质土比例稍高一些更好。

成株体型：小型，易群生。
叶形：倒卵形，叶尖外凸，顶部有钝尖。
花形：聚伞花序，白色花。
繁殖方式：叶插、扦插。
适合栽种位置：阳台、露台、花园。

日照 ●●●●● 　浇水 ♦♦♦♦♦

丸叶万年草 景天属

Sedum makino

品种介绍:

原产于日本的原始种,生长在潮湿背阴的山谷中,是很好的铺面或绿化植物。目前在国内也被广泛运用在城市绿化中,野外也出现过。如果家里有花园,也可以尝试栽种在小路两旁,冬季非常耐寒。同类还有变异种黄金丸叶万年草,颜色更亮眼。用来搭配其他绿植草花也非常不错。

养护习性:

对日照需求不高,也可以栽种在半阴的环境里,大部分时间里叶片常绿,但冬天冻一冻也能够变红。生长迅速,适合花园地栽,花盆栽种尽量选择较大的花器。需要水分也很多,生长期甚至可以一天浇一次水,不建议使用透气性过好的红陶花盆,不然浇水会很累。用陶瓷或塑料类保水性好的花盆栽培更好。完全不怕夏天的炎热,唯一养不好的原因就是缺水。冬季能耐低温,但并不代表可以在冬季扦插繁殖。

成株体型:小型近微型,易群生。

叶形:倒卵形,叶尖圆形。

花形:聚伞花序,黄色花。

繁殖方式:扦插。

适合栽种位置:阳台、露台、花园。

日照 ●●●○○　　浇水 ◆◆◆◆○

信东尼 景天属

Sedum mocinianum

品种介绍：

毛茸茸的小萌物。国内外所售的信东尼都并非毛更长的 *S.hintonii*，而是 *S.mocinianum*。从外形上很难想象它是景天属，也是最不耐热的景天属多肉，花朵会散发出一种臭味。

日照 ●●●●○　浇水 💧💧🖤🖤

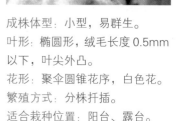

养护习性：

对日照需求不高，不过在阳光充足、温差较大的极端环境下也会整株变粉。夏天是它最难熬的季节，当人身体感觉闷热的时候一定要想办法为其遮阴，并时刻准备着开启小风扇，同时也要严格控水。冬季也不耐低温，习性上真是弱爆了，但养好会展现出非常萌的状态。叶片表面有较厚的绒毛，浇水时要避免直接浇到叶面上，不然很容易粘附灰尘。

成株体型： 小型，易群生。
叶形： 椭圆形，绒毛长度 0.5mm 以下，叶尖外凸。
花形： 聚伞圆锥花序，白色花。
繁殖方式： 分株扦插。
适合栽种位置： 阳台、露台。

新乙女心 景天属

日照 ●●●●● 　浇水 ♦♦♦♦♦

品种介绍：

疑为乙女心的选育品种，比乙女心更艳丽，更易呈现果冻的质感，给人一种清爽可口的感觉（然而并不能吃）。在韩国也常被称为"爱心"，国内也常以"日系乙女心""果冻乙女心"等称呼出售。较老版本的乙女心更具萌点，习性强健，是普货中的"战斗机"，新手入门的必选品种。一直被认为会代替老版乙女心。

养护习性：

对日照需求很大，日照较少时虽叶尖也会晒出红点，但叶片呈绿色。充足的日照能够让叶片转变为像果冻一样透亮的黄色。枝干生长迅速，如果想养出大盆老桩，可以减少日照，并在生长季保持浇水，待成型后再进行控型，增加日照时间。成年株对水分需求很少，后期甚至可以一个月浇一次水。长生老桩后的乙女心土壤可以使用 80% 以上的大比例颗粒，颜色会长得更漂亮。

成株体型：中小型，易丛生。

叶形：椭圆形、倒卵形或线形，圆柱状，叶尖圆形。

花形：伞房状的聚伞花序，黄色花。

繁殖方式：叶插（较容易化水）、扦插。

适合栽种位置：阳台、露台。

日照 ●●●●● 浇水 ◌◌◌◌◌

新玉缀 景天属

Sedum burrito

品种介绍：

非常适合做吊兰的原始种，小巧可爱，是玉珠帘的近亲。叶片呈椭圆形，玉珠帘则是水滴形叶片。目前在国内十分常见，适合在室内阳台当吊兰栽培，广受大众好评。

养护习性：

吊兰类对阳光需求不多，且十分害怕强日照，很容易被灼伤，适合摆放在更靠近室内的位置或散光处。少量日照环境下枝条会长得更快，即使徒长也看不出来（徒长也是正常生长，并不是坏事）。对水分需求不多，枝条长起来后一个月浇两次水就可以了。土壤尽量采用透气的颗粒土。该品种较少感染病虫害。

成株体型：微型，易群生，易垂吊。

叶形：约 1~2cm 长，椭圆形，叶尖外凸。

花形：伞房状聚伞花序，粉色花。

繁殖方式：叶插、扦插。

适合栽种位置：阳台、露台、花园。

旋叶姬星美人 景天属

Sedum dasyphyllum 'Major'

品种介绍:

姬星美人的一种,以叶子螺旋状互生为特点。不论组盆或者单盆栽种都非常漂亮,螺旋状的叶形看着给人一种很舒服的感觉,适用于中小型景观之中。

日照 ●●●● ● 浇水 💧💧💧 ●

养护习性:

只是生长的话对日照需求不高,不过想让株型更加紧密就需要足够的阳光了。充足的日照环境下还会转变为粉色。栽种土壤里加入50%以上的比例的粗砂比较好,根系健壮后叶片的生长速度也会更快且更健康。快速生长离不开水分,所以对水分需求也很多,保持土壤湿润会生长得更快。比较容易感染介壳虫,由于叶片较密集,不太容易被发现,日常管理中需要多观察。

成株体型: 微型,易群生。
叶形: 椭圆形或卵形,叶尖外凸,叶面无毛。
花形: 聚伞花序,白色花。
繁殖方式: 扦插。
适合栽种位置: 阳台、露台、花园。

乙女心 　景天属

Sedum pachyphyllum

日照 ●●●●● 　浇水 🌢🌢🌢🌢🌢

品种介绍:

原始种,茎干为肉质,秋冬的全日照可以将其晒出果冻色的叶尖。国内十大常见多肉植物之一,估计只要入坑的人都栽种过。名字来源于日本,意为少女之心、纯洁之心。其强健的习性与强大的繁殖能力让它成为各种组合盆栽、鸟笼、花环的主要素材之一。相信未来也会成为各种绿化景观的素材。

养护习性:

对日照需求较高,日照不足时叶片不但会常绿,枝条与叶片也会变得脆弱易断。中心叶片容易变异,浇水时一定要避开,发现中心叶片有介壳虫的话要第一时间清理喷洗干净,不然感染病害变异后十分难看。对水分需求并不太多,成年株可以一个月浇两三次水,老桩甚至一个月只需要浇一次水。叶片自身含有大量水分,缺水时会消耗底层叶片。夏季高温时需要断水,闷湿的环境很容易造成叶片化水腐烂。

成株体型:中小型,易丛生。

叶形:线形,圆柱状,叶尖圆形。

花形:伞房状的聚伞花序,黄色花。

繁殖方式:叶插(叶片易化水)、扦插。

适合栽种位置:阳台、露台。

玉珠帘 景天属

Sedum morganianum

品种介绍：

原始种，好似大一号的新玉缀。两者的区别在于新玉缀叶片为椭圆形，玉珠帘的则为泪滴状。是一种非常容易垂吊的多肉植物，适合作吊兰栽培，命名取意为似玉珠做的帘子，美轮美奂。

日照 ●●●●○　浇水 ◊◊◊◊◊

养护习性：

对日照需求不高，放在散光处养护就能长得很好，过强的日照反而容易灼伤叶片。对水分需求不多，10 天左右浇一次水即可。土壤使用透气性较好的颗粒土为宜。花器深度可以在 15~20cm 之间，保证有足够的根系生长空间，这样后期叶片与枝干会长得更快。偶尔会感染介壳虫，发现后及时清理即可。日常几乎不需要太多护理就能够长得很好，是新手入门的首选品种。

成株体型：微型，易群生，易垂吊。

叶形：约 2~3cm 长，椭圆形或卵形，叶尖急尖。

花形：伞房状聚伞花序，紫红色花。

繁殖方式：叶插、扦插。

适合栽种位置：阳台、露台。

风车石莲属 | × *Graptoveria*

  风车草属与拟石莲属的杂交属，仅凭植株外表很难区分这个杂交属和两个亲本属成员，但花却截然不同——风车石莲属的花型介于风车草和拟石莲之间，花瓣相互之间分离，而非合生成壶形，但也不完全张开，而是含蓄地半张着口，雄蕊在成熟时会向外弯折。

奥利维亚 风车石莲属

× *Graptoveria* 'Olivia'

日照 ●●●●◐　　浇水 ◆◆◆◇◇

品种介绍：

O'Connell 培育的杂交品种，亲本不明，但花的形态揭示了其风车石莲属的血统。有着青红的叶片，偶有血点，叶边呈银白色。虽叶形与色彩并不太出众，但老桩的形态却很受欢迎。

养护习性：

生长习性与红化妆、艾格利丝玫瑰都很相似。对阳光需求不太高，可半日照栽培。容易长出枝干，生长速度较快。夏季容易突发性死亡，对病害抵抗力较弱。要注意多通风，最好种在透气性较好的红陶花盆里，土壤里加入部分粗砂颗粒会比较好。根据植物状态浇水最佳，检查叶片发软褶皱后即可浇水。花箭中很容易生长介壳虫，要多检查。

成株体型：中小型，较易群生。
叶形：倒卵形，叶尖外凸或渐尖，顶部有红尖。
花形：聚伞花序，黄色花。
繁殖方式：叶插、扦插。
适合栽种位置：阳台、露台。

奥普琳娜 风车石莲属

×*Graptoveria* 'Opalina'

品种介绍：

卡罗拉与桃之卵的后代，名字意为"像欧泊一样"。叶面薄薄的蜡质保护层很具特点，肥厚的叶片也十分讨喜，继承了桃之卵的颜色，广受大众喜爱。

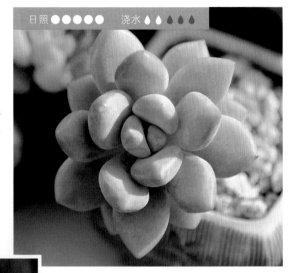

日照 ●●●●● 　浇水 ◊ ◊ ◊ ◊

养护习性：

由于继承了拟石莲的特性，对日照的需求是相当大的，家中培育的话最好摆放在南面日照最充足的位置。浇水也不需要太多，耐热耐旱，夏季高温时可以选择断水。叶片开始褶皱干瘪也没关系，天气凉爽后一浇水很快就能恢复。喜颗粒砂质性土壤，透水性一定要好，避免积水导致化水腐烂。开花非常漂亮，值得一看。

成株体型： 中小型。
叶形： 叶略厚，倒卵形，叶尖外凸。
花形： 聚伞圆锥花序，黄色花。
繁殖方式： 叶插、扦插。
适合栽种位置： 阳台、露台。

白牡丹 风车石莲属

× *Graptoveria* 'Titubans'

品种介绍：

胧月与静夜的杂交后代，因有胧月的血统而非常易生老桩。国内最常见品种之一，生长与繁殖迅速，如养护得当，1棵在一年时间里可以繁殖出100棵以上。多肉植物入门级别都会遇到的品种，百看不厌，引人入胜。不过生长多年的老桩很容易变黑死亡，最好每隔两年左右砍头重植。

日照 ●●●●● 浇水 ♦♦♦♦♦

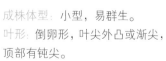

养护习性：

幼苗期需要补足水分，可以正常日照，长大后浇水量减少，日照时间增长，叶片也会转变为红色。对土壤要求不高，几乎什么土都能养得好。叶插存活率几乎100%，可以尝试将准备叶插的叶片摆放一盆，然后静等长成满满一大盆的白牡丹。开花也非常漂亮，可以赏完花再将花箭剪掉。

成株体型：小型，易群生。
叶形：倒卵形，叶尖外凸或渐尖，顶部有钝尖。
花形：聚伞圆锥花序，黄色花。
繁殖方式：叶插、扦插。
适合栽种位置：阳台、露台、花园。

初恋 风车石莲属

× *Graptoveria* 'Douglas Huth'

日照 ●●●●○　浇水 🌢🌢🌢🌢🌢

品种介绍:

胧月的杂交后代，全日照状态下叶片为很少女的粉色，加上"初恋"的名字，在国内广受大众喜爱，那种青涩的模样不知勾起了多少人对初恋的美好回忆。该品种其实不容易养活，不过繁殖能力还是非常强的。初恋易逝，且养且珍惜。

养护习性:

日常养护给予充足日照叶片才会转变为粉色，对通风条件要求较高，密闭闷湿的环境很容易导致感染腐烂，用花友们常说的话来形容就是"一不开心就烂给你看"。浇水也要谨慎，尽量等叶片变软后再浇水，夏季更要加强通风、减少浇水。叶插成功率非常高，平时可以多叶插一些备份。

成株体型: 小型，易群生。

叶形: 倒卵形，叶尖渐尖。

花形: 聚伞圆锥花序，花淡黄色带红色条纹。

繁殖方式: 叶插、扦插。

适合栽种位置: 阳台、露台。

黛比 风车石莲属

× *Graptoveria* 'Debbi'

日照 ●●●●● 浇水 ◊◊◊◊◊

品种介绍:

桃之卵的杂交后代,以培育者女儿的名字 Debbi 命名,非常曼妙的紫色品种。肥厚的叶片讨人喜爱,种上满满的一盆会很美。

养护习性:

对日照需求较高,日照不足或者介壳虫啃咬都容易让中心新长出的叶片出现畸形,充足的日照才能长出完美肥厚的叶片。初期根系弱小时对水分需求较少,注意少量浇水。植株生长健壮后浇水可以比较随意,夏季也可正常浇水。花器选择透气性较强的陶盆会更好,使用颗粒比例较高的土壤更容易控型出状态。新老代谢较快,要及时检查清理底部枯叶,否则很容易变成介壳虫的隐秘巢穴。

成株体型: 中小型。

叶形: 倒卵形,叶尖外凸,顶部有尖。

花形: 聚伞圆锥花序,钟形花外粉内黄。

繁殖方式: 叶插、扦插。

适合栽种位置: 阳台、露台。

格林 风车石莲属

× *Graptoveria* 'A Grim One'

品种介绍：

非常圆润可爱的品种，面世不到十年却广受欢迎，也许是名字为其加分不少，略带菱形的叶片十分有特点。全状态时确有蜜桃般丰腴的身姿和神韵，让人想咬一口。

日照 ●●●●● 　浇水 ◊◊◊◊◊

养护习性：

对日照需求较高，缺少阳光时不但叶片会变绿，植株自身抗性也会减弱许多。不建议在雨水较多的城市露养，水分过多很容易腐烂掉叶，每次浇水量不应过多。土壤选择颗粒比例较大、透水性较好的植料。开花时注意，如果植株变得萎缩不健康，应当及时剪去花箭，避免消耗过多养分。

成株体型： 中小型。

叶形： 倒卵形，叶尖渐尖或外凸，顶部有钝尖。

花形： 聚伞花序，黄色花，花瓣内侧有红色散点。

繁殖方式： 叶插、扦插。

适合栽种位置： 阳台、露台。

红宝石　风车石莲属

× *Graptoveria* 'Bashful'

品种介绍：

Renee O'Connell 培育的杂交品种，有着紧凑的株型和圆润的叶片，叶背面几乎总是红色的。早期从韩国大量引入，并以拉丁文名 Pink Ruby 在国内误传了很长时间。自身叶片形态与颜色就像红宝石，是非常出色的品种。习性强健，适合新手入门栽种。

日照 ●●●●○　　浇水 ◗◗◗◗◗

养护习性：

对日照需求很高，日照不足时叶片会拉长并呈绿色；日照充足时叶片会长期保持红色，且叶片缩短变得更加紧凑可爱。自身新陈代谢较快，底部常会出现枯叶，用镊子拿掉即可。容易群生，单株栽种半年后会从侧面爆出多头来。除夏季外均可以正常浇水，夏季高温时要断水、通风，对水分略敏感。常见介壳虫害，由于叶片紧包在一起不太容易发现，日常管理需要多检查。喜欢砂质性颗粒土。

成株体型：小型，易群生。

叶形：狭长的倒卵形，叶尖外凸，顶部有钝尖。

花形：聚伞花序，白色花。

繁殖方式：叶插、扦插。

适合栽种位置：阳台、露台。

红宝石锦 风车石莲属

日照 ●●●●○　浇水 ◆◆◆◇◇

品种介绍：

非常稀有的锦斑变异品种，用"万里挑一"来形容一点都不为过，甚至需要十万分之一的概率才会出现，目前栽培表现较为稳定。另外还有一种假锦的情况，表现为叶尖部分是白色、下半部是原色，这种情况的锦很快就会消退掉。

养护习性：

整体习性比红宝石要弱，对强烈的日照或过于荫蔽的环境都比较敏感，喜欢时间较长而柔和的日照环境。对水分需求并不太多，成年株可以一个月浇两三次水。目前已经实验成功，可通过叶插进行繁殖，叶插出来也有30%左右的概率为变异锦斑，不过幼苗生长速度十分缓慢，很容易因较大的环境突变（如气温骤升或骤降）而死亡。

成株体型： 小型，易群生。
叶形： 倒卵形，叶尖外凸，顶部有尖。
繁殖方式： 叶插、扦插。
适合栽种位置： 阳台、露台。

红粉佳人 风车石莲属

× *Graptoveria* 'Pretty in Pink'

日照 ●●●●● 浇水 💧💧💧💧

品种介绍：

杂交品种，根据花形判断应属于风车石莲属，平时叶片呈蓝绿色，温差和日照则可以带来橙粉色甚至果冻色的植株。常被简称为 Pink，然而它其实并不容易养出粉色来，倒是有另外一个很容易养出粉色的近似品种也被称为 Pink。

养护习性：

习性与"白牡丹"近似，生长速度较快，繁殖速度也快，叶插成功率几乎100%，浇水过多会生长迅猛，叶片变得肥大。适当控水反而会让它展现美的一面。需要较强的阳光，缺少日照很容易徒长。底部叶片干枯消耗快，容易枝干木质化。较易上手栽培，是新手入门的首选之一。

成株体型： 小型，易群生。

叶形： 倒卵形，叶尖外凸或渐尖，顶部有钝尖。

花形： 蝎尾状聚伞花序，黄色钟形花。

繁殖方式： 叶插、扦插。

适合栽种位置： 阳台、露台。

红葡萄　风车石莲属

×Graptoveria 'Amethorum'

品种介绍:

大和锦（原始种）与桃之卵的后代，继承了前者的底色和后者圆润的叶形。肥厚的叶片常被误认为是厚叶草属，单棵能长到 20cm 以上，还有被称为"姬葡萄"的新品种，其实就是红葡萄的另一种不同状态。

养护习性:

可全日照或半日照栽培，叶片常为绿色，也会随环境改变而变红。需要水分较少，肥厚的叶片有足够的养分来度过干旱的天气。选择保水性好的花器与颗粒比例较大的土壤能够生长得很好，叶片也会浑圆肥厚。太过透气也会引起叶片脱水而变得干瘪。叶芯常会寄生介壳虫，发现后立即用药水喷洒干净，避免污染物残留引起烟煤病。一年四季都生长缓慢。

成株体型: 中型。

叶形: 叶略厚，倒卵形，叶尖外凸，顶部有短尖。

花形: 聚伞花序，钟形花外橙内黄。

繁殖方式: 叶插、扦插。

适合栽种位置: 阳台、露台。

日照 ●●●●● 　　浇水 🌢🌢🌢🌢🌢

厚叶旭鹤 风车石莲属

×*Graptoveria* 'Albert Bynes'

品种介绍：

日照 ●●●●● 　 浇水 ◐ ◐ ◐ ◐

朦月与某种拟石莲的杂交后代，叶面应有明显血点，无血点的实为 ×*Graptoveria* 'Harry Watson'。叶片较拟石莲肥厚，自身色彩及叶形并不太出色，多年生老桩浑然天成的枝干与分枝像极了旭日东升时单脚站立的仙鹤，顿时觉得此命名惟妙惟肖。

养护习性：

全日照与半日照栽培都可以，只要不是严重缺光的环境，对植株都没有太大影响。可露天栽培，不过叶片很容易出现斑点，在玻璃房内栽培斑点会少许多。枝干生长速度比拟石莲类要快，可以采用少日照、频繁浇水的方式让枝干加速徒长，后期再通过增加日照进行塑形。土壤选择颗粒比例较大的为好。发现介壳虫要第一时间清理，不然很容易感染上烟煤病。

成株体型：中小型。

叶形：倒卵形，叶面有血点，叶尖外凸或渐尖。

花形：聚伞圆锥花序，黄色或淡橙色钟形花。

繁殖方式：叶插、扦插。

适合栽种位置：阳台、露台。

梅丽格、翡翠塔 风车石莲属
× *Graptoveria* 'Jadeita'

日照 ●●●●● 浇水 ♦♦♦♦♦

品种介绍:

蔓莲的跨属杂交后代,可以像蔓莲一样通过枝茎分头及开花,老叶可以出现枚红色。从韩国流行而来的园艺品种,早期以天价而闻名,由于它的繁殖还是比较容易的,目前已成为一个平民化的品种。叶形非常完美,控型后的样子十分可爱,它未来的潜质非常不错,适合栽种在大型花盆里用于庭院美化。

养护习性:

只是健康生长对阳光需求不高,但想拥有图片中的状态则需要大量的日照,且土壤中加入大比例的颗粒土进行控型。一年四季都生长,夏季只要保持良好的通风问题也不大,对水分需求不高,叶片变软时再浇水。生长起来非常快,推荐使用宽口径的花盆,便于迅速爆盆。初期生长土壤中混合50%的泥炭土和50%的颗粒土最佳,尽量不要使用沙子栽种。繁殖可以通过修剪枝茎顶部的小芽进行扦插。

成株体型: 中小型。
叶形: 倒卵形,叶尖外凸或渐尖,顶部有尖。
花形: 聚伞花序,花白底红纹。
繁殖方式: 扦插。
适合栽种位置: 阳台、露台、花园。

玛格丽特 风车石莲属
× *Graptoveria* 'Margaret Reppin'

品种介绍：

菊日和与白牡丹的杂交后代，由澳大利亚人 Max Holmes 培育，名字是为了纪念澳大利亚一位名为 Margaret Reppin 的慷慨的多肉收藏家。玛格丽特继承了菊日和极具特点的叶形，叶尖非常纤长，同时还有着白牡丹强健的习性，是非常优秀的盆栽品种。

养护习性：

喜较长时间温和的日照环境，日照过强容易灼伤叶片，不过长期放置在强日照环境下（如露养），适应环境后也能晒成通透的果冻色。叶片较薄，缺水时会出现褶皱或发软的现象，发现后要立即浇水。夏季高温闷热时要适当控水，其他季节正常浇水即可。不同于白牡丹，枝干生长较慢，春秋生长季节可以大量浇水，很容易群生。土壤中颗粒不宜过多，切忌使用大颗粒配土。

成株体型：中小型，较易群生。

叶形：倒卵形，叶尖渐尖或外凸，顶部有尖。

繁殖方式：叶插、扦插。

适合栽种位置：阳台、露台。

日照 ●●●●● 　浇水 💧💧💧💧💧

诺玛 风车石莲属

× *Graptoveria* 'Margaret Rose'

品种介绍：

桃之卵与丽娜莲的杂交后代，平时呈现丽娜莲的淡紫色，春秋日照充足时则显露出桃之卵的粉色。外形与"艾伦"非常相似，容易混淆为一个品种，目前国内许多商家也经常弄混。相比艾伦，诺玛的叶片更大。

养护习性：

习性比桃之卵要好很多，生长迅速，如果追求老桩可以给予少量日照，在春秋生长期大量浇水。夏季也不需要断水，保持好通风、少量浇水即可安全度夏。叶片较容易掉落，而叶插成功率又非常高，掉落的叶片可以直接用于叶插。充足的日照能够让叶片更加结实紧凑，后期控型时可以给予足够的日照。对土壤要求不高，颗粒比例不要超过 50%。

成株体型：小型，易群生。
叶形：倒卵形，叶尖外凸。
花形：聚伞花序，黄色钟形花。
繁殖方式：叶插、扦插。
适合栽种位置：阳台、露台。

日照 ●●●●○● 浇水 ♦♦♦♦♦♦

银东云 风车石莲属

品种介绍：

从花上可见明显的风车石莲属的特征，长长的茎干也是佐证之一，但银东云的莲座却是小巧而紧凑的，叶形带有东云的特征，叶色为明丽的黄绿色，十分诱人。仔细观察会发现叶片上还带有暗纹，强光照的环境下暗纹会更加凸显。

日照 ●●●●● 浇水 🌢🌢🌢🌢🌢

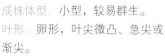

养护习性：

散光也能够健康生长，叶片会呈绿色，只有充足的光照才能够将叶片晒出金黄色。对闷湿的环境比较敏感，夏季高温时注意通风，不需要遮阴。浇水时尽量避开叶面，残留在叶面的小水滴容易引起灼伤小斑点，不过对植物健康没有太大影响。小苗土壤中不需要加入太多颗粒，以泥炭土为主。老桩木质化后土壤中可以混入大比例颗粒。

成株体型： 小型，较易群生。

叶形： 卵形，叶尖微凸、急尖或渐尖。

花形： 聚伞圆锥花序，黄色钟形花。

繁殖方式： 叶插、扦插。

适合栽种位置： 阳台、露台。

丘比特　风车石莲属

× *Graptoveria* 'Topsy Debbi'

品种介绍：

特玉莲与黛比的杂交后代，完全继承了父母的特点，有着特玉莲反折的叶子和黛比粉紫的颜色，下地栽培后也可以长到15cm左右，适合于景观布置或单盆栽种。

养护习性：

对日照需求很大，日照不足时叶片会呈绿色，且展开变得很大。只有在充足的日照环境下才会呈现美丽的粉色状态。对水分不是很敏感，如果想长得更大些，可以频繁浇水并使用泥炭土比例较高的配土，花器也要选择宽口较大的。如果想控型、迷你化，可以在土壤中加入 70% 的颗粒，再适当控水。偶尔会感染介壳虫，发现后要及时清理，不然很容易污染中心叶片，使其生长点发生变异。

成株体型：中小型。

叶形：倒卵形近线形，叶尖外凸，顶部有尖。

花形：聚伞花序，钟形花外粉内黄。

繁殖方式：叶插、扦插。

适合栽种位置：阳台、露台。

日照 ●●●●● 　浇水 ◊◊◊◊◊

银星 风车石莲属
× *Graptoveria* 'Silver Star'

品种介绍：

菊日和与东云的后代，以叶尖独特的棕红色细毛闻名。很早就流行于国内，目前属于常见品种。

养护习性：

对日照需求不高，可半日照栽培，叶片呈绿色。对通风要求较高，通风不良很容易诱发各种病害。夏季高温时也比较脆弱，要适当遮阴与控水。生长期需要的水分并不多，每次少量浇水即可。初期生长速度较慢，后期群生起来要及时清理缝隙间的枯叶，这些死角非常容易感染介壳虫。

日照 ●●●●●○ 　浇水 ♦♦♦♦♦♦

成株体型： 中小型。

叶形： 倒卵形，叶尖渐尖，顶部有长毛。

花形： 聚伞花序，淡红色钟形花。

繁殖方式： 叶插、扦插。

适合栽种位置： 阳台、露台。

日照 ●●●●●○○ 　浇水 ♦♦♦♦♦♦

特殊系统、辛德瑞拉、灰姑娘

风车石莲属

成株体型： 小型，较易群生。

叶形： 倒卵形，叶尖外凸，顶部有尖。

繁殖方式： 叶插、扦插。

适合栽种位置： 阳台、露台。

品种介绍：

起源不明，疑似有厚叶草属的血统，但需要看花才能确定，且以"辛德瑞拉"为名的拟石莲是一个薄叶褶边的品种。但无论如何，凭借肉肉的叶子、紧凑的莲座和灰粉的颜色，特殊系统仍是一个非常有辨识力的品种。

养护习性：

对日照需求较高，新陈代谢较快，叶片新老交替也比较快，幼苗期充足给水，成年后进行控水、控型，并将土壤中颗粒比例增大。较容易感染介壳虫，发现后要第一时间清理干净，不然很容易感染引起生长点变异。容易长出枝干，易群生，适合制作老桩盆景。

紫梦 风车石莲属

× *Graptoveria* 'Purple Dreams'

日照 ●●●●○ 浇水 🌢🌢🌢🌢🌢

品种介绍:

Uhl教授培育的杂交品种,蓝豆和某种拟石莲的后代,春秋强日照下可以晒成粉紫色,平时则呈现绿色或橙色。形态与紫心较相似,不过叶片形状更加稳定。结合了风车草的基因后使生长速度加倍,很容易长出老桩,单盆栽种或用于中型的组合盆栽都不错。

养护习性:

对日照需求很高,日照不足时叶片呈绿色且很快就会徒长;充足的日照才能将叶片晒出紫红色,且叶片紧凑美观。生长速度较快,初期可以保持土壤湿润,长成老桩后再进行控水。一旦缺水叶片就会褶皱,很容易发现。土壤中可以多加入一些粗砂颗粒,既透气又保湿,非常适合根系生长。叶片间容易寄生介壳虫,栽培时需要多注意观察叶片背面和夹缝。

成株体型: 小型,易群生。
叶形: 椭圆形或倒卵形,叶尖外凸,顶部有钝尖。
花形: 聚伞花序,橙粉色花。
繁殖方式: 叶插、扦插。
适合栽种位置: 阳台、露台。

厚叶石莲属 | ×*Pachyveria*

　　厚叶草属与拟石莲属的杂交属，它们的叶子普遍比拟石莲属植物要厚，但也并非厚叶草那样圆柱形的，更像是唐朝丰腴又不失曼妙的美人，而花萼的大小则介于拟石莲属和厚叶草属之间，很容易识别。

都涌、灯美人　厚叶石莲属

×*Pachyveria* 'Clavifolia'

品种介绍：

19世纪末便已面世的古老品种，亲本为两个名不见经传的杂草脸原始种，竟然得到了美貌的后代，不得不感叹自然造物的神奇。

日照 ●●●●● ○　浇水 ◌◌◌ ◖◖

养护习性：

对阳光需求强烈，缺光徒长后叶片会变得很松散，且枝干长得很长，很难恢复原貌，只能剪下重新扦插，浇水不用太多，不然会加速徒长。造型可以适当遮阴后勤浇水，让枝干长长，再增加日照强度慢慢变回原有的美貌。夏季高温时可以适当断水来控型。叶插成功率较高。

成株体型：中小型，较易群生。
叶形：倒卵形厚叶，叶尖外凸。
花形：蝎尾状花序，淡粉色钟形花。
繁殖方式：叶插、扦插。
适合栽种位置：阳台、露台。

东美人 厚叶石莲属

× *Pachyveria* 'Pachyphytoides'

日照 ●●●●● 浇水 ◦◦◦

品种介绍:

19世纪便已问世的杂交品种,有着传说中的 *E. metallica* 的紫色和厚叶草属的叶形。在国内属于泛滥级别,南方老房屋顶、巷子街头、野外山里都能看到。习性强健自然不用多说,几乎属于放养型。叶片可以食用,可加入蜂蜜搅碎后饮用,在中国台湾地区常被称为"石莲花汁",有清热解毒、美容美颜之功效。

养护习性:

全日照与半日照都能够生长得很好,叶片常年为白色,所以日照多少影响并不大。日照充足、温差较大的极端环境下会转变为粉红色。枝干很容易长长,在南方常能见到阳台上长得像瀑布一样的东美人,所以选择垂吊型生长最佳。浇水可以很随意,除夏季适当控水外,其他季节怎么浇水都死不了。对土壤也不挑剔,泥巴也能够养得很好。

成株体型: 中小型,易群生。
叶形: 倒卵形,叶尖外凸。
花形: 红色花。
繁殖方式: 叶插、扦插。
适合栽种位置: 阳台、露台、花园。

立田锦 厚叶石莲属

×*Pachyveria* 'Scheideckeri'

品种介绍:

赛康达的跨属杂交后代,样子像许多原始种一样富于变化,甚至自身会有反叶变异出现。叶形与红卷叶较为相似,不过立田锦的叶片更加细长,两者习性也差不多。可以用在组合盆栽中,也非常适合单盆老桩造型。

日照 ●●●●● 浇水 ▲▲▲◇◇

养护习性:

较容易长出枝干,新陈代谢较快,生长期尽量补足水分,加速枝干生长。充足的日照能够保持卷包的叶形,缺少阳光叶片会完全坍塌下来,并且变得脆弱易掉落。容易感染介壳虫,需要多留意叶片背面及叶芯,防止叶芯生长点被破坏,同时底层的枯叶要及时清理干净。土壤可以使用大比例颗粒土,保持良好的透气性,不会影响生长速度。叶面也有一层较薄的蜡质白霜,换盆时需要注意。

成株体型: 中小型,较易群生。
叶形: 倒卵形,叶尖外凸,顶部有尖。
花形: 蝎尾状聚伞花序,橙红色钟形花。
繁殖方式: 叶插、扦插。
适合栽种位置: 阳台、露台。

红卷叶 厚叶石莲属

×*Pachyveria* 'Scheideckeri'

日照 ●●●●● 　浇水 ◊◊◊◊◊

品种介绍：

赛康达与一种厚叶草的杂交后代，本身是个很多变的品种，莲座可大可小，叶子可宽可窄，季节性变色明显，也很容易产生锦化、反叶、缀化等变异。叶形呈旋转形态从中心展开，颜色也比较柔美。生长迅速，容易养出老桩，作为盆景栽培是最适合的。

养护习性：

喜充足的日照，常见为淡蓝色，日照充足时则呈现紫红色。缺少日照时不但叶片会徒长变得难看，颜色也会一直保持绿色。幼苗期采用频繁少量浇水的方式，老桩则一个月浇两次左右，对水分不是太敏感。较容易感染介壳虫，是日常管理中重点检查的对象。土壤中加入大比例的颗粒更佳。

成株体型：小型，较易群生。
叶形：倒卵形，叶尖渐尖或外凸。
花形：蝎尾状花序，钟形花黄色或粉色。
繁殖方式：叶插、扦插。
适合栽种位置：阳台、露台。

蓝黛莲　厚叶石莲属

×*Pachyveria* 'Bea'

品种介绍：

P.compactum 的杂交后代，有暗纹，品种名应为 'Bea'，而非目前错误流传的 'Glauca'，后者是群雀的杂交后代，无暗纹。蓝黛莲的叶片暗纹此起彼伏，如波荡漾，搭配性感的叶尖，美不胜收，也是部分爱好者喜爱的收藏品种。

日照 ●●●●● 浇水 🌢🌢🌢🌢🌢

养护习性：

只有在日照充足时叶面的暗纹才会明显，叶片也会变红，在极端的环境下甚至会变成粉色。日照不足时看起来完全像是另一个品种。浇水并不需要太多，特别是夏季，一定要严格控水。开花非常有特点，花箭最长能长到30cm 以上。土壤选择颗粒砂质土。

成株体型：中小型，较易群生。

叶形：倒卵形，半圆柱状，叶尖急尖或微凸，顶部有短尖。

花形：蝎尾状花序，钟形花外橙粉内黄。

繁殖方式：叶插、扦插。

适合栽种位置：阳台、露台。

迈达斯国王 厚叶石莲属

× *Pachyveria* 'King Midas'

日照 ●●●●● 　浇水 ◇◇◇◇◇

品种介绍：

星美人与原始种花月夜的杂交后代，确实像叶子肥厚版的花月夜，继承了花月夜的红边和星美人肥厚的叶片。只是茎部像大部分厚叶石莲一样易拉长，更适合制作老桩盆景。

养护习性：

花月夜与厚叶草一类本身就对阳光要求很高，所以日常管理要给予充足的日照，强一些也没有关系。日照不足虽然会轻微徒长，但叶片会呈全绿，失去观赏性。浇水大可随意地浇，是比较耐水的品种，不会轻易腐烂。土壤中多一些粗砂颗粒会让它长得更健壮。叶片新老交替较快，发现底部叶片干枯后最好尽快清理，避免其成为虫子们的家园。

成株体型：中小型。

叶形：倒卵形厚叶，叶尖外凸，顶部有短尖。

花形：蝎尾状花序，黄色钟形花。

繁殖方式：叶插、扦插。

适合栽种位置：阳台、露台。

七福美尻 厚叶石莲属

× *Pachyveria* 'Nausikaa'

日照 ●●●●● 　　浇水 ▲▲▲▲▲

品种介绍：

以内卷的叶子为特征，学名源自古希腊神话中的一位公主。国内常被简称为"美尻"，叶形十分特别，在几千种拟石莲里也是屈指可数的，对折的叶边让人有咬上一口的冲动。

养护习性：

对日照需求较大，只有充足的阳光才能保持其紧密的叶形，叶片大部分时间为淡蓝色，日照充足、温差较大时也能晒出粉色。整体习性比较强健，对水分并不敏感，一年四季都可以浇水，夏季特别闷热时适当控水即可。枝干生长和厚叶草属差不多，适合作为老桩栽培。成年株选择透气性较好的颗粒土最佳。虫害较少，叶面还有薄薄一层保护层。浇水时注意避开叶芯，中心很容易残留水分。

成株体型：中小型。

叶形：倒卵形，内卷，叶尖外凸。

花形：蝎尾状花序，钟形花黄底红纹。

繁殖方式：叶插、扦插。

适合栽种位置：阳台、露台。

青星美人 厚叶石莲属

× *Pachyveria* 'Dr Cornelius'

品种介绍：

像是圆润版的拟石莲，巧妙地结合了厚叶草属的叶子与拟石莲属的莲座形态，红色叶尖犹如点睛之笔。很早以前就在国内流行，是最常见的品种之一。

日照 ●●●●● 　浇水 ◊◊◊◊◊

养护习性：

可全日照或半日照栽培，日照充足时叶尖与叶边会变红，缺少日照时则为绿色，植株形态并没有太大变化。容易长出枝干，很适合老桩造型。叶片肥厚，耐旱性也很强，不需要太多水分。病虫害较少，花朵非常漂亮，可以欣赏完再剪掉，花箭容易出现介壳虫的踪影。

成株体型：小型，较易群生。

叶形：倒卵形厚叶，叶尖外凸，顶部有钝尖。

花形：蝎尾状花序，粉色钟形花。

繁殖方式：叶插、扦插。

适合栽种位置：阳台、露台、花园。

霜之朝 　厚叶石莲属

×*Pachyveria* 'Powder Puff'

品种介绍：

星美人与广寒宫的杂交后代，20 世纪 70 年代面世后经久不衰的白霜品种，皮实好养，易分头。是国内最早流行的多肉之一，早期常以白色系用于组合盆栽之中。生长非常缓慢，用来单盆造型需要较长时间。

日照 ●●●●● 浇水 ◊◊◻◻◻

养护习性：

对日照需求较高，缺少日照时叶片很快会变绿，日常叶片为白色，叶面带有较厚的白色粉末，栽种时尽量小心避开叶面。对水分需求不多，夏季闷热时更要注意断水和通风。容易感染介壳虫，日常维护要多检查，叶芯一旦被感染很容易诱发烟煤病，导致整株变黑腐烂。容易长出气根，属于品种特性，不需要理会。

成株体型：中小型，易群生。

叶形：倒卵形或椭圆形，叶尖微凸，顶部有短尖。

花形：蝎尾状聚伞花序，钟形花外粉内黄。

繁殖方式：叶插、扦插。

适合栽种位置：阳台、露台。

婴儿手指 厚叶石莲属

×*Pachyveria* 'Baby Bingo'

日照 ●●●●● 　浇水 ♦♦♦ ♦ ♦

品种介绍:

起源不明的杂交品种,叶片又白又胖,像婴儿的手指一般,可以晒成淡粉色。叶面有一层薄薄的白霜保护层,由于叶尖上的白霜很容易碰掉,然后就露出了粉嫩的小指尖。

养护习性:

对日照需求很高,最好放置在家中阳光最充足的地方,日照不足时叶片很快会变绿拉长。幼苗期对水分需求较多,需要及时补水,保持土壤中有一定湿气;成年后减少浇水量,可以根据叶片状态浇水,发现有褶皱现象说明缺水,立即浇水即可。长得肥壮后的成株十分耐旱,一个月浇一次水也没问题。属于迷你型多肉,适合栽种在阳台上。

成株体型: 小型,易群生。

叶形: 椭圆形厚叶,圆柱状,叶尖外凸。

繁殖方式: 叶插、扦插。

适合栽种位置: 阳台、露台。

景天石莲属 | ×*Sedeveria*

　　景天属与拟石莲属的杂交属，植株外形仿佛是拟石莲的标志性莲座叠加了些许景天属的特征。茎干长且略软，易倒伏或垂吊，叶子众多，莲座本身的高度常常超过直径。它们的花形也是两个亲本特征的结合，5片花瓣，常为黄色、淡黄色或白色，大多比标准的景天属花朵略显含蓄，不会完全张开，花序顶生、侧生均有，形态也在父母本之间摇摆不定。

蒂亚 景天石莲属

× *Sedeveria* 'Letizia'

品种介绍：

王妃锦司晃和景天属的杂交后代，培育者是英国一位狂热的多肉植物爱好者Fred Wass。长长的茎部托着紧凑的莲座，叶缘可以晒得通红，是十分优秀的园艺品种。早期从韩国引入国内，广受大众喜爱。《和二木一起玩多肉》一书封面中的多肉便是它。

日照 ●●●●● 　浇水 ◊◊◊◊◊

养护习性：

对日照需求很高，想拥有红色叶片的蒂亚就必须给予其最充足的日照，稍一缺光叶片就会变绿，夏季几乎也是全绿状态。除夏季高温闷热时需要控水外，生长期可以保持浇水量，加速生长，枝干生长速度很快，继承了景天的特性，很适合老桩造型。枝干偶尔会出现变黑腐烂情况，发现后立即修剪掉重新扦插。幼苗选择松软透气的土壤，成年株可以使用疏松透气的颗粒土，更利于叶片变红。叶插成功率极高，是新手入门的首选。

成株体型：小型，易丛生。

叶形：倒卵形，叶尖外凸，顶部有尖，叶缘和脊部可能有短毛。

花形：侧生蝎尾状聚伞花序，白色花。

繁殖方式：叶插、扦插。

适合栽种位置：阳台、露台、花园。

蜡牡丹　景天石莲属

×*Sedeveria* 'Rolly'

品种介绍：

虽一度被传原始种为 *E. nuda*，但实为一起源不明的跨属杂交品种，其蜡质而肥厚的叶片和紧凑的莲座与薄叶的 *E. nuda* 区别显著。叶片形状十分奇特，叶片表面的蜡质层可以用手触摸。该品种喜欢从叶片中间长出新芽。

养护习性：

日常状态大多为绿色或者淡黄色，只有日照充足时才会整株转变为金黄色。对日照需求多，水分需求少，浇水可根据状态判断，发现叶片变软即可少量浇水。非常容易感染介壳虫，日常管理时要重点检查。新叶片会从老叶片中间挤出生长，后期会长得很密集，可以适当掰掉一部分叶片让枝干的通风性更好。

成株体型：小型，易丛生。

叶形：倒卵形，微内卷，叶尖渐尖，顶部有红尖。

繁殖方式：叶插、扦插。

适合栽种位置：阳台、露台。

日照 ●●●●● 　浇水 ◇◇◇◇◇

蓝色天使 景天石莲属

× *Sedeveria* 'Fanfare'

日照 ●●●●● 浇水 ◆◆◆◇◇

品种介绍：

身世不明的神秘品种，一开始被认为是风车石莲，但后来因花形的特征被更正为景天石莲。叶片较薄弱，属于嫩绿色，在组合盆栽中常会很显眼。枝干木质化后作为老桩盆景也十分具有观赏性。

养护习性：

对日照需求较多，日照不足时叶片会往下塌，且整株进入一种病态生长，时间过长容易感染各种病害而死亡。在日照强烈、温差较大时，叶片会从嫩绿色转变为粉红色。对水分需求不多，叶片的新老交替速度较快，底层枯叶不需要经常清理。叶片较脆弱，触碰就会掉落，所以尽量不要去碰它，换盆时也要十分小心才行。土壤使用颗粒砂质土状态会更好。

成株体型：中小型，易群生。

叶形：狭长的倒卵形，叶尖外凸，顶端常常微折。

花形：蝎尾状花序，可腋生或顶生，黄色钟形花。

繁殖方式：叶插、扦插。

适合栽种位置：阳台、露台。

柳叶莲华 景天石莲属

×*Sedeveria* 'Hummelii'

品种介绍:

乙女心和静夜的杂交后代,果冻色肉嘟嘟的叶片聚成紧实的莲座,堪称集景天属和拟石莲属的优点于一身,处处都是萌点。组合盆栽与老桩盆景的首选品种。

日照 ●●●●● 　浇水 ◗◗◗◗◗

养护习性:

对日照需求很高,只有充足的日照才能够将叶片晒出金黄色,日照不足时叶片很快就会变绿,并且徒长迅速,容易进入亚健康状态。对水分不是很敏感,生长期正常浇水,夏季高温时适当控水即可。枝干容易突发性变黑腐烂,发现后需要立即切除,保持良好的通风可以避免这种情况。叶片的新老代谢速度也很快,所以不用在意叶片上的小伤疤。该品种喜欢疏松透气的颗粒土。

成株体型:小型,易群生。
叶形:椭圆形或倒卵形,半圆柱状,叶尖外凸,顶部有钝尖。
花形:侧生伞房花序,黄色花。
繁殖方式:叶插、扦插。
适合栽种位置:阳台、露台。

马库斯 景天石莲属
× *Sedeveria* 'Markus'

日照 ●●●●● 　浇水 ♦♦♦

品种介绍：

杂交品种，长长的茎部顶着紧凑的莲座，春秋季节叶缘可以晒得通红。颜色十分经典，常被用于组合盆栽，不论单头还是小群，都很适合与其他多肉植物混种在一起。利用它的习性来进行老桩塑形是非常不错的。蜡质的叶面很有质感，生长习性也很强健，繁殖能力强，是目前最流行的品种之一。

养护习性：

对日照需求非常高，虽然看着很美，但家中日照不足的话只能养出绿色的马库斯。容易生长出气根，只要枝干健康不需要理会。枝干上也很容易感染介壳虫，一定要及时清理，不然很容易引起烟煤病而整株变黑腐烂。由于继承了景天的习性，个头容易拔高生长，并不是徒长。幼苗期或枝条生长期保持土壤湿润，特别是生长季节一定不能断水，等长到自己满意的大小后，将土壤换成透气性较好的颗粒土，并减少浇水进行控型，一盆属于自己完美的马库斯盆景就完成了。

成株体型：小型，易丛生。

叶形：狭长的倒卵形，叶尖外凸。

花形：伞房状的聚伞花序，白色或淡黄色花。

繁殖方式：叶插、扦插。

适合栽种位置：阳台、露台。

马萨林 景天石莲属

品种介绍:

一个长茎上面顶着小巧紧凑的莲座的品种,春秋季节叶缘可以晒红,平时则呈现墨绿色。第一次见到是在韩国,深绿色的叶片看起来十分有特点,晒红后反而没有健康的绿色好看。

养护习性:

想达到图片中的状态需要保持长时间的日照才行,不过即使不需要太多日照也能长得很美。但不能置于过度缺光的环境中,否则叶片会变得很脆弱,且容易断裂。生长速度很快,易成老桩,春秋生长期可以大量浇水,但炎热的夏季要适当控水,闷湿的环境下比较容易腐烂,相比其他同类更弱一些。它的繁殖能力强大得惊人,叶插能够达到100%成功,是新手练手的首选。

成株体型:中小型,易丛生。

叶形:倒卵形,叶尖外凸或渐尖,顶部有红尖。

繁殖方式:叶插、扦插。

适合栽种位置:阳台、露台。

日照 ●●●●○　　浇水 ◆◆◆◇◇

日照 ●●●●● 　　浇水 ◊◊◊◊◊

密叶莲　景天石莲属

× *Sedeveria* 'Darley Dale'

品种介绍：

起源不明的杂交品种，可能为黄丽的后代，顶部莲座紧实，叶缘和背面均可晒红。也被称为"达利"，叶型很有特点，像褶皱起来的书本一样。特别容易群生，并且很密集地生长在一起，谓之密叶莲可见其密集程度。适合制作老桩盆景。

养护习性：

对阳光需求较高，日照不足时叶片呈绿色，并且徒长后会亚健康生长，变得很脆弱。枝条生长迅速，叶片的新老交替也很快，常见底层叶片干枯掉落，属于自然代谢，不用担心。几乎一年四季都可以正常浇水，生长期给足水分会长得更快。也是比较容易感染介壳虫的品种。土壤选择透气性良好的颗粒土叶片更容易变红。老桩很容易长出气根，属于品种特性，无须担心。

成株体型：小型，易群生。

叶形：倒卵形，新叶微内卷，叶尖外凸，顶部有尖。

花形：侧生的聚伞花序，淡黄色花。

繁殖方式：叶插、扦插。

适合栽种位置：阳台、露台。

木樨景天、木樨甜心 景天石莲属
× *Sedeveria* 'Blue Lotus'

日照 ●●●●● 浇水 🌢🌢🌢 🌢 🌢

品种介绍：

市面上所售的木樨景天并非原始种 *S.suaveolens*，而是该原始种与月影的杂交后代。*S.suaveolens* 靠走茎繁殖，而木樨景天与月影一样通过爆侧芽分头。外型看起来像极了拟石莲属，而花朵却保留了景天属的特征。

养护习性：

生长习性与虹之玉相似，害怕闷湿的环境，但不怕热，叶面同样拥有白色的蜡质粉末。日照充足、温差较大的环境下会转变为粉色。夏季炎热时需要严格控水，春秋生长季节保持土壤湿润即可。采用颗粒比例稍大的砂质土壤。叶芯容易因介壳虫而感染烟煤病，破坏中心叶片，影响美观与生长，日常管理要注意检查。

成株体型：中小型。

叶形：倒卵形，叶尖外凸或渐尖，顶部有尖。

花形：聚伞花序，白色花。

繁殖方式：叶插、扦插。

适合栽种位置：阳台、露台

喷珠　景天石莲属

× *Sedeveria* 'Jet Beads'

品种介绍：

古紫与珊瑚珠的杂交后代，仿佛深色版的姬胧月。小巧的个头与深巧克力色非常适合做组合盆栽中的素材。单盆栽培老桩后会像新玉缀一样垂吊下来，可作为吊兰栽培。

养护习性：

习性与姬胧月非常相似，相比之下喷珠叶片更细小圆润。充足的日照能让叶片颜色更深，甚至变成黑色。生长迅速，很容易长长，可当作吊兰栽培。如果想加速养出老桩效果可以先减少日照时间，使其徒长后再慢慢增加日照塑形。对水分需求可根据自己想要的形态调整，想迅速生长就多浇水，想控型出状态就少浇水。一年四季都可以生长。叶插成功率很高，叶片掰下来随便一撒便能出芽。

成株体型：小型，易群生。
叶形：近椭圆形，叶尖急尖或微凸。
花形：黄色花。
繁殖方式：叶插、扦插。
适合栽种位置：阳台、露台。

日照 ●●●●● 　　浇水 ◊◊◊◊◊

千佛手 景天石莲属

×*Sedeveria* 'Harry Butterfield'

品种介绍:

某景天属原始种和静夜的
杂交后代,虽然完全看不
出静夜的影子,却也不失
为一个对新手很友善的品
种,生长迅速,皮实好养。
从外形上看像是景天属,
习性也完全继承了景天的
特点,适合吊盆栽培。
是国内最常见的多肉植物
之一。

日照 ●●● ● ● 　浇水 ◊◊◊ ◊ ◊

养护习性:

习性与景天属新玉缀相似,对日照需求不多,
散光环境下徒长一点更适合作为吊兰栽培。
枝干生长迅速,幼苗初期根系爆发前少量浇
水,待根系长好后可以大量浇水。缺水时叶
片会呈现褶皱状态,十分明显。比较耐高温,
夏季只要通风好就可以正常浇水。与其他垂
吊型景天不同,千佛手更容易感染介壳虫,
要经常检查。叶片容易发生变异,偶尔会出
现生长畸形的叶片,属于自然变异现象。

成株体型: 小型,易群生。
叶形: 椭圆形或线形,叶尖外凸。
花形: 橙色花或淡黄色花。
繁殖方式: 叶插、扦插。
适合栽种位置: 阳台、露台、花园。

群月冠 景天石莲属

× *Sedeveria* 'Spring Jade'

品种介绍:

起源不明的杂交品种,非常容易形成群生和垂吊,春秋季节叶片可以晒得泛红。特点是卷包的叶片,就像一条条松果被串起来一样。可以看成小叶版的"格林",适合作为吊兰栽培或用作大型组盆底层中。

养护习性:

习性相比其他同类更脆弱,闷湿的环境下很容易腐烂,换盆修根栽种时也容易因伤根引起化水,日照不足时整株会变绿,叶片会松散易掉落。虽然感觉就像领回家一个"病号",不过只要家里日照充足,每天接受长时间阳光照射后会强壮很多。对水分较敏感,除幼苗期需注意补水外,成株浇水一定要严格把控,一个月浇两三次即可。土壤中加入部分粗砂也会让根系更加健壮。

成株体型: 小型,易群生。

叶形: 倒卵形,叶尖外凸,顶部有红尖。

繁殖方式: 叶插、扦插。

适合栽种位置: 阳台、露台。

日照 ●●●●● 　浇水 ♦♦♦♦♦

树冰 景天石莲属

× *Sedeveria* 'Soft Rime'

品种介绍:

玉珠帘与拟石莲属的杂交后代,茎部直立生长,淡绿色被薄霜的叶片沿着长长的茎部生长,仿佛松树被霜。形态与千佛手相似,但要小很多,又比新玉缀大很多,有时容易弄混。易群生,长起来后非常不错。

养护习性:

对日照的需求不高,除非为了追求整株粉红色,可以给予充足日照。如果只是健康生长,保持每天 3~4 小时日照就足够了。继承了拟石莲花属的特点,生长速度慢,所以要想长出垂吊状态是需要花很多时间的。一年四季保持正常浇水即可,少有虫害,对土壤要求也不高,适合入门尝试。

成株体型: 小型,易群生。

叶形: 椭圆形或卵形,叶尖微凸,顶部有钝尖。

花形: 侧生或顶生的伞房花序,黄色花。

繁殖方式: 叶插、扦插。

适合栽种位置: 阳台、露台。

日照 ●●●●● 浇水 🌢🌢🌢🌢🌢

香草比斯 景天石莲属

× *Sedeveria* 'Pudgy'

日照 ●●●●● 浇水 🌢🌢🌢🌢🌢

品种介绍：

疑似劳尔与静夜的杂交后代，宽而厚的叶子组成圆圆的莲座。早期在国内属于比较昂贵的品种，目前已经十分大众化了。容易群生，作为单独盆景是非常不错的。单株叶形与红边也十分讨喜。命名高格调，它的美浓郁芬芳如香草拂面。

养护习性：

对日照需求较高，充足的日照才能将叶片晒出红边，并且叶片也会变红。日照不足时叶片常为白绿色，叶形变得更松散。容易掉叶，尽量不要触碰。老桩移栽时一定要保护根系，一旦出现损伤，枝干很容易感染变黑，发现感染迹象后要立即切除，不然很快会传染蔓延。夏季高温时也容易感染病害，需要加强通风并时常检查。土壤选择透气性较好的颗粒土最佳。

成株体型：中小型，易群生。

叶形：倒卵形，叶尖圆形，顶部钝尖。

花形：侧生的聚伞圆锥花序，黄色或白色花。

繁殖方式：叶插、扦插。

适合栽种位置：阳台、露台。

紫丽殿 景天石莲属

×*Sedeveria* 'Blue Mist'

品种介绍:

古紫的杂交后代，Uhl 教授的作品，有着比古紫更圆润可爱的株型，尖长肥厚的叶片看起来像手指一样。暗紫的颜色也很有特点，是组合盆栽中不错的素材。

养护习性:

对日照需求较高，日照不足时叶片松散容易脱落。幼苗或成株栽种初期土壤表面不适宜铺过大的石子，容易造成根系无法生长而化水的情况。生长速度较慢，老桩需要多年才能养成。根系稳定后可正常浇水，一年四季都不需要断水。初期土壤中颗粒比例一定不能过高，保持在 50% 以下最佳。发现健康叶片突然掉落或底部叶片化水的情况要第一时间挖出，彻底晾干后再重新栽种。

成株体型: 小型。
叶形: 狭长的椭圆形或倒卵形，叶尖外凸。
花形: 聚伞花序，紫红色钟形花。
繁殖方式: 叶插、扦插。
适合栽种位置: 阳台、露台。

日照 ●●●●● 　浇水 ◊◊◊◊◊

风车景天属 | ×*Graptosedum*

　　风车草属与景天属的杂交属，普遍有着景天属"长脖子"的血统，而莲座部分则更肖似风车草，只不过高度较高。在花的方面，风车景天属更多地继承了景天属那种黄色或白色星状花，但雄蕊在成熟时会像风车草属一样向外弯折。风车景天属的多肉都有着易徒长的倾向，需要适当控水，提供充足的光照，每隔 2~3 年砍头重植。

姬胧月　风车景天属

× *Graptosedum* 'Bronze'

日照 ●●●●○　浇水 ♦♦♦○○

品种介绍：

胧月与珊瑚珠的后代，从黄色花上可以看出明显的景天属血缘特征。席卷全球的经典园艺品种，生长迅速，易于繁殖，红宝石一样的叶片十分惹人喜爱。也是用于组合盆栽里常备素材之一。

养护习性：

可选全日照或半日照栽培，日照充足时叶片会变红，日照不足时叶片会慢慢变绿，颜色的转变非常快，在温差较大的春秋季节只需要两三天就可以完成变色过程。平均一周左右浇一次水最佳，生长期保持土壤湿润会长得很快。叶片微甜，是介壳虫和玄灰蝶喜爱的品种，发现后要立即处理。除腐叶土（主要是国内的腐叶土里病菌太多）或黄泥外，其他各种土都很好养活。叶插成功率极高，适合新手入门，强烈推荐。

成株体型：小型，易群生。
叶形：倒卵形，叶尖微凸或渐尖。
花形：聚伞圆锥花序，黄色花。
繁殖方式：叶插、扦插。
适合栽种位置：阳台、露台、花园。

姬秋丽 风车景天属

× *Graptosedum* 'Mirinae'

品种介绍：

小巧可爱的果冻色品种，皮实强健，养起来十分有成就感。比丸叶姬秋丽更小，叶片也更窄。叶片十分容易掉落，尽量不要用手触碰。也是组合盆栽里常用的素材，其粉色调的叶片与其他品种搭配在一起十分显眼。

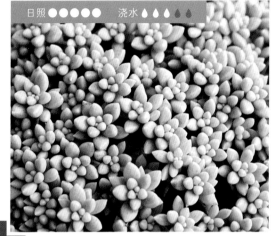

日照 ●●●●● 浇水 🌢🌢🌢🌢🌢

养护习性：

日常养护一定要放在日照最充足的南面，一旦缺光徒长起来会变得很难看，不但叶片会变绿，枝条也会完全变形。推荐选择宽口浅盆栽种，土壤为颗粒质砂土，能够使姬秋丽进入最佳状态。如果选择高盆老桩垂吊出造型，需要用弱光养徒长后再慢慢增加日照时间让枝干木质化。叶插成功率极高，可以尝试掰一盒叶片撒在育苗盒里，经过一年生长就会变成满满一盒。

成株体型： 单头 3cm 以下，易群生。

叶形： 倒卵形或椭圆形厚叶，最宽处约 5mm，叶尖外凸。

花形： 聚伞花序，白色花带少量红点。

繁殖方式： 叶插、扦插。

适合栽种位置： 阳台、露台。

加州落日　风车景天属

× *Graptosedum* 'California Sunset'

品种介绍：

桃之卵与铭月的后代，叶片为倒卵形，强日照下为红色。国内被误当作"铭月"出售许多年，应仔细鉴别。是非常不错的园艺品种，不论在国内外都是花园的主导力量，特有的鲜艳橘黄色十分抢眼，是组合盆栽里常用的素材之一。

日照 ●●●●○　浇水 ◐◐◐◐◐

养护习性：

习性十分强健的常见品种。日照充足的环境下叶片才会转变为橘黄色，日照过强时还会变红，而日照较弱就会变绿。枝干生长迅速，生长季节保持土壤湿润会使其长得很快，如果拿捏不好浇水尺度可以观察叶片，褶皱变软后就浇透一次。夏季也不需要断水，耐热。土壤选择松软的泥炭土或颗粒质砂土都能养得很好。叶插成功率也非常高，新手入门必选。要注意，它是介壳虫钟爱的品种之一。

成株体型： 中小型，易群生。
叶形： 倒卵形，叶尖外凸或急尖。
花形： 聚伞圆锥花序，白色花。
繁殖方式： 叶插、扦插。
适合栽种位置： 阳台、露台、花园。

秋丽 风车景天属

× *Graptosedum* 'Francesco Baldi'

日照 ●●●●◐　　浇水 ◊◊◊◊◊

品种介绍：

胧月与乙女心的后代，因兼具父母本的部分特点，叶片呈狭长的椭圆形。是国内常见的经典品种，组合盆栽中的常用素材之一，适合用于小型景观。

养护习性：

日照充足时叶片会转变为粉色，在长江以南地区露养状态会更好，放在玻璃窗后颜色会变得暗淡一些（有色玻璃会阻隔部分紫外线）。对水分需求相对多一些，平均一周浇一次水即可。枝干生长迅速，修剪一次后会从切掉的位置长出许多新芽，然后慢慢长成一个球型。叶插存活率很高，是新手入门的首选品种，强烈推荐。

成株体型： 中小型，易群生。

叶形： 椭圆形或倒卵形，叶尖微凸。

花形： 聚伞圆锥花序，黄色花。

繁殖方式： 叶插、扦插。

适合栽种位置： 阳台、露台、花园。

小美女　风车景天属

× *Graptosedum* 'Little Beauty'

日照 ●●●●● 　浇水 ◐◐◐◊◊

品种介绍：

果冻色的小巧品种，结合了景天属和风车草属的优点，虽小却美出了新境界。适合用于小盆栽造型，艳丽的橘黄色非常适合作为组盆素材使用。

养护习性：

只有在日照充足、温差较大的环境下才会变成橘黄色。叶片上色对环境要求较高，常见为绿色。日常管理可以适当控水，每次少量浇水保证植株不徒长。阳光不足的情况下徒长起来也是非常迅速的，也可以利用这种方式制造老桩。一年四季不需要断水，夏季耐热，习性很不错。叶片虽小，叶插存活率却很高，单头扦插生根速度稍慢一些，需要耐心等待。

成株体型：小型，易群生。
叶形：倒卵形，叶尖急尖或微凸，顶部有短尖。
花形：淡黄色或白色花。
繁殖方式：叶插、扦插。
适合栽种位置：阳台、露台。

厚叶景天属 | × *Pahcysedum*

　　厚叶草属与景天属的杂交属。与其他杂交属相比，这个属的成员有些稀少，在国内略有种植的更是只有红手指一种。厚叶景天的外表像是叶子更厚一些的景天属成员，花则是景天属的花形，但因其巨大的花萼而难以完全开放。

红手指 厚叶景天属

× *Pachysedum* 'Ganzhou'

品种介绍：

起源不明的杂交品种，肉肉的叶片好像手指一般，晒红后尤为可爱。在韩国十分常见，后被引入国内，其外形与颜色很具特点，生长习性非常适合制作老桩盆景。

养护习性：

对日照需求很高，也可利用在散光环境下生长迅速的特点来塑形，待枝干长到合适的长度后再慢慢增加日照时间。对水分需求并不多，正常养护10天左右浇一次水即可，老桩木质化后可以一个月浇一两次水。叶片较容易掉落，日常拿放时尽量不要碰到叶片。

非常容易叶插，是很适合新手入门的品种。

成株体型：小型，易群生。
叶形：椭圆形或倒卵形厚叶，叶尖圆形。
花形：蝎尾状聚伞花序，粉色花。
繁殖方式：叶插、扦插。
适合栽种位置：阳台、露台。

日照 ●●●●● 　 浇水 🌢🌢🌢🌢🌢

美丽莲属 | *Tacitus*

　　一个单品种的属，其下仅有美丽莲一个物种，可以与墨西哥的景天科族群杂交，养护模式也极为相似。

美丽莲 美丽莲属

Tacitus bellus

品种介绍：

曾被认为属于风车草属，但其开花形式与风车草属相差较大，故专门为其设立了美丽莲属。称之为美丽莲并不是因为它的叶形与颜色美，其自身看起来甚至一点特点都没有，但开花时你会发现，原来丑小鸭变天鹅说的就是这个过程。它拥有在景天科里极其罕见的靓丽花朵，其美丽动人，确实名不虚传。

日照 ●●●● 浇水 ◊◊◊

养护习性：

对日照需求不高，充足的日照能够使整株变红，其实红与不红都不会太好看，重点是开花，所以养护时保证健康就可以啦。对水分需求也不多，群生后一个月浇两三次水。很容易群生，挤在一起后完全看不见内部的情况，所以很容易被介壳虫感染，要定期检查并喷药。不然等到发现虫害爆发就为时已晚了。土壤表层采用疏松透气的基质，更利于扎根，下层使用颗粒土效果会很好。

成株体型：小型，较易群生。
叶形：倒卵形，叶尖渐尖，顶部有短尖。
花形：聚伞圆锥花序，红色花。
繁殖方式：分株扦插、播种、叶插。
适合栽种位置：阳台、露台、花园。

爱染草属 | *Aichryson*

　　分布于西班牙加那利群岛，与莲花掌属亲缘关系很近，样貌也有些相似，甚至同样有着夏季落叶休眠的习性，但总体比莲花掌植株偏矮，茎部也更纤细。爱染草属的花序顶生，是形状较为松散的圆锥花序，偶尔也呈伞房状，开花后莲座就会死亡，需及时处理花序。作为一个后成立的属，爱染草的许多特征和习性仍有待进一步研究。

爱染锦、墨染　爱染草属
Aichryson ×aizoides

日照 ●●● ○ ○　　浇水 ◊ ◊ ◊ ◊

品种介绍：

爱染草属内杂交后代的锦化品种，中小型灌木类多肉，夏季休眠明显。叶形与枝干近似莲花掌属，常被误认为是法师一类。从命名可以看出它有多么容易出锦，同株锦斑分布不均。适合于小型灌木组合盆栽，我国长江以南地区可在花园内地栽。

养护习性：

除夏季需要适当遮阴外，其他季节可以全日照。生长期需要频繁浇水，夏季高温时一个月少量浇一两次水即可。新老交替很快，不用在意叶片偶尔被虫子咬伤或碰伤，不健康的叶片很快就会被消耗代谢。类似莲花掌属开花，从叶片中心伸出花箭，可以将花箭剪去，否则开花后开花枝条会枯死。喜欢颗粒砂质土壤，配土中应当减少泥炭土的使用比例。

成株体型： 小型，易群生。
叶形： 倒卵形，叶尖外凸，轻微被毛。
花形： 黄色花。
繁殖方式： 扦插。
适合栽种位置： 阳台、露台、花园（冬季5℃以上的地区）。

莲花掌属 | *Aeonium*

  莲花掌属是黑法师这一新手必入品种所在的属，也是深受资深玩家青睐的山地玫瑰所在的属，在景天科多肉中非常有辨识度。它们的叶片相对于其他多肉显得略薄，叶缘带有细密的纤毛，且多有粉色、红色或黄色的斑锦为叶片增色。其顶生的巨大花序大多成球形、半球形或圆锥形，开花虽然壮观，但开花后莲座就会死亡，必须及时剪掉花序。季节性变化也是这个属的特点和卖点，一些高茎的品种在炎夏会掉落叶片休眠，而山地玫瑰则会变身成最美好的玫瑰状、酒杯状或者包成鸡蛋状。

  这个属主要分布在加那利群岛，在摩洛哥和东非也偶有出现，与爱染草属、魔南属和长生草属有很近的亲缘关系，甚至莲花掌属的模式物种都曾被归入长生草属。但与美洲那些关系混乱的景天不同，莲花掌属不能跨属杂交，也不能叶插繁殖。

百合丽莉 莲花掌属

Aeonium 'Lily Pad'

日照 ●●●●● 浇水 💧💧💧💧

品种介绍：

与其他莲花掌不同，它的叶片肥厚圆润。休眠期时也会像其他同类一样卷起叶片，像绿色绣球花一样的莲花掌，兼具美貌和健壮的体格，成长与分头迅速。从韩国引入，目前较为常见。

养护习性：

习性比其他莲花掌更加强健，对日照需求更多，水分需求稍微少一些。在日照充足、温差较大的环境下，叶片还会转变为金黄色。容易长出枝干，生长迅速，适合单盆造型。生长期要保持土壤湿润，夏季休眠期则需要严格控水甚至断水。同时在炎热的夏季，叶片上还容易长出许多小痘痘，秋天来临凉爽后又会自愈，不需要过多担心。

成株体型： 小型，易丛生。

叶形： 倒卵形，叶尖外凸，顶部有尖。

繁殖方式： 扦插。

适合栽种位置： 阳台、露台、花园。

棒叶小人祭 莲花掌属
Aeonium sedifolium

品种介绍：

原始种，莲花掌属里的异类，名字的意思是"像景天属一样的叶子"。与小人祭非常相似，这个品种的叶片更圆润短小一些，叶片颜色更容易晒出金黄色。

养护习性：

习性上与小人祭差不多，夏季高温时比其他莲花掌要更耐热，叶片的新老交替很快，所以发现叶片上有伤疤或者不健康不用太过担心，不健康的叶片很快就会被代谢掉。除夏季外其他三个季节可以正常浇水，保持生长。枝干生长很快，适合单盆小景。开花时注意剪掉花箭，不然开花株很容易死亡。叶片上有黏液，容易沾灰，可以采用喷壶喷水的方式清洗。

成株体型：微型，易丛生。
叶形：倒卵形或椭圆形，半圆柱状，叶尖外凸。
花形：聚伞圆锥花序，黄色花。
繁殖方式：扦插。
适合栽种位置：阳台、露台。

日照 ●●●●○　浇水 ◆◆◆◆◇

日照 ●●●●● 浇水 ♦♦♦♦♦

盃莲 莲花掌属
Aeonium glandulosum

品种介绍:

原始种，休眠时莲芯合拢为杯状，部分老叶仍摊开。生长期叶面展开与明镜十分相似，整个叶面呈平面形态，非常有特点。原生地主要位于高山悬崖峭壁之上，国内见到的大部分由播种而来。

养护习性:

可全日照或散光栽培，对阳光需求不高，但也不害怕强光。夏季高温时休眠特别明显，不需要浇水，一定要断水、通风并适当遮阴。秋天开始凉爽后恢复浇水，植物也开始恢复生长。根系能够长得很长，可以使用较深的花器栽培。推荐使用较保水的陶瓷花盆或塑料花盆，尽量不要用红陶盆这类透气性过好的花器，不容易把握浇水时机。

成株体型: 大型。
叶形: 倒卵形，叶尖外凸或圆形，顶部有尖。
花形: 聚伞花序，淡黄色花。
繁殖方式: 播种、扦插。
适合栽种位置: 阳台、露台。

冰绒 莲花掌属

Aeonium 'Ballerina'

品种介绍:

起源不明的园艺品种,疑似香炉盘的杂交后代,名字来源于其叶片上长有黏黏的绒毛,叶缘带白锦,逆光环境下就像一层由冰做成的白色绒毛。可以生长得很大,适合单株老桩造型。叶面带绒毛的莲花掌并不多见,属于异类。

养护习性:

对日照需求不高,不过充足的日照能够把叶片晒出可爱的果冻黄色。夏季休眠时叶片卷包起来会非常漂亮,夏季高温期间可以少量浇水,平均 10 天左右浇一次,不能过于频繁,日照过强时还需要遮阴处理。春秋冬都是生长期,可以正常浇水,冬季栽培环境保持 5℃以上会生长得很快。土壤中加入大比例的颗粒土更利于根系生长,也更容易养出漂亮的状态。

成株体型:中小型,易丛生。

叶形:倒卵形,叶尖外凸或急尖,顶部有尖。

繁殖方式:播种、扦插。

适合栽种位置:阳台、露台、花园。

日照 ●●●●● 浇水 ◊◊◊◊◊

灿烂

Aeonium davidbramwellii 'Sunburst'

品种介绍：

大型锦化品种，单个莲座可达20cm以上，易缀化。在国外的多肉植物绿化景观中常能发现它的身影。叶面锦斑的色彩十分醒目，与黑法师混种在一起非常抢眼。

养护习性：

对阳光需求不高，夏季要遮阴。是一种非常不耐热的莲花掌，每到夏季叶片都会干枯脱落，有时甚至会掉光只剩下枝干，所以夏季基本上应处于断水状态，等秋天来临后再浇水会慢慢恢复过来。而冬季又正好是它们的生长季节，这时可以大量浇水，生长得会很迅速。土壤依旧选用颗粒比例较高的土壤，保证良好的透气性。根系可以生长得很长，可选择15~30cm高的花器栽种。

成株体型： 大型，较易丛生。
叶形： 倒卵形，叶尖渐尖。
花形： 卵形的聚伞圆锥花序，白色花。
繁殖方式： 扦插。
适合栽种位置： 阳台、露台、花园。

日照 ●●●●● 浇水 ▲▲▲▲▲

灿烂缀化 莲花掌属

Aeonium davidbramwellii 'Sunburst'

品种介绍:

灿烂的缀化变异品种。叶形完全畸形，一般属于品种控的菜，有密集恐惧症的花友就放弃吧。枝干完全木质化，呈树状，比较适合用来制作老桩盆景。

养护习性:

对高温高湿都比较敏感，属于传说中的"冬种型"。夏季高温休眠时会掉落部分叶片，属于正常代谢现象，同时也要适当控水。根系十分强大，很容易长出气根，生长季节对水分需求较多，但不可积水。如果发现枝干部分出现腐烂或变黑，要第一时间修剪掉，稍有犹豫就会蔓延开，然后整株死亡。

成株体型: 中小型，易群生。
叶形: 倒卵形，叶尖渐尖或急尖。
繁殖方式: 扦插。
适合栽种位置: 阳台、露台。

日照 ●●●●● 浇水 💧💧💧💧

法师红覆轮锦、法师锦 莲花掌属
Aeonium 'Mardi Gras'

品种介绍：

在美国加利福尼亚地区是十分常见的绿化植物，早期国内十分稀少，目前也能够通过网络或大棚购买到。是一种非常稳定的三色锦，少有返祖现象。出众的色调非常适合景观布置，长江以南地区也可以栽种在大型花盆里放到花园中露养。

养护习性：

日常管理给予充足的日照能够让叶片卷包起来，形似玫瑰。土壤中颗粒比例大一些更容易控型，且利于后期生长。春秋冬三个季节给足水分，尽量不要让植物处于脱水状态，这时会长得很快。4~6 月是其最漂亮的季节，这期间一定要给足日照，但不能暴晒。冬季栽培环境最低温度要保持在 5℃以上，不耐寒，低于 0℃ 会十分危险。另外季节交替时，一定不要冒然从屋内搬到户外露养，很容易晒伤或晒死，要循序渐进地增加日照时间。

成株体型：中型。

叶形：条形，叶尖外凸，顶部有尖。

繁殖方式：扦插。

适合栽种位置：阳台、露台、花园（长江以南地区）。

日照 ●●●●○　浇水 ◊◊◊◊◊

翡翠球山地玫瑰 莲花掌属

Aeonium dodrantale

日照 ●●●●● 浇水 ◊◊◊◊

品种介绍：

原始种，较为常见的一种山地玫瑰，易群生，休眠时非常像玫瑰花，生长期株型也不会太过松散。目前国内已经十分常见，甚至在情人节作为鲜活手捧花出售，也被誉为"可以饲养的玫瑰"。原生地位于地中海的高山地区，是一种非常耐看的绿玫瑰。

养护习性：

全年除夏季休眠明显外，其他三个季节都会持续生长，不需要强烈的日照，夏季阳光过强时需要遮阴或移到北面没有阳光的环境中。夏季休眠时枝干木质化严重，看起来甚至会被误认为已经干枯死掉。到秋末才开始恢复生长，这时一定要大量浇水，它会迅速恢复起来。土壤以透气性良好的砂质颗粒土为宜，花器可选择深一些的，利于根系生长。开花后开花株即枯死。

成株体型：小型，易丛生。
叶形：倒卵形，叶尖外凸或截形。
花形：平顶的聚伞圆锥花序，黄色花。
繁殖方式：分株扦插。
适合栽种位置：阳台、露台。

盖瑞米尔山地玫瑰、盖瑞米尔酒杯玫瑰

Greenovia diplocyclum, Guarimiar 莲花掌属

品种介绍:

产地种的山地玫瑰,休眠时叶片会卷包成玫瑰酒杯状,而到了生长期叶片慢慢展开,"酒杯"也慢慢变大,十分有趣。叶片呈现淡绿乃至嫩粉色,是十分诱人的品种。

养护习性:

喜欢柔和的光线,照射时间每天保持在 5 小时以上最佳。初夏就会出现休眠迹象,夏季高温期一定要遮阴、通风,或者直接拿到北面无阳光直射的通风处,同时断水(半个月左右微量浇一点)。喜砂质性颗粒土,但不喜全颗粒土壤,颗粒比例在 60% 左右比较合适。春秋季生长期可正常浇水,注意避开叶芯,不然水滴进去后是流不出来的,容易引起灼伤或腐烂。

成株体型:中型。
叶形:倒卵形,叶尖外凸近截形,顶部微凹。
花形:平顶的聚伞圆锥花序,黄色花。
繁殖方式:播种、扦插。
适合栽种位置:阳台、露台。

日照 ●●●●○　　浇水 ◊◊◊◊◊

黑法师　莲花掌属
Aeonium arboreum var. *atropurpureum*

日照 ●●●●◐　　浇水 ◆◆◆◐

品种介绍:

因其黑紫色的叶片而广受欢迎的园艺品种,有时也会部分褪为绿色,整株可达60~100cm以上。叶片每年从5月开始卷起,叶面变得油亮发黑,就像一朵朵黑玫瑰绽放开来,神秘而迷人,多肉爱好者必入。

养护习性:

对日照需求较高,但季节交替时要慢慢过渡增加日照时间,不然很容易引起叶片灼伤。由于自身新陈代谢较快,灼伤后的叶片也会很快掉落,所以我们需要做的是摆放在一个稳定环境中尽量不要再挪动。一年四季都可以浇水,即使是夏季休眠期也不要完全断水,可以10天左右少量浇一次水。生长期则需要更多的水分来加速枝干生长。比较容易感染介壳虫,要做好长期对抗的准备。该品种喜欢颗粒比例较大、透气的土壤。

成株体型: 中型,易丛生。
叶形: 倒卵形,叶尖外凸,顶部有尖。
花形: 卵形的聚伞圆锥花序,黄色花。
繁殖方式: 扦插。
适合栽种位置: 阳台、露台、花园。

黑法师原始种 莲花掌属

Aeonium arboreum var. *arboreum*

日照 ●●●●●　浇水 ♦♦♦♦♦

品种介绍：

黑法师原始种是所有法师系列和艳日伞的起源。叶片绿色，中间可能有棕色条纹。叶片颜色几乎不会再改变，但叶形卷起来后充满了玫瑰的影子，多年生的多头老桩更像一棵开满绿玫瑰的树状月季，叶面常会散发一种淡淡的臭味。

养护习性：

与黑法师相似，除了炎热的夏季需要适当控水外，其他季节正常浇水即可。只是生长的话对日照需求并不高，当然，如果想叶片长期保持这种玫瑰状态，除控水外，充足的日照也必不可少。同样喜欢颗粒较多、疏松透气的土壤。非常容易感染介壳虫，要经常检查，及时除虫。

成株体型： 中型，易丛生。

叶形： 倒卵形，叶尖外凸，顶部有尖。

花形： 卵形的聚伞圆锥花序，黄色花。

繁殖方式： 扦插。

适合栽种位置： 阳台、露台、花园。

黑法师锦 莲花掌属
Aeonium arboreum var. rubrolineatum

品种介绍：

虽然以"黑法师锦"为名在国内广为流传，但它实际上并不是黑法师的锦化品种，而是与其平级的另一变种。其拉丁文变种名意为"红色条纹的"，非常好地诠释了其绿底红条纹的特征。

养护习性：

对日照需求不太高，其他习性与黑法师相似，夏季高温时休眠迹象非常明显，整株叶片完全卷在一起，从原本展开的 20cm 卷成 3~4cm。所以夏季通风是最重要的，一定要保持良好的通风环境。同时浇水间隔时间也要拉长，夏季一般一个月少量浇一两次水就可以了。冬季是生长的季节，叶片会展开、长得非常凌乱，无须担心。

成株体型：中型，易丛生。
叶形：倒卵形，叶尖外凸，顶部有尖。
花形：卵形的聚伞圆锥花序，黄色花。
繁殖方式：扦插。
适合栽种位置：阳台、露台、花园。

日照 ●●●●● 浇水 ⚫⚫⚫⚫⚫

红缘莲花掌　莲花掌属
Aeonium haworthii

品种介绍:

原始种,从欧洲引入国内多年,在国内许多植物园里都能见到它们的身影。体型巨大,目前自己栽培最大叶面直径有超过40cm的。在美国加利福尼亚地区地栽露养居多,有的甚至能够长到半米大小。非常适合在长江以南地区的庭院中栽培。

日照 ●●●●●　浇水 ◆◆◆◆

养护习性:

对日照需求不太高,可散光栽培,日照不足时叶片会十分散乱,充足的日照能够让叶型卷包起来,更加美观。夏季高温时需要适当遮阴,休眠迹象也非常明显,要适当控水并通风。特别害怕闷湿的环境,对环境的突变也很敏感,比如春秋季节突然从室内搬到室外露养,叶片常常会被严重灼伤,有的甚至会直接晒死。春秋冬三个季节都是生长季,可以多浇水保持土壤湿润。花盆可以用深一些的,土壤多一些会长得更大。较容易感染介壳虫。

成株体型: 大型。
叶形: 狭长的倒卵形或条形,叶尖外凸,顶部有尖。
花形: 半球形聚伞圆锥花序,淡黄色或白色花。
繁殖方式: 叶插、扦插。
适合栽种位置: 阳台、露台、花园。

黄金山地玫瑰、金丝雀 莲花掌属
Aeonium aureum

品种介绍：

原始种，经典款山地玫瑰，生长季呈好看的浅绿色莲座，休眠时叶片会包成酒杯状甚至平顶，非常有辨识度。在夏季，样子与翡翠球山地玫瑰十分相似，但黄金山地的叶片要更大一些。

养护习性：

喜欢时间较长而温柔的日照环境，过强的阳光容易将叶片晒伤，对通风环境要求较高，通风良好的情况下日照少一些也不会影响生长。夏季高温闷热时休眠迹象十分明显，叶片卷包呈玫瑰状，这时需要遮阴、通风，并想尽一切办法降温。春秋冬都是生长季节，特别是冬季，在熬过夏季后需要到初冬时才会恢复生长。枝干容易木质化，夏季休眠时常被人误认为枯死而被丢弃，一定不要轻易放弃它。土壤中加入 60% 左右的颗粒更利于透水透气，对度夏有很大帮助。

成株体型： 中型。
叶形： 倒卵形，叶尖外凸或截形，顶部有尖。
花形： 平顶的聚伞花序，黄色花。
繁殖方式： 播种、扦插。
适合栽种位置： 阳台、露台。

日照 ●●●●● 浇水 ◊◊◊◊◊

鸡蛋山地玫瑰 莲花掌属

Aeonium diplocyclum var. *gigantea*

品种介绍：

山地玫瑰的一种，休眠时莲
芯处叶子会合拢为鸡蛋形，
因而得名。情人节的时候会
在大街小巷的花店里看到
它，近两年山地玫瑰已经成
为情人节的代表礼物之一，
在莲花掌中属于颜值较高的
类型。

日照 ●●●●● 浇水 ▲▲▲▲▲

养护习性：

对日照需求不高，夏季休眠十分明显，叶片
会完全卷包起来。天气闷热时要及时断水并
加强通风，在夏天较容易死亡。冬季是生长
的季节，叶面会慢慢展开像一个酒杯，浇水
时要避开叶芯，不然水会残留在里面引起腐
烂。土壤选用颗粒比例较大、疏松透气的最佳。
根系比较强大，花器深度选择 10~15cm 的比
较合适。开花后会整株死亡。

成株体型：中小型。

叶形：倒卵形，叶尖圆形、截形
或微凹。

花形：平顶的聚伞圆锥花序，黄
色花。

繁殖方式：播种（繁殖主要靠播
种）、扦插。

适合栽种位置：阳台、露台。

姬明镜 莲花掌属

Aeonium 'Pseudotabuliforme'

品种介绍:

一个古老的杂交品种，起源不明，但亲本之一疑似为明镜，但与独生的明镜不同，姬明镜较易形成丛生小灌木。不过地栽后叶面也会长到很大，甚至达到 20cm。叶面十分特殊，像一面镜子一样展开生长，花盆栽种后期浇水会非常头疼，地栽布景是不错的选择。

养护习性:

对日照需求并不太高，但也不要摆放在完全无光的环境中，选择口径较大的花器最佳，深度在 10cm 以内即可。对水分需求很少，特别是酷热的夏季，很容易因闷湿而导致变黑腐烂。土壤使用透气性较好的大比例砂质性颗粒土最佳，保持浇水后，水分会迅速透过土壤而不囤积在土壤之中，依靠土壤中的湿气就足够生长了。病虫害较少，主要是想要钻进叶片下很困难，因为整个叶面长开后实在无从下手。开花后会整株死亡，从叶片底部长出新的侧芽，非常有趣。

成株体型: 小型，易丛生。

叶形: 倒卵形，叶尖外凸，顶部有尖。

繁殖方式: 分株扦插。

适合栽种位置: 阳台、露台、花园。

日照 ●●●●● 浇水 ▲▲▲▲▲

镜狮子　莲花掌属

Aeonium nobile

品种介绍：

广受喜爱的原始种，金红色的叶子很有个性，且十分皮实强健。叶片与红缘莲花掌十分相似，相对前者，镜狮子的叶片更大，地栽后叶面直径甚至能够超过20cm。非常适合花园栽种或景观布置。

养护习性：

对日照需求不高，如果想晒出金红色的叶片则需要更多日照，不然则为绿色。习性非常强健，一年四季都不需要断水，夏季高温时注意遮阴通风即可。根系十分强壮，花器选择大一些的更好，深度在15cm以上最佳。土壤中粗砂颗粒的比例更大一些对根系与植物后期生长都有利。地栽则随意一些，种好后可以直接浇水，生长速度更快。冬季不耐冻。

成株体型：大型，易丛生。

叶形：倒卵形，内卷，叶尖外凸，顶部有尖。

花形：平顶的聚伞圆锥花序，花白底红纹。

繁殖方式：扦插。

适合栽种位置：阳台、露台、花园。

日照 ●●●●● 　浇水 ◆◆◆◇◆

绿茶、伊达法师 莲花掌属

Aeonium 'Bronze Medal'

品种介绍:

起源不明的一个杂交品种,据推测是棒叶小人祭的后代。特点是特别容易群生,长出满满一片后叶片卷起呈玫瑰状,金黄色的叶片十分漂亮。

养护习性:

对日照需求较多,尽量摆放在阳光最充足的地方。不过毕竟属于莲花掌属,叶片薄弱,容易晒伤,夏季也要适当遮阴。对水分较敏感,过多水分很容易烂,并且老桩木质化后容易变黑腐烂死亡,建议每次翻盆时一定要优先考虑保护根系。爆侧芽速度很快,周期在两个月左右。

成株体型: 小型,易丛生。

叶形: 倒卵形,叶尖外凸。

花形: 聚伞花序,黄色花。

繁殖方式: 扦插。

适合栽种位置: 阳台、露台。

日照 ●●●●● ○　浇水 🌢🌢🌢🌢🌢

门克 莲花掌属

品种介绍：

来源不明的品种，叶子常年呈嫩绿色，单头较小，可以形成大株丛生。典型的手捧花系列，单头平展开生长，看不出太多特点，但养出枝干后，枝头很容易长出一个球型，老桩造型非常不错。

养护习性：

属于较脆弱的莲花掌，一言不合就变黑腐烂，充足的日照环境能够使植物更加强壮，日照不足则很容易生病。叶片大部分时间为绿色，在温差较大的环境里，严格控水后叶片卷包起来，也能转变为橘黄色。枝干生长迅速，叶片新老交替很快，要及时清理干枯的叶片，不然介壳虫很容易乘虚而入，感染枝干。除夏季休眠需要适当控水外，其他季节可以正常浇水。土壤中颗粒比例不应超过60%。

成株体型：中小型，易丛生。

叶形：倒卵形，叶尖急尖。

繁殖方式：扦插。

适合栽种位置：阳台、露台。

日照 ●●●●○　浇水 💧💧💧💧💧

明镜 莲花掌属

Aeonium tabuliforme

品种介绍:

"短脖子"的原始种,莲座表面扁平如镜,因而得名,直径最大可达 40cm。是一种非常奇怪的莲花掌,长大后浇水十分困难,因为叶片展开成一个平面会遮挡住花盆,所以地栽是最方便的。

养护习性:

对日照需求不多,可散光栽培。过强的日照容易造成晒伤,怀疑远离原生地后已经失去了在野外的野性(在原生地是非常喜欢强日照的)。对水分较为敏感,特别是夏季,一定要作断水处理。浇水稍微多一点就会腐烂。在原生地基本都长在高原悬崖上,对通风条件要求也很高。从中心开花,开花后会整株死亡。

成株体型: 大型。

叶形: 倒卵形,叶尖外凸,末端有短尖,叶缘有短绒毛。

花形: 聚伞花序,白色或淡黄色花。

繁殖方式: 播种、分株扦插。

适合栽种位置: 阳台、露台、花园。

日照 ●●●●● 　浇水 ▲▲▲▲▲

墨法师 莲花掌属

Aeonium arboreum 'Zwartkop'

品种介绍：

起源不明，在荷兰一处苗圃里偶然发现并培育的一个园艺品种，比黑法师颜色更深，叶片细长、个子高、莲座大。其墨黑色的叶片是中文名字的由来，广受大众喜爱，是目前最常见的流行品种之一。与黑法师搭配栽种在一起也很有意思。

日照 ●●●●◐　　浇水 ♦♦♦♦◐

养护习性：

对日照需求较高，阳光不足时叶片会坍塌下来，整株也会越来越不健康。对水分需求较多，特别是春秋冬生长期，保持土壤湿润会使枝干生长更快。虽然夏季高温时会休眠，不过不建议断水，10~15天左右少量浇一次水会更好。作为老桩栽种盆景非常不错。该品种喜欢透气性好、大比例颗粒砂土。较容易感染介壳虫，日常需要多注意检查。

成株体型： 中型，易丛生。
叶形： 倒卵形，叶尖渐尖。
花形： 卵形的聚伞圆锥花序，黄色花。
繁殖方式： 扦插。
适合栽种位置： 阳台、露台、花园。

清盛锦、艳日辉 莲花掌属

Aeonium howarthii 'Dream Color'

品种介绍：

不似其他柔弱的锦化多肉，清盛锦十分稳定，可谓非同一般地皮实强健，哪怕是新手也能在半年或一年内从单头养成小灌木，春秋季节红、黄、绿三色的叶片十分具有观赏性。多肉爱好者家中必备的品种，适合与黑法师组合栽种在一起。

日照 ●●●◐○　　浇水 ◐◐◐◐○

养护习性：

只追求健康生长的话并不需要太多日照，半日照栽培即可。也可以完全露天栽培，会表现出另一幅模样。夏季高温与季节交替时要注意遮阳，否则很容易灼伤。不过自身叶片新老交替速度很快，受伤的叶片很快也会被消耗掉落。枝干生长很快，容易长出侧枝，适合单盆栽种，会呈现出不错的盆景效果。多年生老桩的锦斑也比较容易退化，返祖回正常品种。对水分需求很高，特别是春秋生长季节要大量浇水。夏季可以一个月少量浇水两三次。

成株体型： 小型，易丛生。
叶形： 倒卵形，叶尖外凸或渐尖。
花形： 聚伞圆锥花序，白色花。
繁殖方式： 扦插。
适合栽种位置： 阳台、露台、花园。

桑氏莲花掌 莲花掌属
Aeonium saundersii

品种介绍:

小巧玲珑的原始种,休眠时像满树的葡萄珠,也常被称为"橄榄球玫瑰",十分可人。在莲花掌家族中属于个头非常小的,与小人祭差不多。适合用小盆栽种制作老桩盆景。

养护习性:

健康生长对阳光需求并不是很高,也可散光栽培,但阳光不足时叶片很难卷包起来。虽然大部分时间叶片都是绿色,但在日照充足、温差较大的环境下也能变红。夏季休眠十分明显,要注意遮阴、通风、控水。春秋生长期可以猛浇水,甚至浸盆都没问题。发现枝干萎缩后要立即浇水,如果几天后还未恢复,多半是根系枯死,需要重新修剪扦插才行。土壤中颗粒比例大一些更好。

成株体型: 小型,易丛生。
叶形: 倒卵形,叶尖外凸或圆形。
花形: 聚伞花序,黄色花。
繁殖方式: 播种、扦插。
适合栽种位置: 阳台、露台。

日照 ●●●●○　　浇水 ♦♦♦♦♦

韶羞 莲花掌属

Aeonium 'Blushing Bueaty'

日照 ●●●●○　浇水 ◌◌◌ ◌◌

品种介绍：

墨法师与另一绿叶莲花掌的杂交后代，却奇妙地得到了粉红色品种。紫羊绒的姊妹品种，区别在于韶羞的叶色较淡，如光照不足会呈现绿色。叶形与玫瑰近似，是不错的园艺品种。制作老桩盆景的优选品种，非常具有观赏性。

养护习性：

对日照需求较多，日照不足则完全不能展现出它的美，充足的阳光会让叶片从绿色、粉色再渐变到古铜色。夏季休眠时叶片卷包，颜色仍为古铜色，就像一朵朵古铜色玫瑰。夏季可以全日照，不过需要多通风，微量浇水。生长比较迅速，春秋冬三季都是生长季节，叶片的新老交替也很快。尽量保持土壤中有一定湿气，土壤以大比例的颗粒土为佳。如果发现土面以上的枝干气根过多、枝干萎缩时则需要警惕，有可能是土里的根系与枝干感染枯死，需要及时挖出修剪清理。

成株体型： 中型，易丛生。

叶形： 倒卵形，叶尖外凸或圆形，顶部有尖。

繁殖方式： 扦插。

适合栽种位置： 阳台、露台、花园。

铜壶　莲花掌属

日照 ●●●●● 　浇水 ◆◆◆◆◆

叶色黝黑的品种，叶色如墨且有丝绒质感。与黑法师相似，叶片颜色更深。在美国加利福尼亚地区属于常见绿化植物，大家平时看到的许多加利福尼亚黑法师实际就是铜壶。从外形上，铜壶更胜一筹，制作成老桩盆景会十分惊艳。

养护习性:

对日照需求较高，日照充足时叶片才会转变为红墨色。夏季叶片会褪色，转变回绿色。春秋冬三季既是生长期也是状态最佳的时期，要浇水但也要控量，这样既能生长又能保持酷酷的状态。浇水周期保持在 10 天左右一次即可，每次浇水量不要过大。土壤依然选择颗粒比例较大的，花器可以选择深度 15cm 以上的，利于后期生长。

成株体型: 中型。

叶形: 倒卵形，叶尖外凸，顶部有尖。

花形: 聚伞圆锥花序，黄色花。

繁殖方式: 扦插。

适合栽种位置: 阳台、露台、花园。

万圣节、红心法师 莲花掌属

品种介绍：

红彤彤的新品种，很有辨识度，在美国加利福尼亚地区是十分常见的绿化带品种，卷包起来的叶形可以用完美来形容。不过相比其他莲花掌，万圣节的枝干不容易长高，属于短小型，做手捧花是非常不错的选择。

日照 ●●●●● 　浇水 ◊◊◊◊◊

养护习性：

对日照需求很高，一缺阳光就变绿、"摊大饼"，充足的阳光不但能够让叶形卷起来，对上色也很重要。习性也非常不错，很适合地栽，长江以南地区可以考虑在花园中栽培。属于矮桩型，布景时可以种植于花园转角处或较大的石缝中。初期生长对水分需求较多，老桩一个月浇一两次水叶片也不会有缺水表现。土壤中粗砂颗粒是必需品，较容易感染介壳虫，日常管理需要多检查叶片背面。

成株体型：中型，易丛生。
叶形：倒卵形，叶尖外凸或渐尖，顶部有尖。
繁殖方式：扦插。
适合栽种位置：阳台、露台、花园。

日照 ●●●●● 　浇水 ♦♦♦♦♦

香炉盘 莲花掌属
Aeonium canaries var. *canariense*

品种介绍:

原始种，叶子上翘包成莲座状，叶缘可以晒出美丽的红边。目前国内充斥着许多冒牌货，这种真正的香炉盘实际上是非常巨大的，叶面直径可以生长到30cm以上，在加利福尼亚地区作为绿化带植物使用。叶片上有非常细小的绒毛，还有一点香味，适合地栽或栽培于花园中。该品种在国内并不太常见。

养护习性:

对日照需求很高，即使在每天8小时日照环境下，叶片也是常绿状态。将土壤换成全颗粒，使用稍小一点的花器进行控根后，在温差较大、日照充足的环境下才会整株转变为粉红色。夏季高温时有明显的休眠迹象，叶片会卷包成一个球，这时需要适当控水或断水。其他季节正常浇水即可，江浙沪及以南地区可以尝试地栽。较少有虫害，一般只有较大型的蜗牛或蛾子幼虫（地老虎）会吃。

成株体型: 大型，易丛生。

叶形: 倒卵形，叶尖外凸，顶部有尖。

花形: 白色或淡绿色花。

繁殖方式: 扦插。

适合栽种位置: 阳台、露台、花园。

小人祭 莲花掌属

Aeonium ×loartei

品种介绍：

棒叶小人祭的杂交后代，比亲本更为壮实，但叶片却随另一亲本而变得扁平。目前在国内属于大众品种，几乎随便一个花店里都能够找到。非常适合小型盆景栽种。

日照 ●●●◐◐　　浇水 ◌◌◌◗◗

养护习性：

只是健康生长的话对阳光需求并不高，可散光栽培，但充足的日照与较大的温差能够让叶片转变为金黄色。对水分需求较高，最好一周左右浇一次水，缺水时叶片褶皱非常明显。叶面有黏黏的液体，常会粘上小飞虫和灰尘，可以用喷壶盛清水喷洗干净。叶片的新老交替也非常快，是正常代谢现象。能够开出金色的花箭，花后要迅速将其剪掉，不然开花枝会枯死。

成株体型：微型，易丛生。

叶形：倒卵形，叶尖外凸。

花形：聚伞圆锥花序，黄色花。

繁殖方式：扦插。

适合栽种位置：阳台、露台、花园。

星爆 莲花掌属

Aeonium 'Starburst'

品种介绍：

灿烂的部分返祖品种，比灿烂底色更绿，叶片更加肥厚短小，也带有黄色的中斑锦，叶缘可以晒至粉红色，体格也比灿烂强健。

养护习性：

对日照需求不高，不过充足的日照能够让叶片变红，不耐强日照，夏季日照过强时需要遮阴。夏季休眠迹象不是很明显，比灿烂好很多（灿烂夏天会掉光所有叶片，只剩下杆子）。春秋冬都是生长季节，保持浇水生长速度会很快，是制作老桩盆景的理想素材。枝干与叶片背面容易寄生介壳虫，日常管理时需要及时清理。土壤选择砂质颗粒土为佳。

成株体型：中型。

叶形：倒卵形，叶尖外凸或渐尖，顶部有尖。

繁殖方式：扦插。

适合栽种位置：阳台、露台、花园。

日照 ●●●●● 　浇水 ♦♦♦♦♦

艳日伞 莲花掌属

Aeonium arboreum 'Albovariegatum'

品种介绍:

1959 年定名的古老园艺品种，叶缘带锦，会季节性变红，叶片同时出现粉色、浅黄色和浅绿色。夏季休眠明显。锦斑非常稳定的品种，颜色也很讨人喜欢，在众多黑色、绿色为主的法师之中成为靓丽之星。在大面积的莲花掌景观里穿插栽种几棵艳日伞会有不同的效果。

养护习性:

习性较弱，特别是炎热的夏季，管理不当很容易死掉。夏季主要依靠遮阴和通风来度过。温度过高时叶片会疯狂掉落，甚至最后只剩下一个光杆。适合地栽，根系生长健壮后夏季会好过一些，要选用较深的花盆。冬季是它最美的时候，一定要多晒太阳。对水分需求稍多，除夏季要严格控水外，其他季节一周左右浇一次水即可。

成株体型 中型，易丛生。
叶形 倒卵形，叶尖渐尖、截形或微凹，顶部有短尖。
繁殖方式: 扦插。
适合栽种位置 阳台、露台。

日照 ●●●●● 浇水 ◊◊◊◊◊

艳姿 莲花掌属
Aeonium undulatum

品种介绍：

原始种，叶缘有着柔和的褶皱和季节性红边，成株直径可达 30cm。属于较大型的莲花掌，适合单盆栽种后摆放在角落或用于较大型的景观（盆栽效果最佳，地栽后叶片会变得很杂乱）。

养护习性：

对日照需求不高，夏季高温休眠时整个叶面会全部卷起，缩成很小一朵，像玫瑰一样。对水分需求较多，除夏季适当控水外，其他季节都可以正常浇水。土壤选择透气性良好的颗粒土最佳。枝干生长很快，不像黑法师容易爆出许多头，大部分时间枝干上只有一两个头。

成株体型：大型。

叶形：倒卵形，叶尖外凸，顶部有尖。

花形：聚伞圆锥花序，黄色花。

繁殖方式：播种、扦插。

适合栽种位置：阳台、露台、花园。

日照 ●●●●● 浇水 ◊◊◊◊◊

玉龙观音、君美丽 莲花掌属
Aeonium arboreum var. *holochrysum*

日照 ●●●●○　浇水 ◇◇◇◇

品种介绍：

非常皮实的一种莲花掌，被广泛用作办公室绿化，亦属法师系一员。莲花掌属里叶形最好看的品种之一，虽然叶片一直呈绿色，但比其他莲花掌更容易卷包成玫瑰状。在国内已经有很长的栽种历史了，偶尔还能在农户的蔬菜大棚里发现。也被冠以"鲜活的手捧玫瑰"称号。

养护习性：

习性非常强健，已经完全适应了国内的气候环境，甚至发现有在黄泥里生长20年的大老桩。对日照需求较多，充足的日照会让叶片卷得更快。花市里常见催肥后的，叶面长得很长很大，需要较长时间才能卷成玫瑰状。养护过程中是不需要施肥的，土壤依旧采用大比例颗粒土最佳。生长期保持浇水，新芽会从枝干四周生长出来，最后变成一个球型。

成株体型： 大型。
叶形： 倒卵形，叶尖渐尖。
花形： 卵形的聚伞圆锥花序，黄色花。
繁殖方式： 扦插。
适合栽种位置： 阳台、露台、花园。

中斑莲花掌　莲花掌属
Aeonium arboreum f. *variegata*

品种介绍:

黑法师原始种的中斑锦品种,绿油油的叶子中间带着黄色的条纹锦,叶缘可以晒成红色,是非常大气的品种。常在欧美地区地栽的大片莲花掌中出现,由于莲花掌属的叶片色系通常以绿色和黑色为主,中斑莲花掌栽种其中尤为显眼。叶面可以长得很大,目前栽种过直径超过40cm的,非常适合在花园栽培。

养护习性:

对日照需求较多,日照不足时叶片会松散凌乱,充足的日照能够让叶片呈一张大饼的形状。根系十分强大,花器一定要选择较大较深的,推荐深度20cm以上的花盆。土壤以颗粒为主,加入大比例的火山岩、风化岩都非常不错。除夏季需要控水外,其余季节可以大量灌水,生长速度飞快,枝干可以长到1m以上。

叶片的新老交替也很快,所以在它下面不适合栽种其他多肉植物,否则很快会被干枯掉落的叶片埋住。

成株体型:大型,易丛生。
叶形:倒卵形,叶尖外凸,顶部有尖。
花形:卵形的聚伞花序,黄色花。
繁殖方式:扦插。
适合栽种位置:阳台、露台、花园。

日照 ●●●●○　　浇水 ◊◊◊◊◊

众赞曲 莲花掌属

Aeonium urbicum

品种介绍：

原始种，由于大多通过播种繁殖而来，实生形态较为多变，通常叶色为浅紫红色，中间有一道绛红色斑纹。可形成 2m 高的灌木丛，国外常用于花园布置或景观中。国内由于通过播种繁殖，生长年限有限，大老桩较少见。叶片看起来像海星一样。

养护习性：

对日照需求不高，但也不可完全处于无光环境之中，充足的阳光能让叶片转变为红褐色。相对于其他同类，它的枝干生长速度稍慢，更容易群生挤在一起，所以也成为介壳虫寄生的理想场所。日常管理中需要多检查，及时将干枯的叶片清理掉。其群生的习性很适合做手捧花，一年四季都可以正常浇水，夏季高温时注意遮阴和通风，冬季不耐寒。土壤中颗粒比例不宜过高，与泥炭土的比例控制在 1：1 较合适。

成株体型： 中型，易丛生。

叶形： 倒卵形或线形，叶尖外凸或渐尖。

花形： 圆形的聚伞圆锥花序，淡绿或淡黄色花。

繁殖方式： 扦插、播种。

适合栽种位置： 阳台、露台。

日照 ●●●●◐　　浇水 ◉◉◉◉◉

紫羊绒　莲花掌属

Aeunium 'Velour'

品种介绍：

因叶面独特的天鹅绒质感而被选育出来的紫色杂交品种，株型较黑法师矮且紧凑，在春秋夏季可以晒成血红色，叶面有独特的气味，十分迷人。

养护习性：

对日照需求很高，只有在高温、强日照的环境下叶片才会变成血红色。其他大部分时间呈深紫色，叶形整体比黑法师宽很多，枝干容易生长成棒棒糖的形状。生长 3 年以上的老桩习性稍弱一点，移栽时特别容易出问题，一定要注意保护根系。一年四季都不需要断水，春、秋、冬三个季节浇水量可以大一些，生长得更快。土壤选用透气性较好的颗粒土最佳。

成株体型： 中型，易丛生。

叶形： 倒卵形，叶尖圆形、截形或微凹，顶部有短尖。

繁殖方式： 扦插。

适合栽种位置： 阳台、露台、花园。

日照 ●●●●● 　浇水 ◇◇◇◇◇

魔南景天属 | *Monanthes*

　　与风车景天属、厚叶景天属等杂交属的概念不同，魔南景天属又称魔南属，是一个原产自加那利群岛的属，不是与景天属杂交的产物。相较于"人丁兴旺"的拟石莲等属，魔南景天属目前仅有 11 位成员，主要分布在加那利群岛和萨维奇群岛的岩壁上，与同产于加那利群岛的莲花掌属、爱染草属有着很近的亲缘关系，且许多魔南属成员还一度被误认为是长生草属植物。

　　常见于园艺的魔南景天属植物多为多年生草本植物，生长季为春秋，十分皮实好养，爆盆时非常有成就感，但夏天需适当遮阴降温，冬季亦需保暖。这个属的特征在于其小小的莲座、绿色的叶子、顶生的聚伞花序以及极其细窄的、相互分离的花瓣，很好辨认，只是与爱染草属有些相似，但魔南景天的体型普遍更小。它们在春天开起花来十分壮观，花期亦长，仿佛地毯一样铺满了加那利群岛的岩壁。

魔南景天 <u>魔南景天属</u>

Monanthes brachycaulos

日照 ●●●●●● 浇水 🌢🌢🌢🌢

品种介绍：

来自加那利群岛的小家伙，原始种，有时会被一层小绒毛，非常可爱。生长季会借助走茎形成群生。超级迷你，生长模式也很有趣，从叶片中间长出枝条分枝出去，然后生出新芽生长。

养护习性：

特别怕热，夏季高温时要想尽办法降温和通风，必须遮阴，夏季温度高的地区需要拿到北面没有阳光的地方度夏。此时也要严格控水，虽然习性比瑞典魔南要强一些，但也不能疏忽大意。浇水采用少量频繁的方式。土壤选择透气性较好的颗粒土最佳。

成株体型：微型，易群生。
叶形：倒卵形，叶尖外凸。
花形：顶生聚伞花序，淡黄色花瓣，中心红色或黄色。
繁殖方式：分株扦插。
适合栽种位置：阳台、露台。

瑞典魔南 魔南景天属

Monanthes polyphylla

品种介绍：

来自加那利群岛的袖珍多肉，并非瑞典的产物。种加词意思是"多叶的"，十分贴切。超级呆萌，非常迷你，长不大但很容易群生。开花时会支出两个耳朵，就像外星人一样可爱。不过也有一个"度夏死"的外号。

日照 ●●●●● 浇水 ◇◇◇◇◇

养护习性：

夏季特别怕热，高温时要想尽办法降温和通风，同时遮阴也是必须的，温度高的地区需要拿到北面没有阳光的地方度夏。夏季对水分也极其敏感，不能完全断水，但又不能过多浇水，十分难把握。采用少量浇水的方式比较合理，其他生长季节浇水量也不要太大、太过频繁。土壤选择疏松透气、透水较快的，养护起来会轻松很多。

成株体型： 微型，易群生。
叶形： 倒卵形，叶尖外凸，被绒毛。
花形： 顶生聚伞花序，花有绒毛。
繁殖方式： 分株扦插。
适合栽种位置： 阳台、露台。

香蕉魔南

魔南景天属

Monanthes anagensis

日照 ●●●●● ● ●　　浇水 ◊ ◊ ◊ ◊ ◊

品种介绍：

原始种，可以形成20~30cm的丛生，非常特别的品种，从外形上很难看出它的分属，开花时却十分明显。叶片像香蕉一样，体型迷你，适合用来制作一些小型盆景。

养护习性：

对日照需求不高，过强的日照反而会直接将它晒死，高温时一定要遮阴、通风，不过相对于其他魔南属植物来说，它的习性更强健一些。春、秋、冬三季都是生长季节，不能断水，但水分需求并不算多。喜砂质性颗粒土，繁殖主要采用扦插的方式。

成株体型：小型近微型，易丛生。

叶形：卵形、椭圆形或条形，叶尖外凸，顶部有钝尖。

花形：聚伞花序，花瓣带红褐色纹路。

繁殖方式：扦插。

适合栽种位置：阳台、露台。

伽蓝菜属 | *Kalanchoe*

　　有没有觉得"伽蓝菜"这个名字简直是拉丁文 Kalanchoe 的神翻译？殊不知 Kalanchoe 一词本身便是从中文方言或印度语的读音借到拉丁文中作为属名的，原意可能就是"落地生根"，只不过奇怪的是亚洲并不原产任何可以"落地生根"的伽蓝菜，背后的故事恐怕早已成谜。

　　伽蓝菜是一个大属，成员主要分布在马达加斯加和非洲东南部，也有一些物种的触须伸到了阿拉伯半岛和东南亚的热带地区。它们大多有着非常明显的管状花，花朵又长又细，花序则基本为顶生。伽蓝菜属植物非常好养活，通过扦插、叶插或叶子边缘的小分身都能很轻松地繁殖，园艺品种亦多，光是长寿花一种便占据了大片江山。

白姬之舞 伽蓝菜属

Kalanchoe marnieriana

日照 ●●● ●●　　浇水 ◊◊ ◊◊◊

品种介绍：

原始种，两个带红边的圆叶对生，像是起舞的翅膀或扇子。小苗期看起来可爱得很，但下地栽培后会发现简直是噩梦，它是一种非常适合作为花园植物的多肉，可以栽培在小路两侧。优美的名字展现了它开花时的状态，从顶部叶尖中心伸出垂吊的花箭就像穿着裙子的姑娘飞舞一般。

养护习性：

习性比较狂野，可以栽培在小型花器中控型。一旦花器空间过大，给予根系足够的生长空间，植株也会疯狂地生长起来。对阳光的需求并不太高，地栽甚至可以种在半阴面。非常容易繁殖，剪下一段插入土中就能生根。浇水可以根据主人需求而定，想要迷你可爱的造型就减少浇水量与次数，想生长得更快更大就频繁浇水，对水分一点不敏感。根系十分强大，土壤中可以多混入一些粗砂颗粒。

成株体型：中型，易群生。

叶形：倒卵形，叶缘不规则锯齿状，叶尖圆形或外凸。

花形：伞房状花序，黄色、橙色或粉色管状花。

繁殖方式：扦插。

适合栽种位置：阳台、露台、花园。

白银之舞　伽蓝菜属

Kalanchoe pumila

品种介绍：

原始种，叶子上覆着一层细密的白霜，故而得名。少有的银白色品种，用于组盆或单独栽培在小型器皿中将异常夺目。银白色叶片加上粉色的花朵，气质不凡。

日照 ●●●●●　　浇水 ◆◆◆◆◆◆

养护习性：

对日照需求较高，虽然叶片不会再变红，但日照不足时叶片表面的白霜保护层会减少，叶片会变绿并且非常脆弱不健康。对水分需求也不是很多，千万不要误认为看起来有些褶皱或变软就需要浇水（其他景天出现这种情况多半是缺水）。叶片比较脆弱，容易被碰掉，移盆栽种时需要小心。土壤中不适合加入过多颗粒，保持泥炭土比例在 50% 以上最佳。

成株体型： 小型，易群生。

叶形： 倒卵形，叶缘具圆齿，叶尖外凸。

花形： 伞房状花序，红色或粉紫色花。

繁殖方式： 扦插。

适合栽种位置： 阳台、露台。

棒叶不死鸟、落地生根
Kalanchoe delagoensis

品种介绍：

原始种，野生环境下能长到 2m 高，也可盆栽，能够适应绝大部分温带气候，十分强健且易于种植。也常被叫做"落地生根"，其习性如名字一样，很难死掉，在我国南方地区野外和农家门前很常见，特别是一些房顶上能看到大片的不死鸟，有点入侵物种的感觉。叶片长出新芽时用俯视的角度观察，很像凤凰的尾巴，也许不死鸟就是这么叫起来的吧。

养护习性：

习性很野，适合栽种在户外，盆栽控型后也很美，但需要注意避免叶尖的小芽掉落到其他花盆中，否则很容易集体爆发淹没其他多肉植物。盆栽后生长速度依旧很快，甚至有用深度10cm 的小花盆养出 1m 多高不死鸟的例子，所以栽种前一定要想好噢！对日照需求很随意，散光或强日照下都能长得很好。耐旱也耐湿，浇水很随意。

唯一需要注意的是温度，长时间处于 0℃ 以下的环境会被冻死。

成株体型：**大型**。

叶形：近圆柱状，叶缘锯齿状，齿的顶端有芽体。

花形：聚伞圆锥花序，橙红色管状花。

繁殖方式：扦插（叶尖上的小芽也可以插到土里繁殖）。

适合栽种位置：阳台、露台、花园。

日照 ●●●●● 　浇水 ▲▲▲▲▲

长寿花　伽蓝菜属

Kalanchoe blossfeldiana

日照 ●●●●● 　浇水 🌢🌢🌢🌢 🌢

品种介绍：

原始种，但有许多园艺品种存在，单瓣、重瓣、红色、黄色、粉色、蓝色，不一而足，仅靠自己便撑起了景天科园艺品种的大片江山，为大家所耳熟能详。长寿花是优秀的年宵花，每年会在各个节日里出现，特别是春季，花期很长，是一个非常成熟的园艺品种。也许很多人还不知道，其实它也是多肉植物家族中的一员，可以通过叶插和扦插繁殖。

养护习性：

开花时可以当作鲜花摆放在室内或者办公桌上，花期结束后要放到南面阳台上阳光充足的位置，平均一周左右浇一次水。生长速度在珈蓝菜属里算非常快的，精心养护也能够长成一大盆。土壤选择颗粒土最佳，开花后剪掉花箭，几个月后还能继续开花，一般一年最少能开两次，有的品种可以开三次。如果喜欢繁殖，也可以修剪扦插，送给朋友。

成株体型：大型、易群生 。
叶形：椭圆形或卵形，叶缘具圆齿。
花形：聚伞圆锥花序，花色根据品种而有所不同。
繁殖方式：叶插、扦插。
适合栽种位置：阳台、露台。

达摩兔耳 伽蓝菜属

Kalanchoe tomentosa 'Daruma'

品种介绍：

源自日本的园艺品种，在保留了黑兔耳黑边的同时，叶色更白、对比更鲜明。与黑兔耳较为相似，叶形比黑兔耳大很多。

养护习性：

习性强健，比其他同类生长得更慢。喜欢强烈的日照，日照充足时叶片会转变为深巧克力色，是用来做组合盆栽的好素材。对水分需求少一些，浇水时尽量避开叶片，叶面的小绒毛很容易被粘附的污染物感染生病，发现叶面较脏时可以用清水喷洒清洗干净。夏季也会持续生长，只要保持良好的通风就不需要断水。选择颗粒砂质土壤栽培效果较好。

成株体型：中小型，易群生。
叶形：卵形或椭圆形，被短柔毛，叶尖外凸。
繁殖方式：叶插、扦插。
适合栽种位置：阳台、露台。

日照 ●●●●● 　浇水 ◍◍◌◌◌

福兔耳 伽蓝菜属
Kalanchoe eriophylla

品种介绍：

浑身白色绒毛的原始种，兔耳家族的矮个子，很快就能繁殖出一片白绒绒的"地毯"。是目前作者见过的兔耳系列里叶形最小最奇怪的一种，叶片颜色都为白色，枝干生长很快，会像八爪鱼一样四处扩张生长。

日照 ●●●●● 浇水 ◗◗◗◗◗

养护习性：

日照充足的情况下叶片也会变成浅粉色，不过大部分时间叶片都是白色。对水分需求相对多一些，生长期可以充足浇水加速生长。枝干很容易长长，开粉色的花朵。如果对株型不满意，可以尝试修剪调整，剪下来的枝条直接插在土里就能生根。白色叶片上的绒毛很容易被污染，日常管理时要多注意。一般不会受到虫害的侵扰。

成株体型： 小型，易群生。
叶形： 卵形或倒卵形，被毛，叶尖外凸。
花形： 聚伞花序，淡紫色钟形花。
繁殖方式： 叶插、扦插。
适合栽种位置： 阳台、露台。

黑兔耳 伽蓝菜属

Kalanchoe tomentosa fa. *nigromarginatus*

品种介绍：

月兔耳的深色变形，有着更深的叶色和更为浓郁的黑边。叶片细长，属于较小型品种，不过其大小与少有的黑色调很适合用于多肉植物组合盆栽中。

养护习性：

喜强烈的日照，阳光不足时叶片依旧会变为绿色并且往下倒。对水分需求不多，是否缺水可以通过叶片变软来判断。容易长出枝干和气根，气根过多时需要检查枝干底部，看是否干瘪枯死，如果发现这种情况，需要立即修剪清理掉。叶片上的细小绒毛常会粘附灰尘，可以用喷壶喷水清理。

成株体型：中小型，易群生。

叶形：卵形或椭圆形，被短柔毛，叶尖外凸。

花形：总状花序或伞房花序，褐色管状花。

繁殖方式：叶插、扦插。

适合栽种位置：阳台、露台。

日照 ●●●●● 　浇水 ◆◆◆◆◆

金景天　伽蓝菜属

Kalanchoe orgyalis

品种介绍：

原始种，可以长成近 2m 的灌木群，顶部的叶子呈可爱的金色。在所有多肉植物中都很难再找出同样色调的，十分独特。地栽可以长到很大，在国外常用于绿化景观。

养护习性：

全日照与半日照栽培都可以，只要不是特别背阴的位置都能长得很好。生长较缓慢，容易长出枝干，尽量选择大一些的花盆栽种，单盆栽种非常漂亮。叶片上也有细小的绒毛，与兔耳系列相似，需要时常检查清理叶面。耐干旱，对水分不敏感，生长期应保持充足的水分，土壤比例中沙子比例不应过高，采用泥炭土与粗砂 1：1 混合较好。

成株体型：大型，易成灌木。

叶形：卵形，内卷，被短柔毛，叶尖外凸或渐尖。

花形：伞房状聚伞花序，黄色钟形花。

繁殖方式：扦插。

适合栽种位置：阳台、露台、花园。

日照 ●●●●◐　　浇水 ◌◌◌◌◌

宽叶不死鸟、落地生根 伽蓝菜属

Kalanchoe pinnata

品种介绍：

生命力极其强健的原始种，不死鸟的宽叶品种，锯齿状叶缘上的小叶脱落即可成活，因此也得名"落地生根"。原生地位于非洲马达加斯加，在我国南方地区的野外、房顶、住户门前都很常见。

养护习性：

喜欢温暖、阳光充足的环境，散光环境下也能生长得很好，冬季比较耐旱，短时间处于 −5℃左右的环境下不会有太大问题。生长速度迅猛，能在很短时间内发展成一大片，属于"怎么都死不了"系列。是虫子们的最爱，蜗牛、介壳虫、毛毛虫等都非常喜欢啃食。繁殖方式十分奇特，叶尖上的小芽会自己掉落到地面生根，有的甚至会在叶片上就已经长出根系。甚至可以尝试掰一把叶片随意撒在花坛里，很快就能长出一大片。

成株体型：大型，易成灌木。
叶形：卵形，叶缘锯齿状，叶尖外凸。
花形：圆锥花序，管状花，花瓣红色。
繁殖方式：扦插（通过叶尖长出的小芽扦插）。
适合栽种位置：阳台、露台、花园。

日照 ●●●●● 　浇水 🌢🌢🌢🌢

玫叶兔耳、梅兔耳 伽蓝菜属

Kalanchoe 'Rose Leaf'

品种介绍：

杂交品种，疑为仙女之舞的后代，叶片为淡绿色或浅棕色。多肉兔耳家族的一员，叶片可以长到20cm以上，地栽后更可怕，枝干甚至可以长到1m多高。在植物园的温室中常能见到它们的身影。

养护习性：

对日照需求较高，喜强烈的日照，即使在炎热的夏季也不需要遮阴。叶面上长有许多绒毛，对水分比较敏感，浇水时如果不小心浇到叶面，很容易引起病菌感染或灼伤，出现小面积伤疤，所以浇水时注意尽量不要浇到叶面上。冬季不耐寒，害怕低温与冷风的组合攻击，尽量保持在5℃以上，并放置在背风位置或室内。

成株体型：大型，易丛生。

叶形：卵形，被短柔毛，叶缘锯齿状，叶尖外凸。

花形：聚伞圆锥花序，紫红色管状花。

繁殖方式：叶插、扦插。

适合栽种位置：阳台、露台。

日照 ●●●●● 浇水 ◆◆◆◆◆

千兔耳　伽蓝菜属

Kalanchoe millotii

品种介绍：

原生地位于非洲南部地区，原始种，有着与其他常见兔耳家族成员截然不同的独特菱形叶片，幼年期呆萌对称的叶片看起来像小爪子。

养护习性：

对日照需求较高，在季节交替、温差较大时，叶片也会转变为粉红色（但这一过程比较难），其余时间都为绿色。叶面上有细小绒毛，较容易粘上灰尘感染病菌，不建议露养（长江以南地区阴雨天太多，空气也不干净，下雨后会携带污染物落到叶面上）。生长速度较快，除夏季与冬季要适当控水外，其余季节正常浇水即可。

成株体型：中小型，易成灌木。
叶形：菱形，被短柔毛，叶缘具齿。
花形：伞房花序，淡黄色管状花。
繁殖方式：播种、叶插、扦插。
适合栽种位置：阳台、露台。

日照 ●●●●◐　浇水 ◊◊◊◊

巧克力兔耳、孙悟空 伽蓝菜属

Kalanchoe tomentosa 'Chocolate Soldier'

品种介绍：

月兔耳的园艺变种，沿叶缘方向渐深的巧克力色替代了月兔耳系的黑边。少见的纯正巧克力色叶片十分可爱，是制作组合盆栽的理想素材。它在国内还有一个名字，叫"孙悟空"。

养护习性：

日照不足时叶片会塌下来，只有充足的日照才能让"兔子耳朵"立起来，并呈现巧克力色。枝干很容易长高，后期可以采取修剪的方式控型，适合老桩盆景。扦插小苗适合组合盆栽。叶面绒毛较多，注意经常检查并清理污染物。土壤要求疏松透气型，沙子比例一定不要过高，也不要纯泥炭土这种容易结板的土壤。不耐低温，冬季栽培环境尽量保持在5℃以上。

成株体型：中小型，易群生。

叶形：卵形或椭圆形，被短柔毛，叶尖外凸。

花形：总状花序或伞房花序，深褐色管状花。

繁殖方式：叶插、扦插。

适合栽种位置：阳台、露台。

日照 ●●●●● 浇水 ◊◊◊◊◊

雀扇、姬宫 伽蓝菜属
Kalanchoe rhombopilosa

品种介绍：

小巧可爱的原始种，灰白色叶片铺着暗色的点点，颜色有些像鸟的蛋壳，另有褐色叶和绿色叶变种。也许是颜色过于特殊，喜欢栽种的爱好者并不太多，或许是品种控的最爱吧！还有另一个名字叫"姬宫"。

养护习性：

习性比其他同类更脆弱，对日照需求不高，每天保持 3 小时以上就足够了。小苗栽种初期需要使用松软透气的土壤，要保持土壤中有一定水分。成年后可以将土壤改换成颗粒比例较大的，透水性会更好。冬季不耐低温，需要重点保护，栽培环境最好保持在 5℃以上。

成株体型：小型，易群生。

叶形：倒卵形，叶缘不规则，叶尖圆形。

花形：圆锥花序，花黄绿色或粉色，有红纹。

繁殖方式：扦插。

适合栽种位置：阳台、露台。

日照 ●●●◐◯　　浇水 ◊◊◊◊◊

唐印 〔伽蓝菜属〕

Kalanchoe thyrsiflora

品种介绍:

产自非洲博茨瓦纳的原始种，但无论名字还是颜色都很有中国特色，较野生状态下生长的株型更紧凑，可晒成鲜红色。是国内比较常见的品种，叶面能够长到20cm以上，适用于制作组合景观。

养护习性:

对日照需求较高，充足的日照才能保持叶片的鲜红色，日照不足时叶片很快就会变绿。枝干生长迅速，花器尽量选择大一些的，适合制作老桩盆景。扦插小苗生长速度也很快，不适合小型组合盆栽。对水分需求不大，炎热的夏季更应严格控水，不然枝干很容易腐烂。叶面与枝干都有很厚的白色粉末保护层，碰触后手上会留有特殊的香味，浇水时注意避开这些位置。极不耐旱，冬季需要重点保护。

成株体型: 大型，易成灌木。
叶形: 倒卵形，叶尖圆形或截形。
花形: 聚伞圆锥花序，黄色或绿色花。
繁殖方式: 扦插。
适合栽种位置: 阳台、露台、花园。

日照 ●●●●● 　　浇水 ◆◆◆◆◆

唐印锦 伽蓝菜属

Kalanchoe thyrsiflora fa. *variegata*

品种介绍：

唐印的锦化品种，叶片常同时呈现绿色、黄色和粉红色，像七彩蝴蝶的翅膀一样唯美。缺点在于这种锦斑不太稳定，栽培两年左右会有褪锦返祖的可能，变回普通的唐印。属于大型景天，不论地栽还是用大型花器栽培都能长得很大。适合用于景观或大型组合盆栽之中。

养护习性：

对日照需求很强烈，日照不足时叶片虽然也会有绿色、白色两种颜色存在，但会失去多种颜色的渐变效果，长在过于隐蔽处的叶片会变得更松散。叶面较大，在家中栽培除要放在日照最强烈的位置外，还需要摆放在较后方，不然叶片会阻挡所有阳光，让其身后的植物与阳光"说再见"。对水分需求不大，夏季与冬季微量浇水，春秋生长季节只需每个月浇水两次左右。喜好颗粒比例较大、透气性良好的土壤。叶面有较厚的白霜保护层，浇水时需要避开，不然白霜会随水珠到处飘落。

成株体型：大型。

叶形：倒卵形，叶尖圆形或截形。

花形：聚伞圆锥花序，黄色或绿色花。

繁殖方式：扦插。

适合栽种位置：阳台、露台、花园。

日照 ●●●●● 浇水 💧💧🌢🌢🌢

小圆贝 伽蓝菜属
Kalanchoe rotundifolia

日照 ●●●●● 浇水 ◊◊◊◊◊

品种介绍：

原始种，在野生环境下外表非常多样化，甚至可以长到1~2m高，园艺中多见叶子近圆形的小型紧凑品种。目前市面上不太常见，非常漂亮的品种，叶片像贝壳一样，花箭也十分有特点，不开花时会让人误以为是青锁龙属。

养护习性：

对日照需求较高，充足的日照能够让叶片长得更紧密，叶片的颜色也会从绿变红。非常容易群生成一片，可以选择口径稍大的花盆栽种。对水分需求不多，10天左右浇一次水即可。幼苗生根很快，可以使用泥炭土生根，根系健壮后再换成颗粒土。耐高温，夏季闷热时注意通风可安全度夏。花箭很长，开花后可以将花箭枝干剪去。

成株体型：小型，易丛生。

叶形：椭圆形或倒卵形，叶尖外凸近圆形。

花形：伞房状或圆锥状的聚伞花序，管状花上橙红色、下黄绿色。

繁殖方式：扦插。

适合栽种位置：阳台、露台。

鹰兔耳 伽蓝菜属

Kalanchoe beharensis 'Fang'

品种介绍:

仙女之舞的园艺品种,叶背有牙齿一样的乳突,叶缘和新叶在温差较大时可以晒成巧克力色。与梅兔耳的区别较大,鹰兔耳叶片更小,叶尖的齿轮状更明显。非常适合栽培在阳台或露台上,体型不会长得太大,控型后是制作老桩盆景的理想素材。

养护习性:

对日照需求很大,充足的阳光能让叶片更加健壮,不至于一碰就掉,并将叶片晒成可爱的巧克力色。叶面同样带有较多绒毛,浇水时需避开。喜颗粒砂质土壤,粗砂比例控制在 60% 以内更适合生长。10 天左右浇一次水,一年四季都不需要断水。冬季注意保温,摆放在 5℃以上没有风吹的地方。

成株体型: 中型。

叶形: 卵形,被短柔毛,叶缘锯齿状,叶尖外凸。

花形: 淡绿色到紫红色,有深红色条纹。

繁殖方式: 叶插、扦插。

适合栽种位置: 阳台、露台。

日照 ●●●●● 　　浇水 ◍◍◍◍◍

玉吊钟、蝴蝶之舞 伽蓝菜属

Kalanchoe fedtschenkoi 'Variegata'

品种介绍：

一个锦化的原始种，小巧而多姿多彩，国内流传已经十分广泛，很具欣赏价值，非常适合装点家室，也可以布置在花园中，很快就会长出一大片。国外常用于景观绿化，并不是我们所幻想的迷你纤细型多肉植物。开花似玉吊钟，叶片如蝴蝶翩翩起舞，如梦如幻。

日照 ●●●◐◐　浇水 ◊◊◊◊◊

养护习性：

对日照需求不高，但也不能放置在完全无光的环境中。由于自身带白色锦斑，叶片上有两种颜色。生长迅速，如果想在小花盆中控型，土壤一定要颗粒比例大、透水性较好的，日照也要充足。如果想大面积生长，可以栽种在庭院角落处，平时保持湿润很快就会长出一大片来。开花十分有趣，像一个个小灯泡垂吊下来，十分可爱。

成株体型： 小型，易成中小型灌木。

叶形： 倒卵形或椭圆形，具圆齿，叶尖外凸。

花形： 伞房花序，粉色管状花。

繁殖方式： 扦插（叶面长出新芽进行扦插）。

适合栽种位置： 阳台、露台、花园。

月兔耳 伽蓝菜属

Kalanchoe tomentosa

日照 ●●●● | 浇水 ◆◆◆ ◆ ◆

品种介绍：

原始种，毛茸茸的狭长叶形似兔子的耳朵，因叶形和颜色的多样性而被培育出了许多园艺变种。在马达加斯加，月兔耳开花意味着财源广进与家庭兴旺。在我国也是非常著名的品种，广受大众喜爱，入门首选推荐。

养护习性：

喜温暖干燥的环境，对日照需求较高，强烈的日照也不会晒伤。对水分需求并不多，枝干生长迅速，适合制作老桩盆景，单棵小苗也可以用于组合盆栽之中。春秋生长期可以多多补水，夏季炎热时适当控水即可安稳度夏，对通风要求较高。不耐寒，冬季需要重点保护。叶面上的绒毛很柔软，可以用手摸摸看。

成株体型： 中小型，易群生。

叶形： 卵形或椭圆形，被短柔毛，上半部叶缘锯齿状，叶尖外凸。

花形： 总状花序或伞房花序，褐色管状花。

繁殖方式： 叶插、扦插。

适合栽种位置： 阳台、露台、花园。

窄叶不死鸟、细叶不死鸟、中叶不死鸟、不死鸟锦 伽蓝菜属

Kalanchoe ×houghtonii

品种介绍：

宽叶不死鸟与棒叶不死鸟的杂交后代，有带深色斑纹和不带斑纹两种形态，全日照下叶缘的芽体呈可爱的粉色。也常被称为"不死鸟锦"，实则并非变异锦斑。叶片颜色比普通不死鸟更美。

养护习性：

习性与其他不死鸟相似，可全日照栽培，也可散光阴面栽培，区别在于日照充足会让叶片变得红一些。生长速度也很快，枝干会在短时间内长高，所以建议在阳台栽培一定不要用太深的花器。使用浅一些土层较薄的花器，在缺水环境下反而会限制生长，日常浇水尽量少一些。土壤中加入大比例的粗砂颗粒最佳，松软的泥炭土过多也会长得很快。总之就是怎样都死不了。要是把它养死，还真需要花费一些功夫呢！

成株体型： 大型。

叶形： 卵形，叶缘锯齿状，有芽体，叶尖外凸。

花形： 聚伞圆锥花序，橙红色管状花。

繁殖方式： 扦插（叶片上的小芽掉落后扦插）。

适合栽种位置： 阳台、露台、花园。

日照 ●●○○● 　浇水 🌢🌢🌢🌢🌢

朱莲　伽蓝菜属

Kalanchoe longiflora

品种介绍:

非常强健的原始种，大温差和强日照的条件下叶缘和背面会呈现鲜红色，甚至可以全株变红。在南非国家植物园里有许多露天栽培用于绿化的朱莲，有的叶面直径甚至超过 20cm，被误认为是两个不同品种。开花也非常奇特，适合栽种在花园中。

日照 ●●●●● 　浇水 🌢🌢🌢

养护习性:

地栽后野性十足，很快就能长成小灌木状，日常大部分时间叶片都为绿色，只有在阳光充足、温差较大时整株会变红。阳台栽培可以使用小型花器进行控型控水，很短时间内就会红起来，不过初期还是需要给足水分保证植物够健康。在花园中栽种时只要是种在通风良好的位置，土壤湿润一些也没关系，长得很快。容易被介壳虫寄生，由于群生起来后枝条太多，虫子不容易被发现，日常管理要多检查叶片背面。

成株体型: 大型。

叶形: 卵形、椭圆形或倒卵形，叶缘锯齿状，叶尖外凸。

花形: 伞房状花序，绿色、黄色或橙色管状花。

繁殖方式: 叶插、扦插（扦插为主）。

适合栽种位置: 阳台、露台、花园。

紫武藏 伽蓝菜属
Kalanchoe humilis

品种介绍：

原始种，也被大家称为"地图"。浅绿色的叶片上覆着红色斑纹，中间还有一条浅色的线，非常易于辨认。特殊的花纹与紫红色叶片是组合盆栽中的良好素材。

养护习性：

习性较难把握，土壤中一定不要加入过多的沙子，松软的泥炭土与颗粒土以1：1的比例混合最佳。给予充足的日照，夏季炎热时多通风并遮阴、控水。日常管理一周左右浇一次水即可，水分不要过多。介壳虫害对它来说有致命性的伤害，一旦发现虫子要立即清除，而且要将黑色的污染物都喷洗干净。叶片的新老代谢也比较快，可以通过观察叶片判断植物的状态健康与否。

成株体型：大型。

叶形：倒卵形，叶尖外凸。

花形：聚伞圆锥花序，管状花浅绿色带紫纹。

繁殖方式：叶插（较难）、扦插。

适合栽种位置：阳台、露台。

日照 ●●●●● 　　浇水 ◌◌◌◌◌

长生草属 | *Sempervivum*

　　分布于中欧和南欧的山地，属名拉丁名即意为"长生"。这个属在很早之前曾经与景天属同源，但在漫长的岁月中与景天属走了一条不同的道路，如今已不能与景天属或其他任何属杂交，足见其分化之远。但长生草属内部的植物外貌却极其趋同，原始种的特征都很相似——叶子莲座状排列，叶尖锋利，叶缘大都有纤毛，顶生的聚伞花序……而属内园艺品种的数量虽然极多，可是在许多一般爱好者眼中像是一个模子刻出来的。但奇怪的是，原始种的染色体差异却非常大，令人百思不得其解。该属内部有两个组：长生草组和神须草组，其中后者究竟是长生草属底下的分支还是独立的属仍有争议。

百惠、筒叶百惠 长生草属

Sempervivum 'Oddity'

品种介绍：

观音莲与吴氏长生草的杂交品种的一个变异品种，也有人认为是观音莲的变异。中心新长出的叶片卷成筒状，长大后又会展开，非常特别。对叶片采用微距拍摄的方式会有不错的效果。适合与其他长生草一同组盆，单盆栽种也不错。

养护习性：

常见为绿色，在温差较大的春秋季节会整株变红，冬季也很容易出状态。夏天则是最危险的季节，一定要遮阴、通风并断水，闷热的夏季浇水后只需要几小时就会化水腐烂。土壤中可以多使用粗砂颗粒，保持良好的透水性，粗砂也利于根系生长，会更加强壮。如果想群生成一大盆，不推荐使用铺面石，这样侧芽更容易扎根到土壤中。春秋冬三个季节可正常浇水。

成株体型：小型，易群生。

叶形：倒卵形，外卷成筒状，叶尖外凸，顶部有尖。

花形：极少开花。

繁殖方式：分株扦插。

适合栽种位置：阳台、露台、花园。

日照 ●●●●○　　浇水 🖤🖤🤍🤍🤍

观音莲 长生草属

Sempervivum tectorum var. *tectorum*

品种介绍:

原始种,最常见的入门级多肉之一,通过茎部生长出去的小芽扦插繁殖,非常皮实强健。绿油油的叶片顶着红色或紫色的叶尖,宜家宜室。在北欧、加拿大等地区十分流行,常用于雨水较少、温度较低地区的绿化带中。国内也常用来栽种在水苔上,制作大型景观。

养护习性:

只是保证健康生长对阳光需求并不多,不过充足的阳光加上低温会让叶片转变成火红色。是非常耐旱、耐寒的品种,目前栽种测试在 −20℃的环境下也可安全越冬。夏季反而是十分危险的,可以暴晒,但一滴水都不能沾,要完全断水,稍微闷湿就会化水死亡。容易群生,栽培时可选择口径较大的花盆,土壤透水性一定要好。自身新陈代谢很快,底部常会积聚许多枯叶,不需要人工清理。是介壳虫最爱的品种之一,发现后需立即喷药,不然会迅速传染。

成株体型: 小型,易群生。
叶形: 椭圆形或倒卵形,叶尖外凸、急尖或渐尖,顶部有红尖。
花形: 聚伞圆锥花序,白色到淡紫色花。
繁殖方式: 扦插。
适合栽种位置: 阳台、露台、花园(最好盆栽,土壤一定要透水性好,夏季需要放到遮雨的位置)。

日照 ●●●○○　　浇水 ◇◇◇◇◇

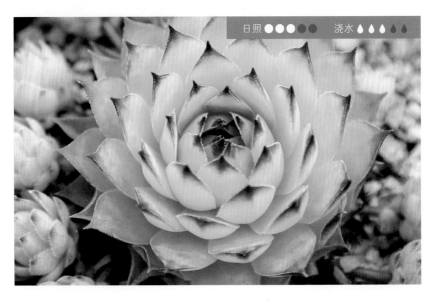

红熏花、红勋花、烟熏莲 长生草属

Sempervivum 'Grey Lady'

日照 ●●●●● 浇水 ◗◗◗◖◖

品种介绍：

杂交品种，很早以前就流行于国内，叶片带有烟熏过后的灰粉色，十分特别。与日本售卖的红熏花 S.'Koukunka' 不同，后者叶片为绿底红尖，没有灰色调。

养护习性：

正常叶片为绿色，在充足日照及较大温差的环境下才会整株转变为紫红色。生长速度在同类中算比较快的，也具备长生草的特性：怕高温闷湿，耐低温和干旱。夏季休眠期过后，要到初冬才开始恢复生长，要抓住冬天的机会补水生长。推荐使用宽口径的浅花盆，便于群生起来长成一片。土壤以粗砂颗粒为主，保持良好的透水透气性。

成株体型：中小型，较易群生。

叶形：倒卵形，叶尖外凸或渐尖，顶部有尖。

繁殖方式：扦插。

适合栽种位置：阳台、露台、花园（必须做好透水层）。

日照 ●●●◖◖ 浇水 ◗◗◗◖◖

成株体型：小型近微型，易群生。

叶形：卵形，叶尖急尖。

花形：淡黄绿色花。

繁殖方式：分株扦插。

适合栽种位置：阳台、露台、花园（避雨的位置）。

橘子球、橘球 长生草属

Sempervivum globiferum ssp. *allionii*

品种介绍：

原始种，柠檬绿的叶片团成一个小球，秋冬季节叶尖可以晒成紫色。在长生草中身材较为迷你，叶片细长。

养护习性：

与其他长生草相似，非常害怕夏季的闷湿气候，夏季栽培时一定要避免淋雨，否则很容易烂掉。根系细小，初期生根多采用泥炭土，切忌使用颗粒土栽培。日照充足整株会变为紫红色，日照不足虽不会徒长变尖，但叶片会转变为绿色。较容易感染介壳虫害，发现后立即喷药，最好喷透整株。

凌娟、凌樱、凌缨 长生草属

Sempervivum calcareum

品种介绍：

有人认为它是观音莲的变种，也有人认为它是独立的物种。叶片为淡绿色，叶尖则总是紫红色。也常被称为"铁观音"，常见而又经典，在北欧地区常被作为绿化植物使用。

养护习性：

可散光栽培，也可全日照栽培，如果选择室外露天栽培，土层一定要有非常好的透水性，可以进行分层处理，先铺上一层小石子作为隔水层，再铺上浅浅一层营养土。高温的夏天最好放在遮雨处，对水分极其敏感，很容易在一天内直接化水。冬季是生长季节，浇水相对可以多一些。自身十分耐旱，两个月不浇一滴水也不会干死。冬季能耐 −20℃的低温。

成株体型：小型，易群生。
叶形：倒卵形，叶尖外凸或渐尖，顶部有尖。
花形：淡粉色或白色花。
繁殖方式：分株扦插。
适合栽种位置：阳台、露台。

日照 ●●●●◐　浇水 ◊◊◊◊◊

小红卷娟 长生草属

Sempervivum 'Oubeni-makiginu'

品种介绍：

小红卷娟是源自日本的品种，叶缘被有白色纤毛，但并不浓密，莲座小巧可爱，叶子可以晒成红色。算是与观音莲一样的大众品种，目前已被绿化使用，繁殖速度快，习性强健。在国外许多花卉展会上都能看见它的身影，适合与岩石搭配在一起制作高山植物盆景或岩石花园。

养护习性：

耐寒，耐干热，怕高温闷湿的环境。夏季一定要注意通风、断水，同时夏季叶片也会褪色变为绿色。春、秋、冬三个季节日照充足，叶片能够转变为金黄色或棕红色。对水分需求不多，甚至两个月浇一次水都不会死，土壤太湿容易腐烂。虫害比较严重，和其他长生草一样，是介壳虫的虫窝，需要经常检查喷药。根系纤细，土壤可以少一些，以粗砂颗粒为主，选择6cm深的花盆就足够了。

成株体型：小型近微型，易群生。
叶形：倒卵形，叶尖外凸，顶部有尖。
繁殖方式：分株扦插。
适合栽种位置：阳台、露台。

日照 ●●●●● 浇水 💧💧💧💧

羊绒草莓　长生草属
Sempervivum ciliosum 'Borisii'

日照 ●●●●○　浇水 ♦♦♦○○

品种介绍：

原始种，秋冬时节莲座外围会呈现粉嫩的草莓色，叶子被有一层白色的纤毛，毛茸茸的样子正如其名。在长生草里算个头较大的，是少有的粉色系多肉，可以用在长生草系列组盆中。

养护习性：

充足日照加上低温环境，整株颜色会变粉。叶片上的丝网是天然形成，浇水时可以直接浇到丝网上，没有太大影响。容易群生，怕高温闷湿的环境，夏季一定要注意遮阴、通风、控水甚或断水。冬季反而是生长季节，如果栽种在室外，可以耐 −20℃的低温环境，不过需要提前将根系养好，并且摆放在背风的位置。在同类里算介壳虫较少的，不过有虫也比较难发现，最好定期喷药。

成株体型： 小型，易群生。

叶形： 倒卵形，被纤毛，叶尖急尖。

花形： 聚伞花序，黄绿色花。

繁殖方式： 分株扦插。

适合栽种位置： 阳台、露台、花园。

蛛丝卷娟 长生草属

Sempervivum arachnoideum ssp. *tomentosum*

品种介绍：

虽然身在易撞脸的长生草属，蛛丝卷娟却靠着结了蛛网一样的莲座表面而独具特色，是非常可爱有趣的原始种，在多肉界中也十分奇特，出现在组合盆栽中会非常特别。

养护习性：

对日照需求不高，可散光栽培，极容易群生，如果有条件地栽会发现，冬季5℃—10℃时生长速度反而是最快的，所以冬季浇水频率要比其他季节更高。而夏季高温闷湿时则需要完全断水，并放在通风良好的位置。自身对水分需求并不多，容易滋生介壳虫，日常管理需要多检查喷药。土壤选择透气性良好的颗粒砂质土最佳，泥炭土比例在30%以下。

成株体型：小型近微型，易群生。
叶形：倒卵形，叶尖外凸，顶部有毛。
花形：聚伞花序，粉红色花。
繁殖方式：扦插。
适合栽种位置：阳台、露台、花园（夏季防止在避雨的地方）。

日照 ●●●●● 　浇水 ◊◊◊◊◊

紫牡丹 长生草属

Sempervivum arachnoideum 'Stansfieldii'

日照 ●●●●○　浇水 ◊◊◊◊◊

品种介绍:

卷娟的园艺品种之一,叶片较大面积为紫红色,叶缘也有着卷娟系列代表性的白纤毛。在国内流行了很长时间,是各种长生草类组盆中必不可少的素材。在国外常被用于岩石花园或一些水苔栽种的景观之中。

养护习性:

日照不足时叶片会变绿,夏季也会变绿,耐旱耐寒,冬季可以抵御 −20℃的低温,但需栽种在背风位置。夏季是最难熬的,很容易因高温闷湿而腐烂,一般会彻底断水,并给予最好的通风环境。介壳虫特别多,要定期检查及喷药。新芽会从叶片缝隙中生长出来,繁殖时选择 1cm 左右的小芽剪下插入土中即可。

成株体型: 中小型。

叶形: 倒卵形,叶尖外凸或渐尖,顶部有尖。

花形: 聚伞花序,粉色花。

繁殖方式: 扦插。

适合栽种位置: 阳台、露台、花园(必须做好透水层)。

奇峰锦属 | *Tylecodon*

　　从银波锦属分出来的属，拉丁文名为银波锦属学名的同字母异构体，而二者的差异在于奇峰锦属分布在南非的冬季降雨区，因而冬季生长，夏季落叶休眠，肉肉的部位在于茎干；但银波锦属为常绿植物，肉肉的地方在于叶子。奇峰锦属的成员多为"贵货"，生长缓慢，需要透水性良好的基质进行盆栽，喜爱阳光，但夏季应适当断水以供安全休眠。这个属也是目前发现的景天科里唯一具有毒性的植物。

阿房宫 奇峰锦属
Tylecodon paniculatus

品种介绍：

霸气的原始种，野生环境下肉质茎可达 40cm 粗，形成 2m 多高的大树。原生地位于遥远的南非，在当地野外时常能见到长成树状的阿房宫，许多酒店门口都有栽种。是一种有毒的景天，一定要小心叶片里的白色汁液。

养护习性：

喜欢强烈的日照，夏季高温强日照时也不需要遮阴，充足的日照还能够将叶片晒出半透明状（不是化水）。对水分需求很少，并且较敏感，夏季高温闷热时要立即断水，直到初冬凉爽时恢复浇水。冬季温度过低容易冻伤，需保持在 5℃以上。栽培土壤里可以混入大比例的颗粒，透气性好会利于根系生长。虽然能够长成树，但需要的时间还是很长的，慢慢等待吧！

日照 ●●●●● 浇水 🌢🌢🌢🌢🌢

成株体型：大型。

叶形：倒卵形或椭圆形，叶尖外凸。

花形：聚伞圆锥花序，橙红色或带紫红纹路管状花。

繁殖方式：扦插。

适合栽种位置：阳台、露台。

条纹奇峰锦　奇峰锦属

Tylecodon striatus

品种介绍：

原始种，因为树干上的淡色条纹而得名，最好给老桩提供攀援的支撑。是景天科里少数几种有毒植物之一。原生地位于南非，大多生活在内陆地区岩石周围。由于十分稀少，在国内也只能通过播种获得，较难买到成株。

养护习性：

首先由于有毒，一定要小心叶片掰断后出现的白色汁液，栽种时最好戴手套，一定要放在动物和儿童碰不到的地方。对日照需求非常高，在南非也是保持全日照环境生长。对水分需求并不多，家庭栽培一个月浇一两次水次就足够了。土壤中混入大比例的粗砂颗粒最佳。分株繁殖时也需要戴好手套。

成株体型：中小型，易丛生。
叶形：线形，内卷，叶尖外凸。
花形：聚伞圆锥花序，棕绿色管状花。
繁殖方式：扦插、播种。
适合栽种位置：阳台、露台。

日照 ●●●●● 浇水 ▲▲▲▲▲

银波锦属 | *Cotyledon*

　　银波锦属是分布于非洲热带地区和阿拉伯半岛西南部的一个属，产地主要集中在南非的开普省。虽然眼下属内只有区区10个原始种，但银波锦属一度是以"景天科垃圾桶"而著称——几乎所有难以归类的新发现的物种都会先被归入银波锦属，包括拟石莲、奇峰锦等。但随着分类的深入，这个属所描述的范围也越来越精准了。

　　银波锦属植物有着顶生的聚伞圆锥花序，管状花，花瓣5片，在自然界中依靠一种名为太阳鸟的艳丽小鸟授粉繁殖。它们的叶子肉肉的，有冬、夏两个种型，分别对应原产地冬季降雨和夏季降雨的地区，在休眠时不落叶，但需注意避免高温和低温，对介质排水性要求较高。银波锦属的"小家伙们"非常适合盆栽作为观赏植物，以原始种的轮回为基础培育了许多可爱的园艺品种，多肉界的大萌物熊童子就是这个属的代表之一。

日照 ●●●●● 　　浇水 ▲▲▲

达摩福娘 银波锦属

Cotyledon pendens

品种介绍：

原始种，肉嘟嘟的叶片上顶着红尖，叶缘也可晒红，花朵相当有观赏性。叶片会散发出一股淡淡的清香，是少数具有香味的多肉植物之一。可以垂吊生长作为吊兰栽培。

养护习性：

与同属其他品种不同，达摩福娘生长速度快，枝条也长得很快，当作吊兰栽培是最合适的。正常生长于散光环境即可，如果想枝条更加健壮、叶片颜色更鲜红，需要给予充足的日照。对水分需求相对多一些，幼苗期一定要补足水分，枝条长出后可以减少浇水量控型。夏季高温时要控水、通风，比较害怕高温闷湿的环境。土壤中粗砂颗粒控制在 60% 以内最佳。

成株体型：小型，易丛生。
叶形：倒卵形或椭圆形厚叶，叶尖外凸，顶部有短尖。
花形：聚伞花序，红色钟形花。
繁殖方式：扦插。
适合栽种位置：阳台、露台。

福娘、丁氏轮回 银波锦属

Cotyledon orbiculata 'Oophylla'

品种介绍：

原始种，但如今已被合并入模式变种，名字仅作为园艺品种使用。叶片呈灰绿色，非常肥厚，叶边泛红。枝干可以生长到半米高，在南非原生地地栽甚至能长到1m以上。适合干旱高温地区作为地栽景观。很早以前就流行于国内。

日照 ●●●●○　浇水 ◐◐◐◐

养护习性：

只是健康生长对日照需求并不高，会不断往上长，日照不足时顶端的枝干会被重力拉回往地面生长，从而形成有造型的枝条。也可以采取全日照，强烈的光线会使枝干木质化变得更加坚硬，保持枝干笔直往天上生长。对水分需求很少，可以根据叶片状态判断是否需要浇水，发现褶皱后浇水即可。老桩甚至一个月只需要浇一次水。虫害也比较少，是非常好养的品种。

成株体型：中小型，易丛生。
叶形：狭长的倒卵形或椭圆形厚叶，叶尖外凸，顶部有尖。
花形：聚伞花序，橙红色花。
繁殖方式：扦插。
适合栽种位置：阳台、露台。

精灵豆福娘　银波锦属

Cotyledon papillaris

品种介绍：

形态多变的原始种，叶尖处仿佛被人掐断后用红蜡封了口。国内流行的为其中一个叶片肉肉的形态。其名字的由来也许就是因为叶片小巧迷你，像小精灵一样。

养护习性：

可全日照，也可散光栽培。散光环境下也能够健康生长，不过充足的日照能让株型更漂亮，颜色也更红更艳。除冬季外，其他季节需要的水分都比较多，包括夏季，发现土壤干燥时要及时补水。不耐寒，害怕冷湿的环境，冬季保持在5℃以上。土壤中沙子不宜过多，可以加入大比例的颗粒混合泥炭土栽培。花器选择能够垂吊型的最佳，生长速度较快，很快就能长成吊兰。

成株体型：小型，易丛生。

叶形：椭圆形或卵形厚叶，叶尖截形或外凸，部分顶部有尖。

花形：聚伞圆锥花序，花黄底带橙红色条纹。

繁殖方式：叶插、扦插。

适合栽种位置：阳台、露台。

日照 ●●●●○　　浇水 ◍◍◍◌

猫爪、子猫之爪 银波锦属

Cotyledon 'Konekonotume'

品种介绍：

疑为熊童子的园艺变种，性状非常稳定，叶片多为 3 个爪尖，且绒毛较为纤长。比起熊童子，猫爪叶尖的爪子更少，叶片更加细长，两者很好区分。习性也差不多。目前不算太常见，不过很容易在网络上买到。

养护习性：

习性与熊童子相差不大，喜欢长时间的日照环境，害怕高温与闷湿，特别是江浙沪地区闷热的夏季，很容易引起掉叶化水。良好的通风对生长非常关键，夏季要适当遮阴和通风。幼苗期保证土壤处于湿润状态，成株也可多浇水加速生长。枝干容易木质化，易群生，极不耐寒，冬季一定要注意保温，栽培环境需保持在 5℃以上。低温冻伤后叶片会化水脱落，变成光杆子，很难再恢复。

成株体型：小型，易丛生。

叶形：倒卵形。

繁殖方式：叶插、扦插。

适合栽种位置：阳台、露台。

日照 ●●●●● 　浇水 ◆◆◆ ◆

乒乓福娘 银波锦属

Cotyledon orbiculata

品种介绍:

福娘的一个形态或变种,叶子肥厚且被霜,日照充足时叶边会变色。叶片圆滚滚看起来十分有趣,整体向上生长,很适合单盆栽种制作老桩盆景。在野外呈灌木状,能够生长到半米以上。

养护习性:

枝干很容易木质化,叶片中充满水分,十分耐旱耐晒,可以摆放在家中日照最充足的地方。叶面上有一层较厚的蜡质白霜,一定不要触碰,浇水时也要避开,不然会将白霜冲掉。夏季高温时要注意断水,其他季节少量浇水即可。很少有虫害,土壤中混入大比例粗砂颗粒,保持良好透气性最佳。繁殖方式以扦插为主,叶插的出芽概率很小。

成株体型: 中型,易丛生。

叶形: 椭圆形或倒卵形,叶尖外凸。

花形: 聚伞花序,橙黄色管状花。

繁殖方式: 扦插。

适合栽种位置: 阳台、露台。

日照 ●●●●● 　浇水 ◐◐◖◆◆

巧克力线 银波锦属
Cotyledon 'Choco'

品种介绍：

起源不明的园艺品种，应有轮回的血统，叶缘为边界鲜明的红色，微褶。日照充足时叶边颜色变深为巧克力色，看起来就像一条不规则的巧克力线条围绕在叶边，因此得名。叶面上有一层蜡质白霜保护层，具有较高的观赏性。

养护习性：

喜欢强烈的日照，即使在夏季也不需要遮阴。喜欢干燥、通风良好的环境，土壤中可以加入大比例的颗粒，以保持透气性。根系非常发达粗壮，成株花器可以选择深一些的。夏季高温闷热时要进行控水，趁着凉爽的日子微量补水，其他时间都不要浇水。春秋生长季节大概一个月浇两三次水，对水分需求不太多。扦插生根非常慢，需要耐心等待，出根前一定不要浇水。

成株体型：小型，易丛生。

叶形：倒卵形，叶缘微褶，叶尖外凸，顶部有尖。

繁殖方式：扦插。

适合栽种位置：阳台、露台。

舞娘　银波锦属

品种介绍：

疑似轮回的园艺品种，叶子细窄且肉质，叶缘的红边带着波浪，叶片上细小的绒毛手感非常不错。细长的叶片很容易就会展开，展开后叶面直径能够达到10cm以上，笔直的枝干适合单独造型栽培。

养护习性：

对日照要求较高，日照不足时叶片会往下塌并变得很脆弱。充足的日照不但能够使叶片更加健壮，还能让其呈卷包状，尝试栽种多头老桩会非常有趣。对水分需求比其他银波锦同类更多，夏季也不要完全断水。春秋生长期保持土壤湿润，枝干会长得很快。土壤中颗粒比例可以大一些，虫害较少。

成株体型：中小型，易丛生。

叶形：线形，叶尖外凸，顶部有尖。

繁殖方式：扦插。

适合栽种位置：阳台、露台。

日照 ●●●●● 　浇水 ♦♦♦ ♦

熊童子 银波锦属

Cotyledon tomentosa ssp. *tomentosa*

品种介绍：

原始种，原生地位于南非与纳米比亚地区，据南非多肉植物专家介绍，野外的熊童子经常会长在悬崖上，而不是大家误认为的在平地上生长的。每年还会不定期释放一种奇怪的味道，回味无穷。在国内广受大众喜爱，是最热门的品种之一。

日照 ●●●●● 浇水 ◊◊◊�◆

养护习性：

每天只需要 3 小时的日照就可以生长得很好，不过大家都希望自家的熊爪更肥厚，爪尖的颜色更明显，那还是多多给予日照吧！对水分的需求很少，夏季高温时要适当遮阴并减少浇水量，保持良好通风，过高的温度容易引起大面积叶片掉落化水。土壤中混入 60%~70% 的颗粒最佳。另外熊童子也是多肉植物中少数能够自交的品种，当小熊开花时可以用毛笔在花朵间来回刷，等待花朵自然干枯后从种夹里取出种子即可播种，一定不要错过。

成株体型：小型，易丛生。
叶形：倒卵形，叶尖有锯齿。
花形：聚伞圆锥花序，橙黄色花。
繁殖方式：扦插、播种。
适合栽种位置：阳台、露台。

熊童子锦

Cotyledon tomentosa ssp. *tomentosa* fa. *variegata*

品种介绍：

熊童子的锦化品种，根据锦的颜色分为白锦和黄锦，两种斑锦的区别在于白色条纹的位置，条纹位于叶片两侧的是白锦，条纹位于中间的是黄锦。不论哪种锦，都属于植物的变异状态，不太稳定，特别是黄锦，很容易返祖褪锦，同时生长习性也变弱了许多，但就外观来说更具欣赏价值。是众多爱好者最热爱的品种之一。

养护习性：

对日照强度的需求要比熊童子弱很多，照射时间可以长一些，但一定要适当遮阴或放在玻璃后。夏季气温超过35℃时会十分危险，一言不合叶片就会全部掉光，必须做好遮阴、通风、降温措施，同时还要断水。极不推荐露养，很容易因雨水中夹带的灰尘被污染而感染病害。冬天是恢复生长的季节，可以保持浇水量。是一个习性较弱的品种，新手购买后需要多多关注，发现不对劲立即调整它的状态。该品种很少开花。

成株体型：小型，易丛生。
叶形：倒卵形，叶尖有锯齿。
繁殖方式：扦插。
适合栽种位置：阳台、露台。

日照 ●●●●○　　浇水 ◐◐◐○○

旭波之光 银波锦属

品种介绍：

起源不明的园艺品种，传为银波锦的杂交后代，锦斑位置在叶片两侧，为白锦，非常稳定。能够长得很大，特殊的生长习性与叶片形态在国外常被用于大型组合盆栽之中。生长速度较慢，国内常见小苗，少有多年老桩。

养护习性：

是一种非常惧怕高温闷湿环境的多肉，夏季要彻底断水并遮阴，最好摆放在北面通风良好处。温度过高时就要严格控水，稍微浇水就容易腐烂。而冬季又害怕低温，温度过低时也要严格控水，对水分需求很少，一般只在春秋生长季节浇水。叶面上有一层薄薄的蜡质白霜，虽然浇水可以直接浇到叶面，不过换土或者翻盆时也要注意尽量别触碰中心叶片。土壤中颗粒可以多一些，保持良好的透气性。

成株体型： 中型，易丛生。

叶形： 倒卵形，叶尖外凸或圆形，顶部有尖。

繁殖方式： 扦插。

适合栽种位置： 阳台、露台。

日照 ●●●●● 　浇水 ♦♦♦♦♦

银波锦　银波锦属

Cotyledon 'Mucronata'

品种介绍：

轮回的园艺品种，叶子被霜，叶缘有波浪状的褶皱。在蜡质白霜的保护下，叶片呈白色，阳光充足的环境下会变成非常纯净的白色。奇特的叶形非常少见，适合单盆栽种或制作一些特殊的盆景。

养护习性：

对日照需求很高，日照不足时叶片上的蜡质白霜会褪掉，叶片呈绿色。水分需求很少，一个月浇一两次水就足够了。幼苗期如果水分不足叶片会发软并出现褶皱现象，也可以根据植物的状态信息浇水。波浪状的叶片一点都不害怕淋水，可以直接浇到叶片上，水珠会顺着纹路落到土中。但也不推荐露养，叶片很容易被夹带灰尘的雨水污染。生长速度较慢，很容易长出枝干。

成株体型：中型，易丛生。

叶形：倒卵形，叶缘波浪状，叶尖外凸或圆形，顶部有尖。

花形：聚伞圆锥花序，橙红色花。

繁殖方式：扦插。

适合栽种位置：阳台、露台。

日照 ●●●●● 　浇水 🌢🌢🌢🌢

钟华　**银波锦属**

品种介绍：

园艺品种，小棍一样的叶子顶着红色的尖，像女生的红指甲一样，开花时非常漂亮。细长的叶片晒出红边后也很美，适合单盆栽种制作老桩盆景，组盆时也是不错的素材。

养护习性：

喜欢强烈充足的日照，日照不足时叶片会变得脆弱易断，一年四季都不需要遮阴，但需注意尽量避免花盆侧面被阳光晒到，从而导致内部变为高温闷湿的环境，很容易造成腐烂化水。夏季炎热时注意通风、控水，很容易就能度夏。病虫害较少，容易群生。枝干往上生长，可以选择口径较小的深盆来搭配。土壤中颗粒多一些会更好。

成株体型：中小型，易丛生。
叶形：线形，圆柱状，叶尖外凸，顶部有尖。
繁殖方式：扦插。
适合栽种位置：阳台、露台。

日照 ●●●●● 　　浇水 🌢🌢🌢🌢🌢

青锁龙属 | *Crassula*

　　青锁龙属和景天科的学名享有相同的拉丁文词根，足见其重要性。它是南非景天科第一大属，仅在当地就生长着约 150 个原始种，全球其他地方也偶有分布，园艺品种更是不计其数，哪怕在世界范围内也可以与景天属争夺景天科最大的属的称号。但与景天科其他许多属相互交织的演化路径不同，青锁龙属和其他同科成员并没有明显的亲缘关系，而是走了一条相对独立的演化之路，甚至独自占据了景天科的一个亚科——青锁龙亚科，这从它与其他多肉截然不同的外表也可知一二。

　　实际上，哪怕青锁龙属内部也有着相当多样化的种群，按不同特征可以分为多达 9 个组。但在多肉爱好者看来，青锁龙属植物多是那种有着对生或两两对生的肉质叶片，从顶部看是规规矩矩的十字形，要么像钱串一样密密麻麻地穿满茎部，要么像玉树一样长成小灌木，而花序是聚伞圆锥状的，花瓣 4~12 片不等，花朵往往非常小，时刻挑战着多肉杂交爱好者们的授粉技术。作为非常爱群生的小家伙，青锁龙属的成员们为爱好者提供了相当程度的满足感，但极易徒长的特性常常令新手心生沮丧，不过只要做好日晒和适当控水，它们一定会以旺盛的生命力回报主人。

阿尔巴神刀 青锁龙属

Crassula alba

品种介绍：

原始种，长出花序后可达
50cm 高，有灰绿色和绿底
红斑等多个色形。下地栽培
可以长到很大，适合大型的
景观布置，不过地栽后大部
分时间叶片呈绿色，较难变
红。叶片像刀似的竖立着，
而实际上叶片较软，并不会
刺到手。属于比较温和的
景天。

日照 ●●●　　浇水 ◆◆◆

养护习性：

对日照需求不太高，如果想整株叶片都变红，
可以摆放在阳光充足的位置，并保持土壤中
含有大比例的粗砂颗粒。想快速生长的话，
可以频繁浇水保持土壤湿润。容易群生，花
器选择较大的最佳。夏季高温时要注意控水，
特别闷热的地区可以直接断水一两个月。冬
季不耐寒，栽培环境需要保持在 5℃以上。

成株体型：大型。
叶形：卵形或线形，内卷，叶尖
急尖或外凸。
花形：平顶的聚伞圆锥花序，紫
红色花。
繁殖方式：分株扦插。
适合栽种位置：阳台、露台、花园。

爱星 <u>青锁龙属</u>

Crassula rupestris ssp. *rupestris*

品种介绍：

和博星等为同一原始种的不同无性系，叶缘一带非常容易晒红，具有很强的观赏价值。常被误认为是半球星乙女，但爱星的叶片更大，也不似半球星乙女的叶片那样肥厚浑圆。

日照 ●●●●● 　浇水 ◖◖◖◖◖

养护习性：

对日照需求很高，日照不足时枝干会徒长，叶片与枝干间的距离拉长，叶片容易扶倒碰断。充足的日照才能晒出橘红色，同时也能保证叶片紧凑。一年四季都不需要断水，夏季高温时适当控水即可，习性很强健。生长速度较快，很适合单盆造型。土壤中使用 60% 左右的颗粒最佳，颗粒土的比例不宜过高，不然容易引起枝干干枯死亡。

成株体型：小型近微型，易群生。
叶形：卵形，叶尖外凸。
繁殖方式：扦插。
适合栽种位置：阳台、露台。

巴 青锁龙属

Crassula hemisphaerica

日照 ●●●●● 　浇水 ●●●●●

养护习性:

生长方式非常有趣,花箭从叶片中心开出,开花完毕后中心生长点不再长叶,从叶片与叶片之间长出新芽,然后像牙膏一样慢慢被挤出来。对日照需求不高,只要不是放置在完全无光的北面,日照多少对叶片的形态与颜色都没有太大改变。对水分需求也不多,常用于仿原生地貌的景观之中,也可以利用叶片特点制作一些非常特别的盆景。夏季高温时需要控水、通风并适当遮阴。冬季的栽培环境最好保持在 5℃以上。

品种介绍:

原始种,拉丁文种加词意为"半球状",形容成株的身形。开花时可达 15cm 高。在国内青锁龙大类里属于常见品种,仔细观察叶面会发现相互间也有所不同,其原因在于它们的繁殖方式主要依靠播种来进行,所以偶尔也能发现一些叶形特别奇怪好玩的。

成株体型: 小型。

叶形: 卵形或椭圆形,叶尖外凸。

花形: 聚伞圆锥花序,白色花。

繁殖方式: 播种、扦插。

适合栽种位置: 阳台、露台、花园。

白鹭 青锁龙属

Crassula deltoidea

品种介绍:

原始种,拉丁文种加词意为"三角形的",用来形容叶片的形状。花的味道非常难闻。第一眼看上去会误认为是番杏科成员,适合作为护盆草用于组合盆栽之中。

养护习性:

生长速度较快,容易呈垂吊状态。如果地栽很快可以长满一片,不过叶片也会变为绿色。对日照需求不高,散光处也可正常生长。春秋生长期对水分需求很大,可以选择大一点的花器栽培。夏季高温闷热时注意通风,适当控水和遮阴。在青锁龙里属于较易感染介壳虫的品种,日常管理时多检查。扦插繁殖时剪下一段枝条,晾干两三天,插入干燥的土壤中等待即可。

成株体型: 小型,易丛生。
叶形: 卵形或椭圆形,叶尖急尖或外凸。
花形: 圆顶的聚伞圆锥花序,白色花。
繁殖方式: 扦插。
适合栽种位置: 阳台、露台。

日照 ●●●●● 浇水 ●●●●●

白妙 青锁龙属
Crassula corallina

品种介绍:

小巧可爱的原始种，第一次
见到它时容易误认为是景天
类的护盆草，开花时就会发
现其实是一种迷你型的青锁
龙。小巧的身材加上白色的
叶片，很适合用在组合盆栽
中，一定会点亮一个角落。

日照 ●●●●● 浇水 ◌◌◌◌◌

养护习性:

自身习性不错，较容易养活。虽然地栽生长
更快，但不推荐。目前地栽实验发现，虽然
初期很容易群生长成一大片，但后期也很容
易集体枯萎。而且地栽时叶片都是绿色，很
难变白，像野草一样，失去了原本的色彩。
对日照需求不多，相对喜水，土壤里加入大
比例的粗砂颗粒最佳。夏季高温时需要遮阴
和控水，温度过高闷热时可以直接断水。发
现枝干有干枯变黑的现象要及时修剪或清理
隔离，不然很快会扩散开。

成株体型: 微型，易群生。
叶形: 倒卵形，叶尖外凸。
花形: 聚伞花序，白色或黄色花。
繁殖方式: 扦插。
适合栽种位置: 阳台、露台。

白稚儿　青锁龙属

Crassula plegmatoides

品种介绍：

原始种，曾被认为和稚儿姿是一个物种，但白稚儿叶片更小，单头不到2cm，且叶形圆润，无明显叶缘或叶尖。在所有多肉植物里属于超级迷你型，生长速度很慢，只能用微视角去欣赏。

养护习性：

对日照需求不算太高，初期幼苗生长土壤中泥炭土占50%比较合适，后期可以慢慢加大粗砂颗粒的比例。对水分需求也不是很多，所以整体生长速度非常慢，生长一年时间也变化不大，单头不断长长，从叶片中间分出侧芽也需要很长时间。想尽快养出多头的最佳方式依旧是砍头，剪下一段重新扦插，剩下的枝干会长出多个芽点，然后长出分枝。夏季高温时要加强通风，适当遮阴，严格控水。

成株体型：微型。

叶形：卵形厚叶，叶尖外凸。

花形：聚伞圆锥花序，白色或淡黄色花。

繁殖方式：扦插。

适合栽种位置：阳台、露台。

日照 ●●●●● 　浇水 ◦◦◦◦◦

半球星乙女 青锁龙属

Crassula brevifolia

品种介绍：

产自纳米比亚的原始种，叶片尤为肥厚，可以晒出红边。是组盆时必不可少的素材之一，株型漂亮，颜色也十分可爱。"半球"与"丸叶"的字面意思差不多，容易与另外几种青锁龙属多肉植物混淆，区别在于叶片看起来鼓鼓的。

养护习性：

对日照需求不高，每天保持 3 小时以上日照就可以晒出红边。日照不足时每一层叶片间的距离就会拉大，看起来稀疏不健康。除夏季需要适当控水外，其他生长季节保持土壤湿润会群生得很快。土壤一定要选择颗粒砂质土，会长得更加健壮。开花非常臭，估计是青锁龙的特点之一了。

成株体型：小型，易群生。

叶形：卵形，半圆柱状，叶尖外凸。

花形：聚伞圆锥花序，白色、黄色或暗红色花。

繁殖方式：扦插。

适合栽种位置：阳台、露台。

日照 ●●●●● 浇水 ◌◌◌◌◌

波尼亚　青锁龙属

Crassula expansa ssp. *fragilis*

日照 ●●●●● 　浇水 ♦♦♦♦♦

品种介绍：

原始种，非常适宜盆栽的观赏植物，毛茸茸的小叶片十分可爱。原生地位于非洲南部，在南非国家植物园里能够见到许多直接用于绿化的波尼亚。小叶枝条起初看还以为是景天属的植物。目前在国内十分常见，很值得栽培，开花时非常漂亮。

养护习性：

喜长时间的日照环境，不怕热，但害怕闷湿的环境，夏季高温时一定要多通风，适当遮阴。春秋冬三季都是生长期，如果想长得快一些就需要保持土壤湿润，想控型养状态就要适当控水，十天半个月少量浇一次水即可。生长非常迅速，很快就能够长出满满一盆，也可以当作吊兰来栽培。土壤中泥炭土与颗粒 1：1 配比栽种。

成株体型：微型，易丛生。

叶形：倒卵形或椭圆形，被短绒毛，叶尖外凸。

花形：聚伞花序，白色花。

繁殖方式：扦插。

适合栽种位置：阳台、露台。

彩凤凰　青锁龙属

Crassula sarmentosa fa. *variegata*

品种介绍：

只通过叶片很难看出是青锁龙属，枝条可以长得很长，适合垂吊栽培。叶片带白锦，色彩分明。

养护习性：

对日照需求不高，可散光环境栽培，充足的日照能够将叶片晒红，不过由于自带锦斑，即使不晒红，叶片也鲜艳多彩。对水分需求较多，在炎热的夏季也不需要断水。枝条生长迅速，很快就会垂吊下来，花器可以选择吊兰盆，摆放或悬挂在较高的位置。土壤可以使用泥炭土与火山岩一类的颗粒以1∶1的比例混合。偶尔叶芯会出现生长点被破坏的情况，发现后修剪掉，新芽会从枝干其他部位继续长出。

成株体型：小型，可形成大型群生。
叶形：卵形，叶缘具锯齿，叶尖外凸。
花形：聚伞圆锥花序，粉色花。
繁殖方式：叶插、扦插。
适合栽种位置：阳台、露台。

日照 ●●●●● 　　浇水 ◇◇◇◇◇

彩色蜡笔　青锁龙属

Crassula 'Pastel'

品种介绍：

小米星的锦化品种，属于变异白锦，即使不晒红，叶片看起来也具有果冻色。是一个比较稳定的锦斑品种，虽然养时间长了也有一定的褪锦概率。早期在国内非常昂贵，目前已经批量园艺化变成大家都能买得起的常见品种了。

养护习性：

对日照需求较多，由于叶片中叶绿素减少，所以需要更多阳光来进行光合作用。缺少日照对健康有很大影响，容易死亡。对水分需求不多，可以观察叶片状态来决定是否浇水，发现叶片褶皱变软就可以浇水了。如果底部枝干开始干枯并有长出气根的迹象，一般是土壤内的根系坏死，需要及时剪掉坏死的根系与枝干，重新扦插生根。冬季不耐低温，最好控制在5℃以上。

成株体型：微型，易群生。
叶形：卵形，叶尖微凸或急尖。
花形：白色花。
繁殖方式：扦插。
适合栽种位置：阳台。

日照 ●●●●● 　浇水 ♦♦♦♦♦

赤鬼城 青锁龙属
Crassula fusca

品种介绍：

棕红色的原始种，与火祭十分相似，放在一起很容易混淆。比火祭叶片短小且窄厚，叶形更尖锐，晒红后的颜色也比火祭更红艳。较为常见，可以运用在绿化之中。

养护习性：

对日照需求非常高，稍缺日照就会变绿徒长，徒长后的赤鬼城就像野草一样，叶片松散，叶间距拉大，十分难看。对水分需求不多，生长环境过于湿润容易滋生白粉病，且很容易传播开影响其他植物。发现后要立即隔离，使用高锰酸钾溶液擦拭叶片表面并加强通风。冬季可短时间耐 0℃的环境，叶片也会被冻得很红。

成株体型：中小型，易群生。
叶形：狭长的卵形，叶尖急尖或外凸。
花形：聚伞圆锥花序，白色花。
繁殖方式：扦插。
适合栽种位置：阳台、露台、花园。

日照 ●●●●● 　　浇水 ◇◇◇◇◇

丛珊瑚 青锁龙属

Crassula 'Coralita'

品种介绍：

苏珊乃的杂交后代，植物学家 Kimnach 的作品，因花的珊瑚色而得名。叶灰绿色，较苏珊乃大且高，叶尖外凸而非截形。生长速度较慢，适合用于迷你型盆栽，也可以用在组合盆栽中，会有另一番奇妙的感觉。

日照 ●●●●● 浇水 ◐◐◐◐◐

养护习性：

对阳光需求不太多，每天保证 3 小时日照就可以长得很好，也不能摆放在完全散光处，徒长起来枝干会长得很长。对水分需求不多，生长速度较慢，不太容易感染病虫害，夏季高温时适当控水即可，算是比较好养的品种。花箭从叶片重新伸出，开花完毕后花会自动枯萎掉落，新芽会从叶片间的夹缝中挤出来。对土壤要求不高，常规泥炭土与粗砂颗粒混合即可。

成株体型：中小型，易群生。

叶形：倒卵形或椭圆形，叶尖外凸。

花形：聚伞圆锥花序，珊瑚色花。

繁殖方式：扦插。

适合栽种位置：阳台、露台。

达摩绿塔 青锁龙属

品种介绍：

像个四角的高塔，叶片间挤压得十分紧凑，向内紧紧地包着，独特且有辨识度。虽是小型种，地栽后生长多年也能够长得很大，单株直径超过 3cm。群生后非常漂亮，适合用小盆制作盆景，开的花味道也很香。

养护习性：

对日照需求较高，日照不足时叶间距会拉长，植株也会变得很脆弱易断。新芽从叶片间的夹缝中挤出，然后变成一小群。栽种时在土壤中加入部分粗砂更利于生长，但铺面石不宜过大，不然透气性太好，根还没扎到土壤中就在空气里干枯了，根系比较细弱。

花器选择迷你一些的，水分挥发速度会更快，可以频繁少量地浇水。

成株体型：小型近微型，易群生。
叶形：卵形，叶尖外凸。
繁殖方式：扦插。
适合栽种位置：阳台、露台。

日照 ●●●●● 　浇水 💧💧💧💧💧

大卫 青锁龙属

Crassula lanuginosa var. *pachystemon* 'David'

品种介绍:

原始种的一个无性系,由 David Cumming 在 20 世纪 80 年代在南非采集。小型品种,随季节呈现柠檬绿、绿色及紫色等瑰丽色泽。在国内常作为护盆草用于组合盆栽之中,养出火红色后非常喜庆,适合在节日时装扮。

养护习性:

只是健康生长对日照需求不高,想让整株变为火红色不光需要充足的日照,对温差要求也很高。火红色的叶片一般出现在季节交替与冬季较冷时,依靠较大的温差变色。对水分需求不多,可地栽,下地后生长迅速,很快就会铺满一片。但也容易患锈斑病,发现后要及时修剪,扔掉患病枝条,一旦传播开整株都会死亡。土壤选择颗粒质砂土最佳。

成株体型: 小型,易群生。
叶形: 椭圆形或倒卵形,有纤毛,叶尖外凸。
花形: 聚伞圆锥花序,白色花。
繁殖方式: 扦插。
适合栽种位置: 阳台、露台、花园。

日照 ●●●●○　　浇水 ◊◊◊○◊

大卫锦 青锁龙属

Crassula lanuginosa var. *pachystemon* fa. *variegata*

品种介绍:

大卫的变异锦斑品种,属于自然变异,不过拥有较为稳定的锦斑状态,还有十分难得的白、黄、绿、红、紫渐变色。习性较强健,容易繁殖,非常看好它未来的发展前景。

养护习性:

一定要给予充足的日照,但又不能暴晒。栽培时也要注意,让花器避开烈日的照射,自身叶片较薄,如果花器被晒得太烫,叶片会被直接烤干,夏季时最好找一些白色的纱布将花盆遮挡一下。对水分并不敏感,生长期正常浇水,可下地栽培,生长速度像草一样快,繁殖可以考虑地栽。过于茂密后会出现顶端枝条长出许多气根的情况,可以直接剪下来,将气根部位种好、浇水。

成株体型: 小型。

叶形: 椭圆形、卵形或倒卵形,有纤毛,叶尖外凸。

花形: 聚伞圆锥花序,白色花。

繁殖方式: 叶插、扦插。

适合栽种位置: 阳台、露台。

日照 ●●●●● 浇水 ◊◊◊◊◊

方鳞绿塔
Crassula pyramidalis

品种介绍：

原始种，拉丁文种加词意为"金字塔形"，茎部直立，叶片排列十分规律而紧凑，可以长到近10cm高。在南非野外大多生长在山脊岩缝之中，呈小灌木状。目前在国内非常常见，很适合用于组合盆栽中，是不错的绿色系素材。

养护习性：

对日照需求不高，叶片始终保持宝塔状，新的枝条会从叶片间的夹缝中生长出来。春秋生长季节可以大量浇水，夏季与冬季需要适当控水。偶尔会感染介壳虫，由于虫子都躲在叶片夹缝中，不太容易被发现，可以偶尔喷一下药。生长很快，枝干也容易木质化，可以当作吊兰栽培。

成株体型：微型，易群生。
叶形：卵形，叶尖外凸或急尖。
花形：聚伞花序，白色花。
繁殖方式：扦插。
适合栽种位置：阳台、露台。

日照 ●●●●● 　浇水 ♦♦♦♦♦

方塔 青锁龙属

Crassula 'Buddha's Temple'

品种介绍：

植物学家 Kimnach 培育的杂交品种，四角形较为常见，亦有五角、六角的品种存在，开花时仿佛在宝塔上放烟花。属于娇小型的多肉，生长缓慢，适合栽种在小型盆中。

养护习性：

对日照需求不高，比较耐阴的品种，散光环境即可生长得很好。叶片呈宝塔状生长，新的侧芽会从叶片之间的夹缝中挤出来，十分有趣。对水分需求也不多，夏季高温时要控水并适当遮阴。土壤可以选择大比例的粗砂颗粒土。繁殖主要依靠扦插，剪下一段晾干两天后插入土中即可生根，无须浇水。

成株体型：小型，易群生。
叶形：卵形，叶尖急尖或渐尖。
花形：聚伞花序，粉色或白色花。
繁殖方式：扦插。
适合栽种位置：阳台、露台。

日照 ●●●●● 浇水 ◊◊◊◊◊

翡翠项链　青锁龙属

品种介绍：

个头与钱串差不多，两者也比较相似，疑为钱串的变种。钱串对叶较规则，而翡翠项链对叶有螺旋状并不规整，叶片更大。性状十分稳定，名字的寓意和钱串一样，在国内受许多人追捧，不过目前还不是特别常见。

日照 ●●●●○　　浇水 ◐◑◑◑○

养护习性：

强日照与散光环境都能健康生长，不宜摆放在过于背阴的环境里。夏季较怕闷湿的环境，一定要加强通风并适当控水。生长速度较快，对水分需求稍多，春秋生长季节可以正常浇水。土壤中混入 60% 左右的颗粒更利于生长，开花时非常壮观，不用修剪。冬季不耐寒，保持 5℃以上最佳，害怕冷湿的环境，如果长期处于低温环境，需要作断水处理。

成株体型：微型。
叶形：卵形，叶尖外凸。
繁殖方式：扦插。
适合栽种位置：阳台、露台。

红数珠　青锁龙属

日照 ●●●●● 浇水 ●●●●●

品种介绍:

十分独特的品种,圆鼓鼓的叶片上带着斑点状乳突,平时为绿色,强光和温差下会泛红。拉丁名 *Crassula hottentota* 并非指此品种。该品种属于迷你型,非常小,适合制作微型小盆栽。

养护习性:

虽然南非的日照十分充足且强烈,但经过驯化培育后已经完全适应了城市的环境,家庭环境下栽培对日照的需求并不太多,只要不是摆放在过于背阴的位置,不会徒长得很难看。对水分需求不多,幼苗期可以频繁少量浇水,让土壤保持一定湿度。铺面石切忌过大,最好也不要使用赤玉土铺面,根系较细弱,透气性太好的话不利于根系扎到土壤中。

成株体型: 小型,易丛生。

叶形: 卵形厚叶,叶尖外凸或渐尖。

花形: 聚伞花序,白色花带淡粉色斑纹。

繁殖方式: 扦插。

适合栽种位置: 阳台、露台。

红稚儿　青锁龙属

Crassula radicans

日照 ●●●●◐　浇水 ◇◇◆◆

品种介绍：

一度被认为是 *Crassula pubescens* 的一个亚种，甚至是 *Crassula cultrata* 的一个形态，但目前认为它是独立物种的观点占了上风。是早期十分受大众追捧的青锁龙属植物之一，由于想养出火红色的叶片较困难，变成被众多爱好者嫌弃的品种。实际上是一种超级耐养的多肉植物，只要掌握了正确的方法，可以让它一直保持惊艳的状态。

养护习性：

家庭环境里大部分时间只能养出绿色，一旦日照不足就会徒长得飞快，叶片与枝干拉长，并且变软变脆弱。栽培时首先要选择深度 8cm 以内的花盆，土壤混入 60%~70% 的颗粒，生长初期补足水分，保证植株能迅速群生。待长到自己满意的大小后开始减少浇水量，给予充足日照，在春秋冬三个季节都能保持火红色的状态，再开出白色花朵，便是一盆惊艳的小盆栽了。

成株体型：小型，易群生。
叶形：倒卵形，叶尖外凸。
花形：聚伞或聚伞圆锥花序，白色花。
繁殖方式：叶插、扦插。
适合栽种位置：阳台、露台、花园。

花椿 青锁龙属

Crassula 'Emerald'

品种介绍：

玉椿和漂流岛的杂交品种，
继承了玉椿的株型和漂流岛
内卷的叶子，毛茸茸的叶片
在秋冬季节可以晒得棕红。
非常迷你，单棵几乎看不出
什么，长成大群后才会发现
它的美。是制作小型盆景的
好素材，也可用来制作迷你
造景。

日照 ●●●●● 浇水 ◊◊◊◊

养护习性：

对日照需求不多，可散光栽培，但也不能摆
放在长期无光的环境里。夏季高温时要适当
遮阴并加强通风，减少浇水量，每次少量浇
水即可。春秋生长季节正常浇水，土壤中混
合 50% 以上的泥炭土最佳，能够加速生长。
冬季不耐低温，特别害怕低温下吹风，这样
的环境下只需要几小时就会彻底破坏叶片中
的细胞，最后整株化水死亡。

成株体型： 小型，易群生。

叶形： 倒卵形，内卷，叶尖外凸。

花形： 白色花。

繁殖方式： 扦插。

适合栽种位置： 阳台、露台。

黄金花月　青锁龙属
Crassula ovata 'Crosby's Compatct'

品种介绍:

玉树的一个以矮小化为目标选育的无性系品种，叶片呈现淡黄色甚至橙色，有红边。日照充足时也会整株变红，看起来像变异的锦化品种。叶片不红时与玉树没有太大区别，绿色的叶片即使放在一起也很难区分出来。从颜色来看要比玉树漂亮许多，在遥远的南非国家植物园门口就摆放着一大盆巨大的黄金花月树，叶片呈金黄色。

养护习性:

耐晒耐热，即使在炎热的夏季也不需要遮阴措施，如果想让叶片变色更快，则需要充足的日照。散光也能够健康生长，只是叶片会保持绿色。对水分需求较少，成年株甚至可以一个月浇一次水。叶面偶尔会出现白色小点，可以用手擦去，对植物本身并无影响。

冬季不耐低温，注意保温，特别需要注意避开风口，寒冷的天气加风吹就像被刀子割过一样。

成株体型: 小型，易丛生。
叶形: 倒卵形，叶尖圆形。
繁殖方式: 叶插（较困难）、扦插。
适合栽种位置: 阳台、露台、花园。

日照 ●●●●● 　浇水 🖤🖤🖤🖤🖤

火祭 青锁龙属

Crassula capitella 'Campfire'

日照 ●●●●● 　浇水 🌢🌢🌢🌢🌢

品种介绍:

C. capitella 是一个火红的园艺品种，但据说在野外也有这种季节性全红的个体分布。入门级多肉之一，全日照加大温差能够轻易令它上色，但光照不足或给水过多也会令其徒长得很丑。国内十大常见多肉植物之一，不过由于它较难养出全红色，大部分爱好者只能种出野草一样的绿色火祭，所以也有大批爱好者的对多肉植物的兴趣葬送在它身上。

养护习性:

对日照需求非常高，稍缺日照叶片就会变绿徒长、变得松散、叶间距拉大。不过也可以利用这点对火祭进行塑性，制作垂吊或者老桩造型，然后再增加日照，让其全株变红。对水分需求不多，生长环境过于湿润容易滋生白粉病，很容易传播开影响其他植物。发现后要立即隔离，然后用高锰酸钾溶液擦拭叶片表面，并加强通风。

成株体型: 中小型，易群生，易垂吊。
叶形: 椭圆形或卵形，叶尖外凸。
花形: 聚伞圆锥花序，白色花。
繁殖方式: 扦插。
适合栽种位置: 阳台、露台。

火祭锦、火祭覆轮锦、火祭之光 [青锁龙属]

Crassula capitella var. *campfire* fa. *variegata*

品种介绍:

火祭的覆轮锦品种,理想状况下可呈现粉、黄、绿三色,非常美妙。早期锦斑不太稳定,数量并不多,经过几年时间的观察与繁殖发现,变异锦斑慢慢稳定下来,目前在市面上已非常常见。白色条纹让其在叶色上比火祭更加出彩。

日照 ●●●○○　浇水 ♦♦♦♦♦

养护习性:

健康生长所需的日照并不多,甚至可以当作吊兰来栽培,每天给予 2 小时日照就足够了,后期想让叶片红起来再增加日照时间即可。生长速度飞快,春秋生长季节保持土壤湿润会加速成长。通风不好或土壤中带有病菌的话,很容易被真菌感染,叶片会出现许多白色霉斑一样的痕迹。可以用高锰酸钾兑水后将叶片擦拭干净,然后还需换土并清洗根系。

成株体型: 中小型,易群生,易垂吊。

叶形: 椭圆形或卵形,叶尖外凸。

繁殖方式: 叶插、扦插。

适合栽种位置: 阳台、露台、花园。

火星兔子 青锁龙属

Crassula ausensis ssp. *titanopsis*

日照 ●●●●● 浇水 ◌◌◌◌◌

品种介绍：

原始种，非常特别的小东西，叶片上的白色突起是气孔或排水孔。体型较小，在原生地环境里很难被发现，适合制作迷你盆景或微型景观。开花时非常漂亮，值得欣赏。

养护习性：

生长缓慢，本身就小，长成大群需要很长时间。尽量保持充足的日照环境，避免徒长使叶片变长。铺面石不宜过大，较大的颗粒会导致根系还未扎进土壤中就干枯死掉。幼苗期需要给足水分，浇水较频繁，成年后可以延长浇水间隔。土壤中颗粒比例在 50% 左右最佳，颗粒不宜过大。繁殖主要采取播种方式。

成株体型：小型，可形成大型群生。

叶形：倒卵形，叶尖外凸。

花形：聚伞或聚伞圆锥花序，白色花。

繁殖方式：叶插、扦插、播种。

适合栽种位置：阳台、露台。

姬钱串 青锁龙属

品种介绍：

也被称为迷你钱串，最近两年才流行起来，叶形与钱串一模一样，但小很多，看起来甚至有些像虫草。非常适合迷你盆景，搭配一个小型花器会有种不同的效果。

养护习性：

对日照需求不太高，散光环境也能生长得很好，自身习性就是越长越长，即使徒长也不会太明显。很容易群生，新的枝条会从叶片中间长出，使用小型花盆栽培就好，枝条能够长出花盆高度的好几倍以上。对水分需求较多，一年四季都不需要断水，除冬季低温时适当控水外，其他季节可以保持频繁少量的浇水方式，夏季也不要断水，加强通风是度夏的最好方式。土壤中的颗粒多一些会更好。

成株体型：小型、易群生。

叶形：卵形，叶尖外凸。

繁殖方式：叶插、扦插。

适合栽种位置：阳台、露台。

日照 ●●●●● 　 浇水 ◊◊◊◊◊

纪之川 青锁龙属

Crassula 'Moonglow'

品种介绍：

稚儿姿和神刀的杂交后代，株型与前者相似，绒毛和叶色则随了后者。在国内很早就出现了的品种，在同类中算个头较大的。容易群生，能长得很长，适合用老桩盆进行造型。

日照 ●●●○● 　浇水 ◊◊◊◊◊

养护习性：

一年四季生长都很平稳，只需注意勿过多浇水及闷湿环境。可以散光栽培，也可以强光照射，保持干燥、通风良好的环境。对水分需求不多，一个月浇两三次水就足够了。最底部的叶片如果出现干枯现象不用着急，也不需要人工清理，等待自然干枯脱落即可。

成株体型：小型，较易群生。
叶形：卵形厚叶，叶尖外凸或急尖。
花形：聚伞圆锥花序，白色、粉色或红色花。
繁殖方式：扦插。
适合栽种位置：阳台、露台。

康兔子 青锁龙属

Crassula namaquensis ssp. *comptonii*

品种介绍：

毛茸茸的原始种，叶片可以晒成深红色，很容易长成一大群。叶片非常迷你，在野外不太容易被发现，曾经在南非中部地区发现野生的康兔子，即使在野外环境下也非常小，并不像大家所想象的，多肉植物在原生地都是以巨型状态存在。原生地环境比较恶劣，很少有雨水，土壤也以砂石为主，很难想象这些小小的植物是如何存活下来的。

养护习性：

对日照需求相当高，在原生地处于完全暴露在烈日下的平原地带，没有任何可遮挡阳光的植物或石块。对水分需求较少，可一个月浇两次水。生长非常缓慢，一定不要误认为其生长太慢而需要多浇水。只需给它们提供适当的环境，然后耐心等待花开。

成株体型：微型，易群生。

叶形：倒卵形，近圆柱状，叶尖外凸。

花形：聚伞圆锥花序，黄色或白色花。

繁殖方式：扦插。

适合栽种位置：阳台、露台。

日照 ●●●●● 　浇水 💧💧💧💧💧

克拉夫
Crassula clavata

品种介绍：

原始种，属于不太典型的那一种青锁龙，叶背甚至整株都可以晒得通红。在南非中部山脊地带被发现过，这里的环境与其他干燥的地方不同，不仅雨水较多，清晨从海洋上空飘来的水气在这里凝聚，使得空气湿度非常大。它们几乎都生长附着在一些青苔周围或岩缝之中。单棵零散分布，少有大群聚集在一起的情况。

养护习性：

对日照需求较多，在原生地强烈的日照下，叶片始终保持红色。也可以散光栽培，不过叶片会转变为绿色。由于原生地环境水分是相当充足的，所以栽培养护时水分相比其他青锁龙可以稍多一些，春、秋、冬三个季节都能够持续生长，夏季高温时注意加强通风并适当控水。生长速度较慢。

成株体型： 中小型，易群生。
叶形： 线形或倒卵形，叶尖外凸。
花形： 聚伞圆锥花序，白色花。
繁殖方式： 扦插。
适合栽种位置： 阳台、露台。

日照 ●●●●● 　　浇水 ◊◊◊◊◊

龙宫城、象牙塔 青锁龙属

Crassula 'Ivory Pagoda'

品种介绍：

玉椿和神刀的杂交后代，是 Kimnach 培育的作品，从生长点可以看出明显的神刀特征，株型继承自玉椿。在国内一直是多肉爱好者喜爱的品种，并不是叶片长相有多特殊，而是一看到名字就会让人联想起东海老龙王的宫殿，所以它在青锁龙里属于比较知名的品种，毕竟名字很容易被记住。

养护习性：

对日照需求不高，可散光栽培，夏季日照过强时甚至需要遮阴。对高温比较敏感，高温闷热时要加强通风并控水或断水。春秋生长季节可以正常浇水，冬季只要温度保持在 5℃ 以上即可安全越冬。根系生长速度较慢，初期养根需要较长时间，生长速度也不算太快。

成株体型： 中小型。

叶形： 椭圆形，叶缘微褶，叶尖外凸。

繁殖方式： 播种、分株扦插。

适合栽种位置： 阳台、露台。

日照 ●●●○○　　浇水 ♦♦♦♦♦

绿帆 青锁龙属

品种介绍:

起源不明的品种,植株是典型的青锁龙属风格,但叶片较薄且叶缘略带褶皱感,叶缘可以晒红。大小与钱串差不多,嫩绿色非常适合与其他景天多肉植物搭配组合盆栽。也可尝试用细高的单盆进行造型,生长速度快,习性强健。

养护习性:

对日照需求不高,但不能摆放在过于背阴的区域,比如卧室内。长期缺光的话叶片间距会拉长,变得松散易断。大部分时间都为嫩绿色,较难整株晒红。生长速度不亚于星王子,春、秋、冬三个季节在给足水的情况下很快就会"长上天"。夏季高温闷热时适当遮阴、通风即可,不需要断水。土壤中多一些粗砂颗粒最佳,虫害较少。

成株体型:中小型,易群生。

叶形:卵形,叶尖微凸或急尖。

繁殖方式:扦插。

适合栽种位置:阳台、露台。

日照 ●●●●○　浇水 🌢🌢🌢🌢🌢

绿箭、筒叶菊　青锁龙属

Crassula tetragona

品种介绍：

原始种，绿油油的长叶片看着很宜人，老桩会木质化，是十分强健的盆栽植物。在国内一度很流行，不过现在很少有人栽种，大概是由于它不像其他多肉那样拥有丰富的色彩吧，其实在长江以南地区作为花园绿植也是不错的。

养护习性：

对阳光需求不多，可半阴栽培，过于缺光的环境下花箭下的枝干会变软倒塌甚至断裂，更容易感染介壳虫害，所以不要随便拿到室内或者办公桌上。夏季炎热时会休眠，可以断水。春秋生长期也可以适当控水，不然会长得很快，普通小花盆很快就不够用了。开花还是非常漂亮的，持续时间也较长，可以赏花后再将花枝剪去。

成株体型：小型，易丛生。

叶形：线形，叶尖微凸或急尖，顶部有短尖。

花形：聚伞圆锥花序，白色花。

繁殖方式：扦插。

适合栽种位置：阳台、露台、花园（长江以南地区）。

日照 ●●●●○　　浇水 ▲▲▲▲▲

吕千绘、吕千惠 青锁龙属

Crassula 'Morgan's Beauty'

品种介绍：

神刀的杂交后代，叶芯可以看出明显的神刀的特征，浑身披满白霜，是非常精致秀气的品种。花如绣球，也颇具观赏性。非常适合单盆造型，搭配独特的花器，等待开花那一刻，所有的美聚焦在一起爆发。

养护习性：

可散光栽培也可全日照养护，开花期间一定要有充足的阳光，这样开出的花才会健壮漂亮。需要水分很少，夏季高温时要严格控水，加强通风，环境十分闷热的情况下要通过断水的方式来度夏。叶面偶尔会出现一点锈斑点，对健康影响不大，日常浇水时注意避开叶面就可以减少伤疤。土壤选择砂质性颗粒最佳。

成株体型：中小型，易群生。

叶形：椭圆形，叶尖圆形。

花形：聚伞圆锥花序，粉色或淡黄色花。

繁殖方式：扦插。

适合栽种位置：阳台、露台。

日照 ●●●●● 　浇水 ◊◊◊◊◊

毛海星 青锁龙属

日照 ●●●●● 　浇水 🌢🌢🌢🌢🌢

品种介绍：

小小的莲座上覆盖着白色的纤毛，叶形看起来像海星一样，可谓名副其实。春秋季节叶片可以晒成红色，开出白色的花朵，两种颜色形成极大反差，种上一小盆盆景也是非常有看头的。极容易群生，很适合单盆栽种。

养护习性：

对日照需求很高，日照不足时不但叶片为绿色，也很容易拔高徒长，完全变形。充足的日照不但能够控制叶片形态，还能将绿海星晒成纯红色的红海星。容易群生挤成一片，根系瘦弱，栽种时可以选择大口径的浅盆，深度在 6cm 以内为宜。虽然叶面上也有小绒毛，不过浇水时不用太担心，可以直接浇到叶面上，水珠会从叶片各个缝隙流到土壤里。日常对水分需求不多。

成株体型：**小型。**
叶形：**卵形或椭圆形，叶尖微凸，顶部有短尖。**
花形：**聚伞花序，白色花。**
繁殖方式：**分株扦插。**
适合栽种位置：**阳台、露台。**

日照 ●●●●○　浇水 ♦♦♦♦♦

梦椿 青锁龙属

Crassula pubescens

品种介绍：

原始种，种加词意为"有软毛的"，可以晒成棕红色。曾经火遍全国，出状态时整棵呈紫红色，开白色小花，十分美艳。非常适合单盆盆景造型。

养护习性：

对日照需求较多，但夏季要注意遮阴、通风，高温闷湿的环境还是非常危险的。叶面上有许多小绒毛，容易沾灰，如果城市污染较严重、灰尘多，每次浇水时可用喷壶轻轻将灰尘喷去。平时对水分需求不多。叶片很容易掉落，尽量不要去触碰，换盆时一定要小心。叶插非常容易成活，掉落的叶片也不要浪费。

成株体型：小型，易群生。
叶形：倒卵形，被短绒毛，叶尖外凸。
花形：聚伞圆锥花序，白色花。
繁殖方式：叶插、扦插。
适合栽种位置：阳台、露台。

梦殿　青锁龙属
Crassula deceptor

品种介绍:

原始种，已与稚儿姿合并为同一物种，但二者外貌的区别还是很大的。梦殿的叶片像角一样的形状，且叶面有斑点状乳突，具有其独特的园艺价值。一小群搭配奇特的花器单盆栽种后十分漂亮，是做盆景的理想素材。生长速度较慢，需要长时间的等待。

日照 ●●●●● 浇水 ◌◌◌◌◌

养护习性:

对日照需求很高，日照不足时徒长后的叶片呈绿色，枝干与叶片间距会拉得很长。不耐强日照，夏季日照过强时需要遮阴处理。叶面带有很薄一层的白霜保护层，不要碰掉。浇水时可以浇到叶片上，水会顺着纹路流入土中，不会冲掉白霜。水分需求不太多，正常一个月大概浇两次水。小苗期土壤中泥炭土比例高一些更好，老桩大群后可以加大颗粒比例。

成株体型: 小型。

叶形: 卵形，叶尖急尖或渐尖。

花形: 聚伞圆锥花序，棕红色花。

繁殖方式: 扦插。

适合栽种位置: 阳台、露台。

漂流岛、苏珊乃 青锁龙属

Crassula suzannae

日照 ●●●●◐　　浇水 ◌◌◌ ◌◌◌

品种介绍：

原始种，在自然界中常像万象一样将大部分身体埋在地下，只有叶尖露出来一点点。早期十分受大众追捧，但由于景天类的新品种辈出而慢慢被人淡忘。特殊的叶形群生后开出小白花，十分惊艳，不少国际上获奖的景天盆景就是它。

养护习性：

生长速度较慢，不过十分容易群生，不需要强烈的日照，喜欢温暖柔和的阳光，照射时间长一些更好。体型较小，属于迷你系列，根系不太发达，需求水分较少，但最好保持土壤中有一点湿气。夏季高温时需要遮阴并加强通风。很少有介壳虫害，但容易被蛾子幼虫啃食，如果发现叶片有大块被啃掉，需要挖出来检查土壤中是否有蛾子幼虫存在，不需要打药，发现后手动清理即可。

成株体型：小型近微型，易群生。
叶形：椭圆形，内卷，叶尖截形。
花形：聚伞花序，白色花。
繁殖方式：分株扦插。
适合栽种位置：阳台、露台。

普诺沙　青锁龙属
Crassula pruinosa

品种介绍：

纤细可爱的原始种，长满一盆也颇为壮观。原生地位于南非，在野生环境里呈灌木生长，冠幅直径可以长到50cm以上。曾经在南非野外山脊上发现许多大型灌木状普诺沙，生长状态已经完全不像在国内所见到的。多肉植物也是会随环境因素而改变自己的。

日照 ●●●●● 浇水 ◊◊◊◊◊

养护习性：

对日照需求较大，缺少日照后整体株型会变得细长，枝条难看又脆弱。在强度较大的日照与温差环境下叶片会转变为粉红色，不过家庭环境中较难养出这种状态。开的花很美，每一株顶端都会开出白色小花，枯萎后不会影响生长。对水分需求不高，除夏季控水外，其他季节正常浇水即可。

成株体型： 微型，易丛生。
叶形： 线形或椭圆形，近圆柱状，被毛，叶尖微凸，顶部有尖。
花形： 聚伞圆锥花序，白色花。
繁殖方式： 扦插。
适合栽种位置： 阳台、露台。

钱串、数珠星 青锁龙属

Crassula rupestris ssp. *marnieriana*

品种介绍：

沙地葡萄的亚种，青锁龙属最具代表性的品种之一，叶子长宽均在 0.6cm 以下。在多肉植物界中也属于大明星级别了，毕竟名字在中国是非常讨喜的，也是众多大棚温室生产繁殖的首选品种。抛开名字，其叶形与枝条形态也是非常有特点的，特别是一些国外多肉造型大师，甚至能够种出飞龙在天一般效果的钱串盆景，令人叹为观止。

日照 ●●●●● 浇水 ◊◊◊◊◊

养护习性：

对日照需求不高，可以给予散光环境让枝干加速徒长，后期再增加日照来塑形。在日照较少的环境中枝条会变软，被引力吸向地面，这时生长速度也比较快，待长到合适长度后再增加日照，枝干会木质化变硬，新的叶片会从顶端继续向着太阳生长。正常养护下春、秋、冬三季都会一直生长，让土壤保持一定水分即可，习性非常强健。偶尔会出现枝干中部或接近土壤底部木质化萎缩的现象，需要及时剪掉重新扦插，并清理挖出单支，避免扩散感染。

成株体型：微型，易群生。
叶形：卵形，叶尖近圆形，顶部有尖。
花形：聚伞圆锥花序，白色花。
繁殖方式：扦插。
适合栽种位置：阳台、露台。

茜之塔　青锁龙属

Crassula capitella ssp. *thyrsiflora*

日照 ●●●●●　浇水 💧💧💧 💧💧

品种介绍:

极其多样化的原始种 *C. capitella* 的一个亚种,很难想象它与火祭属于同一个物种。全日照与控水得当会养出紫红色的紧凑植株,但徒长后则会变得很丑。花朵非常有特色,味道让人久久难忘,宝塔状的叶片也十分受欢迎,早期十分受大家追捧。

养护习性:

如日照不足,叶形与颜色很难养出图片中这样的状态,并且一旦徒长起来叶片会变得非常松散,轻轻一碰就会断落,如果家里日照条件不太好的话就放弃种它吧!如果有大院子,可以尝试地栽,效果会很好,不但叶片会变成紫红色,长成一片后作为绿化景观也非常漂亮。对水分需求很少,成株后一个月浇水两次左右就可以了。对土壤要求也不高。

成株体型: 小型,易群生,易垂吊。

叶形: 卵形,叶尖急尖。

花形: 聚伞圆锥花序,白色花。

繁殖方式: 扦插。

适合栽种位置: 阳台、露台、花园。

绒针　青锁龙属

Crassula mesembryanthoides ssp. *mesembryanthoides*

日照 ●●●●● 浇水 ◆◆◆◇◇

品种介绍：

毛茸茸的原始种，可以形成40cm左右的丛生。叶片细长，但也可以养得很肥，是一种多变的青锁龙。早期被大量用于组合盆栽之中，后来发现成长不太稳定，容易破坏组合盆栽的整体性。不过毛茸茸的叶片一直都非常讨人喜爱，缺点是叶片很容易生锈斑，一旦感染较难治愈。

养护习性：

对日照需求较高，即使夏季高温时也可以全日照暴晒，常见叶片为绿色，在季节交替时期也会整株变红。对水分需求很少，对通风环境要求较高，通风不好特别容易滋生锈斑病或白粉病，一旦感染要立即修剪扔掉已经感染的枝叶，并隔离栽培。枝干容易木质化，栽培过长时间后枝干会枯死，需要修剪重新扦插。由于叶片上有较多绒毛，很容易被雨水或灰尘污染，不适合露养。

成株体型：小型，易群生。
叶形：线形或椭圆形，被厚毛，叶尖急尖，顶部有尖。
花形：聚伞圆锥花序，白色花。
繁殖方式：叶插、扦插。
适合栽种位置：阳台、露台。

若歌诗　青锁龙属
Crassula rogersii

品种介绍：

原始种，毛茸茸、圆滚滚的小家伙，在秋冬时节充分的日照下叶片会变红。在南非中部地区野外山脊有大面积发现，原生地环境较湿润，日照十分强烈。它们大多生长在山脊顶部，有许多木质化呈小灌木状的若歌诗，还曾经发现一棵野外自然变异锦斑的若歌诗，十分难得。在国内很早以前就开始流行，在一定环境下叶片可以转变为粉红色，也许很多人就是被一张粉红色叶片的若歌诗带入坑的。

养护习性：

对日照需求较多，日照不足时枝干与叶片会拉长，难看且更加脆弱。充足的日照加上较大的温差环境下叶片会转变为粉红色。对水分需求不多，木质化老桩一个月浇一次水就足够了。是非常容易感染锈斑病的品种，发现后立即将感染枝叶修剪扔掉，避免传染。日常管理通风环境最重要。生长迅速，适合用大盆栽种。

成株体型： 小型，易丛生。
叶形： 倒卵形厚叶，被毛，叶尖圆形。
花形： 聚伞圆锥花序，淡黄色花。
繁殖方式： 叶插（较困难）、扦插。
适合栽种位置： 阳台、露台、花园。

日照 ●●●●○　　浇水 ▲▲▲○○

若绿　青锁龙属

Crassula muscosa

日照 ●●●●● 浇水 🌢🌢🌢🌢🌢

品种介绍：

绿油油的原始种，可以形成大型群生，也能适应盆栽环境，趋光性很强。同样在南非中部山脊地区曾被大面积发现，大部分生长在岩石后方或背光处，呈灌木状生长。原生地环境较为湿润，日照十分强烈，且春季温差能够达到30℃~40℃，生存环境也是极为恶劣的。

养护习性：

对日照需求不高，也是唯一几种可以完全散光栽培的景天科多肉植物。叶片常绿，充足的日照也能将叶片晒出红色和粉色。对水分不敏感，需求不多，想快速生长也可以隔五天或一周左右频繁浇水。根系健壮，能够生长很长，适合栽种于较深的花盆中。十分容易存活，剪下一段插在土中即可生根，亮绿色也非常适合组合盆栽。

成株体型：中型。

叶形：卵形，被毛，叶尖外凸。

花形：聚伞圆锥花序，淡黄色或棕色花。

繁殖方式：扦插。

适合栽种位置：阳台、露台、花园。

三色花月 青锁龙属

Crassula ovata 'Tricolor'

品种介绍：

玉树的变异拉丝锦品种，这种锦品种十分稳定，已经在国内流行很长时间，目前也算是常见品种之一。在大温差和全日照的环境下也可以养出绚烂的颜色，容易被人们作为招财植物摆放在客厅中，但实际摆放在南面阳台最佳。

养护习性：

对日照需求不高，可散光栽培，但不宜过度缺光，不建议摆放在卧室内。充足的阳光能够让枝干与叶片更加强壮结实，虽然也能晒红但颜色改变不会太大。夏季耐高温，只需注意通风与适当控水即可。春秋季节正常浇水，保持土壤中有较大比例颗粒，加大土壤的透气透水性。不耐寒，冬季栽培环境需保持5℃以上，低于0℃会非常危险，一旦冻伤短时间内不会表现出来，一般会在3～5天后开始化水死亡。

成株体型：小型或中型灌木。

叶形：倒卵形，叶尖外凸。

繁殖方式：扦插。

适合栽种位置：阳台、露台。

日照 ●●●●◐　浇水 ♦♦♦♦♦

神刀 　青锁龙属

Crassula perfoliata var. *minor*

品种介绍：

很有特点的原始种，像几把刀子交错着插在地上。叶形十分特殊，不过相对比较小众，喜欢它的人并不是很多。它可以长到很大，下地栽培目前发现直径能够超过30cm。作为比较特殊的造型盆景不错，是品种控的最爱。

日照 ●●●●○　　浇水 ◊◊○○○

养护习性：

对日照需求不高，只要不是过于缺光，日照对叶形与叶色的改变不会太大。对水分需求也很少，属于偶尔想起来浇一点就可以的类型，常会被遗忘在角落一个月浇一次水。相反，过多地浇水很容易使其腐烂。土壤可以选择大比例的砂质土，更加透水透气，利于根系呼吸。主根较为强壮，可以长得很长，花器可以选择较深的。开花十分惊艳，值得好好欣赏一番。

成株体型：中型。

叶形：椭圆形或卵形，叶尖外凸。

花形：聚伞圆锥花序，红色或粉色花。

繁殖方式：分株扦插。

适合栽种位置：阳台、露台。

神刀锦 青锁龙属

Crassula perfoliata var. *minor* fa. *variegata*

品种介绍:

神刀的锦化品种,品种控的最爱,不过这类斑锦不太稳定,栽培两三年后有可能会褪锦返祖。习性强健,不太容易养死。叶片上的淡黄色锦斑纹路比神刀更美观,用于一些大型景观是很好的选择。

养护习性:

习性与神刀差不多,只要不放置在过于缺光的位置就不会对植物有太大影响。对水分需求很少,喜欢砂质土壤,保持良好的透水性。夏季温度过高时需要遮阴并通风,这时也要严格控水甚至断水,避免腐烂,其他季节正常浇水即可。很少有虫害,也许只有蜗牛能啃得动它了。

成株体型: 中小型。

叶形: 椭圆形或卵形,叶尖外凸。

繁殖方式: 分株扦插。

适合栽种位置: 阳台、露台。

日照 ●●●●● 浇水 ◐◐◐◐◐

神童 青锁龙属

Crassula 'Bride's Bouquet'

日照 ●●●●● 浇水 ♦♦♦♦♦

品种介绍：

神刀的杂交后代，但神刀的叶芯特征不太明显，绿色的叶片交互对生成"十"字，开花如新娘捧花般美丽。是十分常见的品种，习性也不错，虽然叶形没有太多特点，但花朵却十分惊艳，一般在秋季开花，很值得期待。

养护习性：

对日照需求不多，可半阴栽培，但也不能过于缺光，长时间缺少光照（例如摆放在客厅茶几上）叶间距会拉长，非常容易滋生病害。对水分需求也不多，不论小苗还是成株，一个月浇两三次水就足够了。叶片偶尔会滋生锈斑病，发现后要立即将病叶掰下扔掉，避免传染。容易群生，习性非常强健，适合入门栽培。另外，开花后的花香十分诱人。

成株体型：中小型，易群生。
叶形：卵形，叶尖外凸。
花形：聚伞圆锥花序，粉色花。
繁殖方式：扦插。
适合栽种位置：阳台、露台。

十字星锦、南十字星、星乙女锦 青锁龙属
Crassula perforata ssp. *perforata* fa. *variegata*

品种介绍:

锦化品种，叶片通常为黄、绿两色，叶缘变红则更为美妙。通常只有上半部新叶带锦，老叶为绿色。栽培时间超过 3 年比较容易出现退锦返祖的现象，不过变异锦斑算比较稳定的，是组合盆栽中理想的素材。

日照 ●●● ●● 浇水 ♦♦♦♦ ♦

养护习性:

对日照需求不高，由于叶片自带变异白色锦斑，更加多彩迷人，不用晒红也很漂亮。生长迅速，对水分不是很敏感，春秋生长季节可以大量浇水。十分容易扦插，剪下一段插入土中即可生根，被修剪的部位则会分出许多新芽，如果想养成单棵多头群生，就需要多次修剪。习性很好，适合新手入门。土壤中可以加入 50% 的颗粒，更加利于生长。

成株体型: 微型，易群生。
叶形: 卵形，叶尖微凸或急尖。
花形: 聚伞圆锥花序，淡黄色花。
繁殖方式: 扦插。
适合栽种位置: 阳台、露台。

桃乐丝 青锁龙属
Crassula 'Dorothy'

日照 ●●●●● 　浇水 ◌◌◌◌◌

品种介绍：

稚儿姿与苏珊乃的杂交后代，继承了苏珊乃的叶形，但更为肥厚紧凑，且叶面有颗粒状凸起。非常容易群生并长成球型，适合用形态怪异的花盆搭配栽种。开花时非常漂亮，黄色小花朵十分显眼。

养护习性：

对日照需求很高，日照不足时叶片会松散无力，充足的日照能让叶片更加饱满紧凑。容易群生，日常管理时注意定期喷洒杀虫剂，避免介壳虫害爆发。对水分需求不多，多年群生的一个月浇一两次水就足够。可以直接浇到叶面，水珠会从叶片缝隙间流入土壤。开花对植株没有太大影响，可以好好拍照，等待花箭自然枯萎。

成株体型：微型，易群生。
叶形：倒卵形，内卷，叶尖截形。
花形：花序伞房状，黄色花。
繁殖方式：分株扦插。
适合栽种位置：阳台、露台。

天狗之舞　青锁龙属

Crassula undulata

日照 ●●●●○　　浇水 🌢🌢🌢○○

品种介绍:

原始种，红绿两色的叶片惹人喜爱，野生环境下可以形成半米高的灌木丛，小苗很适合组合盆栽，大棵老桩单盆造型也非常不错。在青锁龙里属于最廉价、最容易繁殖的品种，新手入门必选。千万不要认为便宜、常见就不好哦，它也能够养得非常令人惊艳。

养护习性:

只是保持健康生长对日照需求不多，每天3小时以上的日照时间就足够了，不过叶片大部分时间为绿色。增加日照时间可以让叶片红得更久一些。自身新陈代谢非常快，底层叶片消耗干枯得很快，春、秋、冬三个季节正常浇水枝干生长迅速，可以在很短时间内制作出盆景造型。较容易生出气根，枝干健康情况下可以无视，不过如果发现枝干萎缩且生长出许多气根，要立即修剪重新扦插。较容易感染介壳虫，它们躲在叶片间，不太容易彻底清理，日常管理需要多检查。

成株体型: 小型，易丛生。

叶形: 椭圆形近倒卵形，叶尖外凸，叶缘有毛。

花形: 聚伞圆锥花序，白色花，有时带红边。

繁殖方式: 扦插。

适合栽种位置: 阳台、露台、花园。

筒叶花月 青锁龙属

Crassula ovata 'Gollum'

品种介绍：

玉树的一个园艺变种，叶片呈平顶的圆筒状，形似海底的珊瑚，可用于海底主题的多肉景观之中，非常有趣。与浪漫的来自日本的"筒月花月"一名不同，其学名得自魔戒中的角色"咕噜姆"。另有一圆筒叶更细长的品种名为'Ladyfingers'。在国内也常被称为"吸财树"。

养护习性：

常绿品种，日照充足的话也能够像"黄金花月"一样晒出金黄色，不过对其他条件要求也比较高。花器可选择高而细长、存土不多的，土壤中加入70%以上的粗砂颗粒，浇一次水后开始严格控水，很快就能够晒出金黄色了。正常养护浇水也不用太多，成年株一个月浇两次水就足够了。少有介壳虫，十分好管理。叶面偶尔会出现白色斑点，可用毛刷刷掉，对植物本身无害。开花十分少见。

成株体型：小或中型灌木。
叶形：线形。
繁殖方式：叶插、扦插。
适合栽种位置：阳台、露台、花园。

日照 ●●●●● 浇水 ♦♦♦♦

小米星 青锁龙属

Crassula 'Tom Thumb'

品种介绍：

钱串和博星的杂交后代，叶片的长和宽均在 0.5cm 以下，整体近三角形，叶尖不如钱串圆润。常被人误以为是小钱串，也是继钱串后十分火热的品种。习性很不错，也非常漂亮，组合盆栽与单盆盆景都很适合。顶部叶片晒红后，从正面往下看就像一片红色的小星星。

日照 ●●●●● 浇水 ▲▲▲

养护习性：

对日照需求较多，日照不足时徒长起来叶片松散得很快。夏季高温时要适当遮阴并保持良好的通风环境。对水分需求不多，较耐旱，但小苗要补足水分。枝干很容易木质化，一旦木质化后再移盆容易因伤根引起整株枯死，所以换盆时要尽量保护根部，干枯死掉的根系还是需要修剪清理干净的。一旦发现枯死的迹象，要迅速剪下重新进行扦插。

成株体型：微型，易群生。

叶形：卵形，叶尖微凸或急尖。

花形：白色花。

繁殖方式：扦插。

适合栽种位置：阳台、露台。

小天狗 青锁龙属
Crassula herrei

品种介绍：

圆润讨喜的原始种，野外实生个体样貌非常多样化，分布在南非中部地区野外山脊上，依靠清晨的露水和雨水生存，清晨时分湿度很大，中午后环境又会变得很干燥，日照也很强。温差最大时能超过 35℃（夜间 5℃，白天 40℃），温差和阳光会使叶缘和叶背变红。

养护习性：

对日照需求很高，充足的日照能够让叶片更加紧凑健康，也能将叶片晒成红色。幼苗期为了令其快速生长，水分要补足，初期不要太在意颜色。长大后进行控型，换漂亮的花盆造型。成年株配土可以加入大比例的颗粒，并减少浇水频率，叶片上色会更快。叶片较脆，容易碰断，换盆时一定要小心。习性在青锁龙属里算比较强健的，很适合新手栽种。

成株体型：小型，易丛生。
叶形：线形或椭圆形厚叶，叶尖外凸，顶部有钝尖。
花形：聚伞圆锥花序，白色花。
繁殖方式：扦插。
适合栽种位置：阳台、露台。

日照 ●●●●● 　浇水 ♦♦♦♦♦

新花月锦 青锁龙属

Crassula ovata fa. *variegata*

品种介绍：

玉树的锦化品种，与三色花月的拉丝锦不同，新花月锦的叶片多为全锦、半锦或覆轮锦，变异较稳定。足够的日照下会呈现渐变色，十分迷人。

养护习性：

对日照需求很高，日照不足的话当然就别想变红啦！即使在夏季阳光最强的时候也不需要遮阴。自身保水很厉害，不需要太多水分。根系十分强大，可以选择较深的花盆，待长成老桩后再换盆塑型。土壤中可以加入一半以上的颗粒，使土壤更加透气，叶片状态也会更好。

成株体型：中小型，易丛生。

叶形：倒卵形，叶尖外凸，顶部偶有尖。

繁殖方式：扦插。

适合栽种位置：阳台、露台、花园。

日照 ●●●●● 　浇水 ◌◌◌◌◌

星公主、博星、白星、牵牛星、沙地葡萄
Crassula rupestris ssp. *rupestris* 青锁龙属

日照 ●●●●● 浇水 🌢🌢🌢🌢🌢

品种介绍：

原始种，叶子长宽约 1~1.5cm，有多个无性系品种流传，相互之间略有差异。常见的无性系品种叶片被白霜，但叶缘无霜。花序较短，开花像绣球。叶以绿白色为主，作为绿色部分加入组合盆栽中非常合适，可谓"万花丛中一点绿"。

养护习性：

习性很强健，对日照需求不高，不过在强日照与大温差的极端环境下叶片可以变为金黄色，对叶形也有一定影响，能够长得更加紧密。即使在夏季高温期也不容易腐烂，只要做好通风工作，适当控水即可。生长速度较快，如果想长得更加茂密，可以在 10cm 高时剪掉一半单独扦插，剩下的枝干再长出新叶来就会变成满满一盆了。

成株体型： 小型，易群生。
叶形： 卵形，叶尖外凸。
花形： 聚伞圆锥花序，白色或粉色花。
繁殖方式： 扦插。
适合栽种位置： 阳台、露台。

星芒　青锁龙属

Crassula 'Justus Corderoy'

品种介绍:

神刀的杂交后代,但很难看出其特征,毛茸茸的小型种,叶面会晒出红色的纹路。超级皮实的品种,不适合下地栽种,地栽后生长速度很快,叶片会一直保持绿色并像野草一样扩张生长。单棵适合用于组合盆栽之中。

日照 ●●●●● 　浇水 ◊◊◊

养护习性:

对日照需求不高,大部分时间叶片为绿色,想养出火红色较难。推荐使用深度不超过8cm 的花盆,土壤中保持 70% 以上的颗粒石子,再加上充足的日照,叶片很容易变红。当然,小苗初期需要长根,不适合这种栽种方式。春秋生长季节对水分需求较多,如果想长得更多更快就抓紧浇水吧! 容易滋生锈斑病,发现后要立即隔离,将病叶全部修剪扔掉。

成株体型: 小型,易群生。
叶形: 卵形或椭圆形,叶尖外凸。
花形: 聚伞圆锥花序,白色花。
繁殖方式: 扦插。
适合栽种位置: 阳台、露台。

星王子　**青锁龙属**
Crassula perforata

日照 ●●●●● 　浇水 ◆◆◆◇◇

品种介绍：

原始种，叶子长和宽在 1cm 以上，是青锁龙属的星星中较大的一种，叶片相对较薄，内卷更明显。容易与星乙女混淆，是一种十分常见的青锁龙，习性不错，容易繁殖，很适合新手入门，可以尝试当作吊兰栽培。星王子的变异锦斑品种较为少见。

养护习性：

对日照需求较高，日照不足时枝干与叶片之间的距离会拉得很长，植株变得很脆弱。充足的日照让叶片更加紧凑结实，叶边也会被晒得更红。成株对水分需求不多，一个月浇水两次左右就足够了。花器选择性很大，推荐使用深度 10cm 以内的花盆，口径可以大一些。喜颗粒砂质性土壤。

成株体型：微型，易群生。

叶形：卵形，微内卷，叶尖微凸或急尖。

花形：聚伞圆锥花序，白色或淡黄色花。

繁殖方式：扦插。

适合栽种位置：阳台、露台。

焰芒 青锁龙属

Crassula ×justi-corderoyi

品种介绍：

十分稳定的杂交品种，叶面带有可爱的绒毛，常规状态下能变成紫红色，在国外常用于绿化，适合布置在花园之中。群生习性适合以小丛方式运用在中型组合盆栽中。

养护习性：

对日照需求很高，日照不够时叶片会立马变绿，并且迅速徒长。在日照充足的密闭环境里也很容易徒长，需要保持良好的通风与足够的光照。浇水可以频繁一些，十分喜水，迅速生长对水分的需求也很高，缺水时叶片会变软褶皱。枝干容易木质化，多年老桩也可以尝试造型。土壤中颗粒比例一半以上最佳，可以加入粗砂或火山岩。

成株体型：小型，易群生。

叶形：卵形，叶尖外凸。

繁殖方式：扦插。

适合栽种位置：阳台、露台。

日照 ●●●●● 浇水 ◊◊◊◊◊

银狐之尾、长叶银箭 　青锁龙属

Crassula mesembryanthoides ssp. *hispida*

品种介绍：

绒针的一个亚种，叶片更为纤长，上翘的样子好像狐狸的尾巴。在国内也叫"长叶银箭"。植物本身完全看不出属于青锁龙系列，叶片日常为绿色，晒出状态后会变成粉红色，非常难得。

日照 ●●●●● 　　浇水 🌢🌢🌢🌢🌢

养护习性：

习性稍弱，特别是夏季高温时期，很容易从底部开始烂掉。通风环境非常重要，再配置透气性较好的颗粒土栽种，日照过强时遮阴，度夏还是很容易的。平常对日照需求不高，随便怎么晒基本都是绿色。对水分需求不太多。叶面有许多小绒毛，发现叶片较脏可以用喷壶喷洗。比较容易感染锈斑病，发现后立即将感染病害的部分修剪扔掉。生长速度较快，可以选择小口径的深盆造型。

成株体型： 中小型，易丛生。
叶形： 线形，被绒毛，叶尖外凸或急尖。
花形： 聚伞圆锥花序，黄色花。
繁殖方式： 扦插。
适合栽种位置： 阳台、露台。

玉椿 青锁龙属
Crassula barklyi

品种介绍：

包得紧紧的原始种，几乎看不到茎部，叶片从绿色到棕色都有，花序只探出一点头来开花，非常有趣，不过强迫症还是放弃吧！

日照 ●●●●● 浇水 ◍◍◍◍◍

养护习性：

对日照需求较多，日照不足时叶片会变得松散，徒长起来会很脆弱，充足的日照能够让叶片紧包在一起。叶片的生长十分有趣，新芽会从叶片之间挤出来，容易群生。春秋生长季节正常浇水，夏冬可以减少浇水量，夏季高温闷热时直接断水。整体习性还是比较强健的，适合入门栽培。可以种一些来摸索青锁龙系列的习性。

成株体型： 小型，易群生。
叶形： 非常宽的卵形，叶尖外凸，叶缘有毛。
花形： 聚伞花序，白色花。
繁殖方式： 分株扦插。
适合栽种位置： 阳台、露台。

玉树、燕子掌　青锁龙属
Crassula ovata

品种介绍：

原始种，多年的老株可以长成壮观的灌木，极易养活。燕子掌原为 *Crasusla oblique*，后合并入 *Crassula ovata*，现称为 *Crassula ovata* 'Oblique'，与玉树差异极小。在我国长江以南地区常见，有的甚至生长在老房屋顶瓦片上，野外也经常能发现。国内常被用于制作大型盆景，开花十分震撼。在国内一些寺庙中也被当作吉祥植物栽种摆放，据说它是一种具有灵气的植物。

养护习性：

呈树状的青锁龙，曾见过50年以上的玉树，枝干直径就超过了20cm。对日照需求并不太高，每天能晒到3小时就足够正常生长了。晒再多叶片也不会变色，常年为绿色，枝干与枝条很适合制作老桩盆景。日常管理十天左右浇一次水，夏季高温闷热时可以直接断水。对土壤要求不高，但不推荐使用腐殖性过高的土壤（腐叶土），更喜砂质土壤。

成株体型：小或大型灌木。
叶形：倒卵形，叶尖外凸。
花形：圆顶的聚伞圆锥花序，粉色或白色花。
繁殖方式：叶插（成功率低）、扦插。
适合栽种位置：阳台、露台、花园。

日照 ●●●●● 　浇水 🌢🌢🌢🌢🌢

雨心 青锁龙属

Crassula volkensii

日照 ●●●●○　　浇水 ◊◊◊◊◊

品种介绍:

原始种,可以晒出紫色的斑点和叶缘,仿佛雨水在叶片上留下的痕迹。建议使用小盆造型栽种。也是一种可以作为绿化素材使用的多肉植物,希望未来能够在一些城市的绿化带里见到它们。

养护习性:

对日照需求较高,日照不足时叶片呈绿色,充足的日照才会将叶片晒出紫色来,配合开出的白色花朵,也是十分美艳的。如果只是考虑生长,可以散光栽培,大量浇水。下地栽培时生长迅猛,不过叶片会一直保持绿色。土壤中颗粒比例 50% 最佳。偶尔会感染介壳虫,日常管理要多注意叶片背面。习性非常强健,适合新手栽培。

成株体型: 小型,易群生。

叶形: 椭圆形或卵形,叶尖外凸。

花形: 白色或粉色花。

繁殖方式: 扦插。

适合栽种位置: 阳台、露台、花园。

雨心锦 青锁龙属

Crassula volkensii f. variegata

品种介绍:

雨心的锦化品种,春秋季节阳光充足时可以变成粉红色。经过三年栽种观察发现,这种锦斑比较稳定,不容易返祖(褪锦),习性也还算强健,白色斑锦让叶片颜色很靓丽,适合用于绿化景观之中。

日照 ●●●●◐　　浇水 ◆◆◆◆◇

养护习性:

生长速度相对较快,下地栽种后很快就能铺满一片。对日照需求不多,甚至可以栽种在散光位置。对水分需求较大,充足的水分能够加速生长。栽种土壤要选择透水、透气较好的,颗粒比例不应超过50%。不耐低温,冬季注意保温,栽培温度保持在5℃以上可安全越冬,低温时一定不能进行扦插,化水概率非常高。

成株体型: 小型,易群生。
叶形: 椭圆形或卵形,叶尖外凸。
花形: 白色或粉色花。
繁殖方式: 扦插。
适合栽种位置: 阳台、露台、花园。

月晕 青锁龙属

Crassula tomentosa

品种介绍：

分布颇广的原始种，平时株型紧凑，一旦开花叶片就会拉长变得松散。叶片像眼睛散光的人眼中的满月。在南非中部山脊与西海岸都有发现，甚至还会生长在海边的岩石上，每天被海水冲刷着。而中部山脊地区的环境也较为湿润，发现的月晕大多依附在岩石周围生长。叶片形态十分像贝壳，非常有趣的品种。

养护习性：

对日照需求相当大，强烈的日照与大温差能够把叶片晒成紫红色。对水分需求也较多，最好能保持空气湿润，生长速度相对较快。夏季高温闷热时是非常危险的，一定要多通风并注意控水或者直接断水。较少感染介壳虫害，习性非常不错。土壤可以选择粗砂颗粒稍大一些的，栽培3年以上需要翻盆换土。

成株体型：中小型，较易群生。

叶形：椭圆形或倒卵形，被毛，叶尖圆形。

花形：穗状的聚伞圆锥花序，白色或淡黄色花。

繁殖方式：扦插。

适合栽种位置：阳台、露台。

日照 ●●●●● 　浇水 🌢🌢🌢🌢🌢

稚儿姿、玉稚儿　青锁龙属

Crassula deceptor

日照 ●●●◐◐　浇水 ◆◆◆◆◌

品种介绍:

原始种,加上花序可达 15cm,叶片泛白,叶上有凸起的小斑点,但有的无性系品种并不明显。与白稚儿十分相似,白稚儿的叶片更小,叶形圆润,无明显叶缘或叶尖。稚儿姿叶片上则有许多小瘤凸起,仔细观察的话不难区分。

养护习性:

习性上两者相似,对日照需求不高,土壤中加入大比例的泥炭土较适合生长。对水分需求不多,所以要抓住春秋生长季节,此时一定不能让土壤长期干着。夏季高温时会进入短暂休眠状态,要多通风并严格控水。较容易生出侧芽,需要耐心等待。群生后非常漂亮,这时就可以加大浇水量了。

成株体型: 小型。
叶形: 卵形厚叶,叶尖急尖。
花形: 聚伞圆锥花序。
繁殖方式: 扦插。
适合栽种位置: 阳台、露台。

知更鸟　青锁龙属

Crassula arborescens ssp. *undulatifolia*

品种介绍:

知更鸟经常被爱好者们当作园艺品种,其实是一个原始种,野生环境下甚至可以长到2m高。一对对叶片很像鸟的翅膀,叶缘也可以晒红。不算常见,大型老桩目前在国内较少见。

养护习性:

充足的日照才能保持好叶片形态,较耐强光照,但夏季仍需遮阴。对水分需求很多,家庭养护容易出现缺水的现象,主要表现为叶片变软褶皱,发现后需要立即补水。除夏季需要适当控水外,其余季节可以一次浇透。习性与天狗之舞相似,根系强壮,可以选择深一些的花器栽种。土壤中颗粒多一些更好。要经常检查是否有介壳虫害寄生,叶片很容易因介壳虫而感染生病。

成株体型: 中小型,较易群生。
叶形: 倒卵形,叶尖外凸,顶部有尖。
花形: 聚伞圆锥花序,白色花。
繁殖方式: 扦插。
适合栽种位置: 阳台、露台。

日照 ●●●●● 　浇水 🌢🌢🌢🌢🌢

筑波根 青锁龙属
Crassula schmidtii

品种介绍：

原始种，但在野外没有已知栖息地，因此被怀疑是一个园艺品种。叶片上遍布点状的凹痕。日常状态下没有太出众的表现，看起来十分普通，当花期来临，整株开花后会让人另眼相看。第一次看到它开花时内心就被俘获了。

日照 ●●●●○ 浇水 🌢🌢🌢🌢🌢

养护习性：

对日照需求稍多，日照不足时枝条会拉得很长并且容易倒伏，更加脆弱易断，也非常容易感染锈斑病。对水分需求不多，地栽景观甚至可以两个月不浇水。土壤使用颗粒砂质土最佳，实验地栽景观中使用 100% 的河沙栽种，生长迅速，很快就会长满一大片。使用大比例泥炭土栽培的反而长不好。开花时一定要给予强烈的日照，保持花箭健康成长。根系健壮，栽种花器采用 10cm 以上的深盆最佳。

成株体型：小型，易群生。
叶形：椭圆形、卵形或线形，叶尖微凸或急尖。
花形：红色或白色花。
繁殖方式：扦插。
适合栽种位置：阳台、露台、花园。

仙女杯属 | *Dudleya*

　　一个从名字到样貌都超级有仙气的属，主要分布在美国西南部和墨西哥部分地区的海岸线附近，许多品种都被有一层厚厚的白霜，静立如莲花。花序多为侧生的聚伞花序，或蝎尾状聚伞花序复合成的聚伞圆锥花序，可以长得相当高，上面长着厚而尖锐的小叶片，花朵相对较小。由于生长在多岩石的地区，它们习惯在岩缝中扎根，所以需要相对植株来说略小的盆来模仿原生环境，在保证基质排水透气的前提下以浸盆方式给水，干透浇透，这样有助于养出健康而巨大的仙女杯。

　　与其他美洲常见的景天科植物不同，仙女杯属的植物不能通过叶插繁殖，也不能跨属杂交，对于直射阳光的需求没有那么强烈，甚至可以耐半阴。比起近在咫尺的拟石莲属成员，仙女杯属反倒和部分景天属以及远在加那利群岛的莲花掌属亲缘关系更近，这是由于它们虽然在远古的泛大陆上同宗，却随着不同的板块漂移、隔离并各自演化的结果，只不过拟石莲属等所在的板块最后和仙女杯属所在的板块又聚在了一起。仙女杯属有三个亚属，分别是囊括了雪山等莲座状物种的仙女杯亚属、多为棒叶仙女杯那样叶片呈棍棒状的仙女棒亚属，以及鲜有园艺价值的杂草样春石莲亚属。

白菊 仙女杯属

Dudleya gnoma

日照 ●●●●◐　浇水 ◌◌◌◌◌

品种介绍：

原始种，有着厚厚白霜的群生小精灵。疑似为 *D. greenei* 和某仙女棒亚属成员的自然杂交，以近三角形的叶片区别于 *D. greenei*，是仙女杯属里最迷你的。白菊早期在国内并不常见，甚至属于稀有品种，不能叶插的特性使得它们的数量很难像其他景天那样呈几何级数增长。它们的颜色洁白无瑕，老桩后盆盆都是精品，值得慢慢养。

养护习性：

对日照需求很高，喜欢空气湿度较大、凉爽且通风良好的环境，在夏季高温闷热时较危险，一定要遮阴并断水，加强通风，或者直接移到北面没有阳光照射的位置度夏。冬季是它们的最佳生长期，如果之前状态不好，一定要在秋天重新翻土栽种，能更好地恢复过来。叶面的白色保护层很厚，不要触碰，浇水时也要避开，很容易被冲掉。较少有虫害，土壤使用透气性良好的颗粒土最佳。

成株体型： 小型，易群生。
叶形： 卵形，叶尖急尖或外凸。
花形： 黄色或橙黄色花。
繁殖方式： 播种、扦插。
适合栽种位置： 阳台、露台。

初霜、火焰杯 仙女杯属

Dudleya farinosa

品种介绍：

原始种，有一层厚厚的白霜，但足够的温差和阳光可使叶子前半部变得通红，初霜和火焰杯两个名字都很贴切。原生地位于美国西海岸地区，主要生长在海岸沿线的悬崖上，只有在温差大、阳光强烈的极端环境下叶片才能转变为火红色。国内偶尔会有一些美国野生采集的火焰杯出售，希望大家能抵制这种行为，不要为了喜欢而破坏自然生态环境，可以转而购买播种出来的实生初霜。

日照 ●●●●●　　浇水 ♦♦♦♦♦♦

养护习性：

对日照需求很高，日照不足时叶片为白色，极度缺光时叶片上的白色保护层会消失，转变为绿色。对水分需求不高，但春、秋、冬三季凉爽时可以尽量保持土壤湿润。夏季高温时则需要断水、遮阴、通风，十分害怕闷湿的环境。较少有病虫害，浇水时一定要避开叶面，否则白色保护层很容易被冲掉。土壤中粗砂比例高一些会更好。

成株体型：小型，较易群生。
叶形：椭圆形或倒卵形，叶尖急尖或微凸。
花形：聚伞圆锥花序，黄色花。
繁殖方式：播种、扦插。
适合栽种位置：阳台、露台。

细叶仙女杯、棒叶仙女杯、银龙舞　仙女杯属

Dudleya virens ssp. *hassei*

日照 ●●●●○　浇水 ◦◦◦◦◦

品种介绍:

国内叫作细叶或棒叶仙女杯的品种实际泛指仙女棒亚属中的许多成员，其中以 *D. virens* ssp. *hassei* 较为常见。纤细的叶片在景天科中较为罕见，加上仙女杯特有的白色属性让它变得更加独特。不过国内大部分繁殖是依靠播种而来，所以即使是同种也会有差异存在。

养护习性:

由于原生地位于美国加利福尼亚西海岸地区，喜日照充足、凉爽且温差较大的环境，非常害怕夏季时的高温闷热，盛夏要适当遮阴并最大化营造通风环境。它们对日照需求较高，日照不足时叶片表面的白色保护层会减少，叶片也会变得脆弱容易染病，充足的日照与大温差环境能使叶片变红。对水分需求并不太多，可以根据叶片状态浇水，变软褶皱时就说明缺水了。

成株体型: 中型，较易群生。
叶形: 线形，圆柱状，叶尖外凸或急尖。
花形: 聚伞圆锥花序，白色花。
繁殖方式: 播种、扦插。
适合栽种位置: 阳台、露台。

雪山　仙女杯属

Dudleya pulverulenta ssp. *arizonica*

日照 ●●●●○　浇水 ◌◌◌◌◌

品种介绍：

原始种，常见于园艺的是一个体型较小的亚种，但也是被厚霜的大型仙女杯，显现出其纯洁而神圣的美。与宽叶仙女杯的区别在于雪山的叶片较宽，偏倒卵形，花为杏黄色。在美国加利福尼亚西海岸边以及内陆山脊悬崖上发现野生痕迹，其环境日照强烈，雨水较少，依靠大温差凝结空气中的水分而生存。叶面有很厚的白霜，在欧美地区已被驯化成常用园艺品种，花园绿化中都十分常见。

养护习性：

需求最强烈的光照，在国内尽量不要露天栽培，雨水较多的城市非常不适合地栽。夏季高温闷热时要断水、通风，春、秋、冬三个生长季正常浇水，浇水时也要避开叶面白霜，轻轻一吹就会飘下许多来，浇水时也很容易把白霜带走。虫害较少，开花时花箭会生长到植株长度的 3~4 倍以上。土壤可以采用透气性较好的颗粒土。

成株体型：**大型**。

叶形：椭圆形或倒卵形，叶尖渐尖。

花形：聚伞圆锥花序，杏黄色管状花。

繁殖方式：播种、扦插、组培。

适合栽种位置：阳台、露台、花园（雨水较少的城市）。

天锦章属 | *Adromischus*

天锦章属更广为人知的名字是“水泡”，几乎所有名字里带这两个字的品种都是天锦章属的植物，矮矮的植株非常适合盆栽，而许多本属植物那圆鼓鼓的叶片确实像水泡一样圆润可爱。

天锦章属分布于纳米比亚和南非，目前属内有 28 个原始种和一些园艺品种，而大部分园艺品种都是以玛丽安水泡和天章这两个原始种为基础选育的。它有着顶生的聚伞圆锥花序和管状的花，饱满圆润的叶片轻轻一碰就会脱落，日常养护需要注意。不过另一方面，脱落的叶片非常易于叶插，也可以视作繁殖成大群生的好机会。

赤兔水泡、花叶扁天章 天锦章属

Adromischus trigynus

品种介绍：

原始种，叶片较为扁平，叶缘带红边，叶片上也散落着红色斑纹，叶片形态与兔子耳朵较为相似。比较小众，属于品种控的最爱。

养护习性：

对日照需求较高，日照不足时叶片会变得细长，呈绿色。它的个头很小，根系强壮，花器需选择小而深的。不过小型花器储水量少，水分挥发得更快，浇水频率可以高一些。夏季炎热时需要遮阴、通风、控水。土壤中粗砂颗粒稍多一些会更好，铺面石子不宜过大。

日照 ●●●●● 浇水 💧💧💧💧💧

成株体型：小型。

叶形：倒卵形，叶尖外凸或圆形。

花形：聚伞花序，淡黄绿色管状花，花瓣尖带粉色。

繁殖方式：叶插、扦插。

适合栽种位置：阳台、露台。

草莓蛋糕水泡 天锦章属

Adromischus maculatus

品种介绍:

原始种，浅灰绿色叶片上带着红色的叶缘和斑点，尤为惹人喜爱。是目前景天里比较小众的一类，也许是因为生长速度太慢，繁殖能力有限，而成为品种控的最爱。适合于一些精美的迷你盆景。

日照 ●●●●○　浇水 🌢🌢🌢🌢🌢

养护习性:

在同类水泡中生长速度较快，个头也较大。体型大意味着需要更多水分，所以浇水可以多一些，春秋生长季节保持土壤湿润。日照要给足，缺少阳光的话植株会变得非常脆弱。夏季高温闷热时要注意通风、遮阴、控水，最好放到北面阳台通风度夏。土壤里泥炭不宜过多，可以多混入一些粗砂颗粒，更利于根系生长。叶片极容易掉落，栽种时要小心。

成株体型: 小型。

叶形: 倒卵形或圆形，叶尖外凸或圆形，顶部有尖。

花形: 聚伞花序，白色或淡粉色管状花。

繁殖方式: 叶插、扦插。

适合栽种位置: 阳台、露台。

花鹿水泡 天锦章属

Adromischus mariania 'Antidorcatum'

品种介绍:

玛丽安水泡的一个园艺变种,叶片较细长,浅绿的底色上像梅花鹿一样带有紫红色的斑纹。易长出杆子的水泡,适合小盆造型,不占用太多空间。在景天里属于比较小众的系列,是收集控的最爱。

养护习性:

对日照需求较多,充足的日照能让叶片更健康,日照不足时叶片容易自动掉落。生长速度较慢,从叶片长成小苗也需要大半年的时间。叶片极易掉落,在移动或者换盆时需要非常小心。通过网购买回家的往往容易变成一堆叶片和光杆子,叶片可以叶插,杆子种好还是能够长出新叶来的。对水分需求并不大,保持正常浇水即可。土壤中混入 60% 左右的较小的颗粒更好。

成株体型: 小型。

叶形: 椭圆形厚叶,圆柱或半圆柱状,叶尖外凸。

繁殖方式: 叶插、扦插。

适合栽种位置: 阳台、露台。

日照 ●●●●● 　浇水 ◆◆◆◆◆

玛丽安水泡 天锦章属
Adromischus marianiae

品种介绍：

原始种，天锦章属园艺品种的一大来源，有细叶、扁叶、圆叶、纯红色、绿底红纹等多个变种，此处指最为常见的紫红色斑纹的鼓槌叶形态。该品种非常小，在原生地野外只会露出一点点在土面，几乎看不出来。

养护习性：

喜欢强日照，对通风要求比较高，摆放在窗口是最合适的，避免蒸笼环境将植物闷死。本身不需要太多水分，不过由于个头太小，花器也很小，水分挥发速度更快，加上幼苗生长期需要水分多，发现土壤变干后浇水就可以了。土壤表面不宜铺太大的颗粒，用细砂颗粒或小石子铺面即可。繁殖比较困难。

成株体型：小型。

叶形：倒卵形或椭圆形厚叶，叶尖外凸。

繁殖方式：叶插、扦插。

适合栽种位置：阳台、露台。

日照 ●●●●● 浇水 🌢🌢🌢🌢🌢

神想曲　天锦章属

Adromischus cristatus var. *clavifolius*

品种介绍:

原始种,圆棍状的叶片仿佛在顶部被掐出了波浪状的饺子边,十分可爱。很早以前就流行于国内,不过一直比较小众,也许是它的形态太过特殊,而且似乎很不容易养好(本书中唯一一种让作者看不上的多肉)。

养护习性:

可散光栽培,但不能置于光线过弱的位置,会使植物很脆弱,叶片下塌并掉落。土壤中沙子一定要少,控制在40% 以下最佳。对水分需求很少,夏季高温闷热时甚至需要断水。很容易寄生介壳虫,藏在气根中难以发现,需要定期喷药除虫。

成株体型: 小型。

叶形: 条形,圆柱状,叶尖波浪状,外凸或截形。

花形: 聚伞花序,白色管状花。

繁殖方式: 叶插。

适合栽种位置: 阳台、露台。

日照 ●●●○● ●　　浇水 ♦♦♦♦♦♦

松虫 天锦章属

Adromischus hemisphaericus

品种介绍:

原始种,但若非学名误传,则野生环境下与园艺中的松虫外貌差距较大,园艺中的叶尖较锐利,不是种加词所暗示的圆叶。迷你型,叶片上的血斑很具特点,适合制作微型盆景。叶片颜色较深,可以使用浅色铺面石形成反差,突出植物特点。

养护习性:

对日照需求不太多,可以摆放在其他景天的后方,保持一定散射光即可。叶面光滑,可直接浇水到叶片上,对水分需求不多,不过幼苗期要尽量保持土壤湿润。小苗期不推荐铺面,不利于生长。夏季高温时比较难熬,一定注意保持干燥的空气,控制浇水并遮阴。

成株体型: 小型。

叶形: 倒卵形,叶尖外凸或急尖,顶部有尖。

繁殖方式: 叶插、扦插。

适合栽种位置: 阳台、露台。

日照 ●●●●● 浇水 🌢🌢🌢🌢🌢

天锦章、库珀天锦章 天锦章属

Adromischus cooperi

品种介绍：

天锦章属中非常具有代表性的原始种，叶形奇特，肉嘟嘟的叶片在叶尖处骤薄，灰绿色叶面上散落着紫红色斑点。常生长在南非野外的山脊上，在沿海地区岩壁夹缝里也有发现。生长位置比较避光，湿度很大。

养护习性：

对日照需求并不是太高，甚至可以散光栽培，当然充足的阳光还是能够让叶片更加肥壮。喜欢空气湿度较大的环境，中心叶片偶尔会生出气根，可以掰下直接叶插。日常并不需要浇太多水，缺水时叶片会变得褶皱。土壤中不宜加入过多沙子，不利于生长。使用火山岩混合泥炭土栽培效果更好。

成株体型：小型。

叶形：倒卵形，叶尖外凸。

花形：管状花外紫红内白。

繁殖方式：叶插、扦插。

适合栽种位置：阳台、露台。

日照 ●●●◐● 浇水 ◌◌◌◌◌

瓦松属 | *Orostachys*

属名由希腊语词根"山地"和"穗状花序的"组成，但实际上其花序主要以聚伞圆锥或总状排列为主，形成一个金字塔形或圆柱形的花剑，开花后即死。瓦松属的成员们广泛分布在中亚地区、中国、蒙古、俄罗斯、韩国、日本等，在北京的山区便可见到野生植株，但用于园艺的仅有少数几个品种。

富士 瓦松属

Orostachys malacophylla f. *variegata* 'Fuji'

品种介绍：

青凤凰的白色覆轮锦品种，叶缘增添了白色锦斑，是青凤凰一系中最受欢迎的品种。与青凤凰一样开花即死，多肉界里的"自杀小队"。也被称为"夏必死"系列，在夏季超过 40℃ 的地区基本养不了。

养护习性：

这类多肉植物大多生长在海拔较高的地区，喜欢凉爽干燥的气候，特别怕水与高温。对于国内江浙沪地区来说实在是太危险，夏必死，不建议新手栽培。加上本身是带锦的变异品种，习性更弱一些。夏季闷热时不仅要用小风扇通风降温，还要遮阴断水来度过。秋末时才会进入恢复生长的阶段，

这时开始浇水，整个冬季到春季会迅速生长。养出状态是十分惊艳的。

成株体型：中小型。

叶形：椭圆形，叶尖圆形。

花形：白色花。

繁殖方式：砍头扦插。

适合栽种位置：阳台。

日照 ●●●●● 　　浇水 ●●●●●

青凤凰、玄海岩 瓦松属

Orostachys malacophylla var. *iwarenge*

品种介绍:

产自日本的原始种,即没有锦的凤凰和富士,淡绿色的莲座赏心悦目,但开花即死。早期在国内十分流行,但由于夏季太容易死亡,让新手们望而却步。单棵养起来十分漂亮,叶形完美,就像凤凰的尾巴展开一样。

养护习性:

由于夏季非常容易死亡,只要是江浙沪这样闷湿的地区,到了夏季断水、通风、降温都无济于事,只能静静地等待死亡。虽然北方地区夏季养护也有些危险,不过只要做好通风和遮阴工作,还是能够存活下来的。度过了恶魔般的夏天后,冬季会迎来最美的生长期,这时正常浇水就没问题了。

虽然开花会死亡,不过具体一年还是两年开花没有定数,有的养了四五年也不会开花,比较神奇。

成株体型:中小型。
叶形:椭圆形,叶尖圆形。
花形:白色花。
繁殖方式:扦插。
适合栽种位置:阳台、露台。

日照 ●●●●● 浇水 ♦♦♦♦♦

瓦松 瓦松属

Orostachys fimbriata

品种介绍：

皮实强健的原始种，广泛分布于西伯利亚东部、蒙古和中国西北部、东北部等地，常见于山中和老屋房顶。花序顶生，开花即死。有绿色与灰色两种，在国内南北方都十分常见，多见生长在屋顶瓦片上，开花时外形酷似松果，因而得名"瓦松"。

养护习性：

习性当属最强系列，扔到花园里不用管就能扎根生长，照顾得太精细反而更容易死亡。对日照需求很高，大部分生长在山脊向阳面，或者在房顶接受一年四季强烈的日照。对水分需求很少，甚至一个月都不需要浇一次水。山区有很多野生植株，但不建议大家野采回家栽种，会带许多未知的病虫害回家。

成株体型：小型。

叶形：线形，顶部有刺。

花形：花序总状，粉色花。

繁殖方式：播种（野外生长每年开花并在来年春天自播）。

适合栽种位置：露台、花园。

日照 ●●●●● 　浇水 ♦♦♦♦♦

秀女、黄花瓦松 瓦松属

Orostachys spinosa

品种介绍：

皮实强健的原始种，广泛分布于西伯利亚东部、蒙古和中国北部和东部，特别是长江以南地区野外山坡向阳面，很容易找到大片野生的秀女。近几年已慢慢人工培育繁殖，运用到一些自然景观之中。

养护习性：

属于一年生植物，当年开花，然后结种死亡。在野外多依靠自播繁殖，同一株也很容易群生出一大群，每次开花株死掉后，依然有许多新的分芽会继续生长，生生不息。喜强烈的全日照环境，对水分需求不多，家庭栽培可以完全露养，非常野性。室内栽培尽量不要使用红陶盆，透气性太好会使根系干枯死亡，喜欢潮土环境，土壤中需要保持一点水气。

成株体型：小型、易群生。
叶形：狭长的椭圆形或倒卵形，叶尖急尖或外凸，顶部有刺。
花形：花序总状，黄色花。
繁殖方式：播种、叶插、扦插。
适合栽种位置：阳台、露台、花园。

日照 ●●●●● 　　浇水 ◊◊◊◊◊

子持莲华 瓦松属

Orostachys boehmeri

日照 ●●●●● 　浇水 🌢🌢🌢🌢🌢

品种介绍：

来自日本的原始种，极易通过枝茎繁殖形成群生，对新手很友好。顶生花序，花箭从叶片中心开出，开花即死。名字优美，玫瑰叶形的样子也很可爱，在国内非常普及，不论用于组合盆栽中还是单盆盆栽中都十分出色。在日本常栽种在各种容器中，如铁皮桶、旧鞋、木盒等。

养护习性：

在野外原生主要出没于山脊裸露的向阳处，所以对日照需求非常高，根系不是很发达，建议使用深度 6cm 以内的花器最佳，口径可以大一些，便于枝条扎根生长新枝。土壤则使用透气性良好的大比例颗粒土，这样叶片更容易卷成玫瑰状。春、秋、冬三季可以正常浇水，夏季则每次少量浇水，且一定要在傍晚，避免白天温度过高，水分蒸发引起桑拿效果蒸死植物。

成株体型： 小型，易群生。
叶形： 倒卵形，叶尖圆形。
花形： 花序总状，白色花。
繁殖方式： 分株扦插（剪下枝条上一小株，插入土中生根）。
适合栽种位置： 阳台、露台、花园。

石莲花属 | *Sinocrassula*

　　为数不多的原产于中国且有一定园艺价值的属，属名 Sinocrassula 中的 Sino 即意为中国，顾名思义，这个属的植物分布于中国、印度北部和不丹等地。虽然相较于产自遥远的欧洲、非洲、南美洲的多肉植物，石莲花属可谓是我们天然的邻居和伙伴，但这个属在园艺中却鲜有出现，也并无杂交品种问世。这个属的成员大都体型很小，单头直径通常在 10cm 以下，易群生，养起来很有成就感。它们也开钟形花，但比起花不完全开放的拟石莲属，石莲花属的花顶部是张开的，仿佛被人掐了腰，再加上伞房状的有限花序，很容易辨识。这个属的另一个特点是开花即死，令人颇为遗憾。

滇石莲、四马路 石莲花属

Sinocrassula yunnanensis

品种介绍：

产自我国云南的原始种，但目前
几乎只能在园艺中见到，深绿色
乃至黑色的外形十分有辨识度，
易缀化。据说欧洲冒险家在云南
发现该品种后，大量采集回国，
然后进行驯化稳定，演变出现在
的园艺种，再返销回我国。目前
也有一些旅行爱好者在川南地区
野外发现了少量原生种。

日照 ●●● ● ●　　浇水 ● ● ●

养护习性：

产地在海拔 2500m 以上、日照非常强烈的
地方，不过家庭环境中栽培，夏季还是需要
适当遮阴和降温的。对水分比较敏感，浇水
过多很容易腐烂。栽培土壤要求也较高，推
荐使用 50% 泥炭土混合 50% 颗粒土，颗粒
小于 5mm。初期表面最好不要铺面石，或
者铺一些较小颗粒的。大颗粒铺面不利于根
系生长，忌用。花后开花株枯死，不过会从
旁边生长出新的枝芽，不必太担心。

成株体型：小型、易群生。
叶形：线形，叶尖外凸，顶部有尖。
花形：伞房状聚伞花序，大量红
色钟形花。
繁殖方式：叶插、扦插。
适合栽种位置：阳台、露台。

立田凤 石莲花属

Sinocrassula densirosulata

日照 ●●●●● 浇水 🌢🌢🌢 ◼◼

品种介绍：

产自中国云南、四川一带的原始种，是石莲花属中为数不多的见于园艺的成员。满身棕红色的斑点，十分独特。充足的日照下叶片会展现出完美的古铜色，用于组合盆栽一定会成为亮点。

养护习性：

对日照需求很高，日照不足时叶片会立马变绿，叶形也会拉长变得脆弱难看。一定要放在日照最充足的位置，保持良好的通风环境。对水分需求不多，在原生地生长大多是在半山坡泥土较少的岩块中或平坦的大块岩石表面。比较害怕闷热的环境，夏季要注意通风与控水。容易群生，长成一片后爆发介壳虫时不太容易被发现，日常管理需要多检查。叶插存活率极高，可以掰下一堆叶片撒在土壤表面，它就会生根繁衍。

成株体型：小型、易群生。

叶形：倒卵形厚叶，叶尖外凸或急尖，顶部有短尖。

花形：聚伞花序，钟形花淡黄绿色，有红纹。

繁殖方式：叶插、扦插。

适合栽种位置：阳台、露台。

因地卡 石莲花属
Sinocrassula indica

品种介绍：

广泛分布于中国、印度北部、尼泊尔、不丹等地的原始种，野生个体样貌极其多样化，被日本人在园艺中发扬光大。不同产地亦有不同样子的变种，红红的莲座十分喜人，可惜却是二年生植物，开花即死。

日照 ●●●●○　浇水 ◆◆◆◇

养护习性：

对日照需求较高，日照不足时叶片会徒长得很长，株型也会变得杂乱，叶片更脆弱，容易掉落，只有充足的日照才能晒出紫红色。较容易感染介壳虫，可以在春季虫子活跃期定期喷药。容易群生，叶插存活率很高，成片栽种是不错的选择。开花后虽然开花株会死亡，不过花箭上的叶片都是可以叶插的。

成株体型：中小型、易群生。
叶形：倒卵形，叶尖外凸，顶部有短尖。
花形：伞房状聚伞花序，钟形花红色或白底红点。
繁殖方式：叶插、扦插。
适合栽种位置：阳台、露台。

八宝属 | *Hylotelephium*

新近从景天属里分出来单立门户的一个属，成员广泛分布于欧洲、高加索山脉、西伯利亚、东亚和北美等北半球地区。该属植物的叶片又宽又平，有着根状茎，复状的聚伞花序侧生或顶生。目前，八宝属有40余位成员，但仍有许多存疑的物种有待进一步研究和分类。

八宝景天 八宝属 ◀

Hylotelephium spectabile

日照 ●●●●● 浇水 ◐◐▲▲◐

品种介绍:

产自中国本土的多肉，名字也很有中国特色，常用于园林绿化，适用于花园花径搭配，成片的八宝景天同时开花非常壮观。叶片可以入药，涂抹在伤口上有止血效果。是花园绿植中非常不错的选择。

养护习性:

由于常出现于绿化带中，习性自然是非常野性强健的，我国南北方都可栽培。冬季地上部分会死亡，来年春天又会长出新的茎叶。刚长出来的叶片呈酒红色玫瑰形态，极像"小球玫瑰"，叶片长大后叶绿素增多，不再变红，常绿。是许多虫子的开胃菜，植株冠幅较大，不推荐在阳台上栽培。

成株体型: 大型，易成灌木。

叶形: 卵形，叶尖外凸。

花形: 伞房状，粉色花。

繁殖方式: 扦插。

适合栽种位置: 露台、花园。

费菜属 | *Phedimus*

另一个从景天属里单立门户的属，由 DNA 序列分析揭示出了自己独特的演化路径。这个属的主要特征在于其扁平的叶片和锯齿状的叶缘，花序为聚伞花序或伞房状花序，分布于欧亚大陆。

小球玫瑰、龙血景天 费菜属

Phedimus spurius 'Schorbusser Blut'

品种介绍：

产自亚欧大陆中部的植物，仿佛缩小版的玫瑰，鲜艳的枚红色十分浪漫。也是一种常用于绿化景观的品种，在国内广泛运用在园艺景观中。

养护习性：

习性较野，种在泥巴里就能够长得很好，栽种在花盆里反而容易被养死。一定要栽种在日照充足、通风极好的位置。阳台栽培可以使用吊盆，枝条生长速度很快，很容易养成吊兰形。也是虫子们喜爱的口粮，日常管理需要多多检查，发现虫子要及时清理，避免传播到其他植物上。叶片变软或干枯缩小是缺水的表现，浇水多一些生长得会更加迅速，浇少一些颜色会更红更漂亮。泥土、沙质土就可以养得很好，不建议使用纯泥炭土栽培。

成株体型：微型，易群生。
叶形：倒卵形，叶缘具圆齿，叶尖圆形。
繁殖方式：扦插。
适合栽种位置：阳台、露台、花园。

日照 ●●●●● 　浇水 🌢🌢🌢

小球玫瑰锦、龙血锦 费菜属

Phedimus spurius 'Tricolor'

品种介绍：

严格来说，该品种并非小球玫瑰的锦化品种，而是和小球玫瑰同为 *P. spurius* 的园艺品种，叶片绿色与粉色交替，并带有白边。叶片展开随风摇动时就像蝴蝶飞舞一样，叶片还有一层反光膜一样的神秘物质。习性较稳定，目前在国内一些绿化中也有使用，适合栽种于庭院之中。

养护习性：

对日照需求不高，可以散光栽培，推荐阳台使用吊兰花盆栽培。生长迅速，习性比较野，下地栽种后会疯狂生长。对水分需求很高，特别是春秋生长期，花盆栽种有时需要一两天浇一次水。如果使用娇小型的花盆栽培反而不利于生长，后期会由于水分不足而干枯死亡。新陈代谢较快，新老叶片交替迅速。也是介壳虫等昆虫的最爱之一，日常管理需要多检查。

成株体型：微型，易群生。
叶形：倒卵形，叶缘具圆齿，叶尖圆形。
繁殖方式：扦插。
适合栽种位置：阳台、露台、花园。

日照 ●●● ●● 　浇水 🌢🌢🌢🌢 🌢

泽米景天属 | × *Cremnosedum*

　　有趣的是，*Cremnophila* 这个属本身的中文名就叫"泽米景天属"，而按照杂交属取各自前两个字的通行规则，它与景天属的杂交属也会被称为"泽米景天属"，制造了相当大的困扰。好在无论是原始的泽米景天属还是杂交的泽米景天属成员都非常稀少，前者只有区区三位成员，鲜见于园艺，而后者只有包括小玉在内的少数几个品种。

小玉、特里尔宝石　泽米景天属

× *Cremnosedum* 'Little Gem'

日照 ●●●◐◐　　浇水 ◊◊◊◊◊

品种介绍:

跨属杂交品种，默默无闻的亲本却产生了娇俏可爱的后代，常常被误认为是拟石莲属或景天属的成员。迷你的形态十分可爱，特别是红色状态下的小玉，就像红色的宝石一样惹人喜爱。

养护习性:

可全日照或半日照栽培，日照充足时会整株变红，日照不足时叶片为绿色，不过也十分可爱。对水分需求较多，保持土壤湿润生长会很迅速，可以尝试当作吊兰来栽培。土壤选择砂质性较高的为好。花后开花的枝头会死掉，可以考虑将花箭提前剪去。叶片虽然非常迷你，不过叶插存活率极高，甚至可以掰一把叶片撒在土壤里，过一年就会长满。

成株体型: 小型，易群生。
叶形: 倒卵形，叶尖微凸。
花形: 聚伞圆锥花序，黄色花。
繁殖方式: 叶插（极容易）、扦插。
适合栽种位置: 阳台、露台、花园。

假景天属 │ *Prometheum*

属名取自希腊神话中的英雄普罗米修斯，他从宙斯那里为人类盗取圣火，并因此被绑在高加索山脉受尽折磨，而假景天属的植物便是分布在以高加索山脉为代表的欧洲山地，且有些物种的花朵如英雄的血一般鲜红，故而得名。这个属目前只有不到10名成员，一度被划在景天属内，也曾属于瓦莲属，但它们的花序以简单的聚伞或伞房状为主，且染色体数目也与景天属或瓦莲属均不同，所以有了自己独立的地位。

小野玫瑰、瓦莲　假景天属
Prometheum chrysanthum

品种介绍：

原始种，原本为瓦莲属成员，后归入假景天属。毛茸茸的绿色小莲座挤成一团，十分可爱，秋冬时老叶可以晒成淡粉色。在瓦莲属和假景天属的同类中，小野玫瑰的观赏性与生长习性较强，被大众所喜爱。

养护习性：

耐寒耐旱，喜欢充足的日照以及凉爽干燥的空气。夏天闷热潮湿的环境对其生长是非常不利的，在这种环境下很容易腐烂化水。夏季高温时要优先遮阴、通风，并进行断水处理。冬季反而是它们的最佳生长季节，保持土壤中的水分，很快就会长满一片，十分容易群生。根系不是很多，推荐使用深度不超过8cm的花盆，口径可以大一些，便于群生起来后蔓延伸展开。土壤颗粒比例大一些，优先考虑透水性。叶片表面有很小的绒毛，换土时避免泥土碰到叶片，不太容易清理干净。

成株体型：微型，易群生。
叶形：椭圆形或倒卵形，叶尖圆形。
花形：有限花序，白色或淡黄色花。
繁殖方式：分株扦插。
适合栽种位置：阳台、露台。

日照 ●●●●○　浇水 ◆◆◆◆◇

沙罗属 | *Lenophyllum*

京鹿之子　沙罗属
Lenophyllum guttatum

品种介绍：

原始种，景天科里非常稀有的一类，该属共有 7 个原始种。单看对叶与青锁龙属植物较为相似，叶片带有细小的斑点。开花非常有特点，适合单盆栽培。

日照 ●●●●◐　　浇水 ◊◊◊◖

养护习性：

生长速度十分缓慢，喜欢长时间较柔和的日照，害怕暴晒，在春秋交替时期及夏季高温期要注意适当遮阴。对土壤要求严格，颗粒不宜过大过多，使用 60% 泥炭土混合 40% 小颗粒（火山岩、麦饭石）栽种最佳。对水分需求较少，但幼苗期一定要尽量补水，不能过干。夏季闷热时也要注意通风，对高温闷湿的环境较敏感。

成株体型：小型、易群生。
叶形：椭圆形，叶尖外凸。
花形：聚伞花序，黄色花带红纹。
繁殖方式：叶插、扦插。
适合栽种位置：阳台、露台、花园。